本书为教育部人文社会科学规划基金项目
"中国茶艺文化研究"（编号13YJA760073）研究成果

ZHONGGUOSHI RICHANG SHENGHUO
CHAYI WENHUA

中国式日常生活：
茶艺文化

朱红缨 ◎ 著

中国社会科学出版社

图书在版编目(CIP)数据

中国式日常生活：茶艺文化／朱红缨著.—北京：中国
社会科学出版社，2013.6（2015.8 重印）
ISBN 978 - 7 - 5161 - 2966 - 1

Ⅰ.①中…　Ⅱ.①朱…　Ⅲ.①茶叶 - 文化 - 研究 - 中国
Ⅳ.①TS971

中国版本图书馆 CIP 数据核字（2013）第 151421 号

出 版 人	赵剑英	
责任编辑	任　明	
特约编辑	乔继堂	
责任校对	王雪梅	
责任印制	何　艳	

出　　版	中国社会科学出版社
社　　址	北京鼓楼西大街甲 158 号
邮　　编	100720
网　　址	http://www.csspw.cn
发 行 部	010 - 84083685
门 市 部	010 - 84029450
经　　销	新华书店及其他书店

印刷装订	北京市兴怀印刷厂
版　　次	2013 年 6 月第 1 版
印　　次	2015 年 8 月第 2 次印刷

开　　本	710×1000　1/16
印　　张	18.25
插　　页	2
字　　数	307 千字
定　　价	58.00 元

目　　录

第一章　导论

中国是茶叶、茶文化的发源地，中国人利用茶的年代久远，可上溯到神农时期，"茶之为饮，发乎神农氏，闻于鲁周公"（陆羽《茶经》）。茶最先作为食用和药用，饮用是在食用、药用的基础上形成的，自西汉王褒《僮约》中"武阳买茶"记载以来，至今已有2000多年的历史。茶文化的学术起源以陆羽《茶经》为标志，发展至今也有1200多年的历史。唐宋以来的饮茶文化，代表了生活文化的精华而被周边国家广泛效仿、传播，是历史上中国文化影响世界的重要典范。如今，茶成为了世界三大无酒精饮料（茶、咖啡和可可）之一，饮茶健康为人们所共识，具有浓郁东方文化特点的饮茶生活方式，也成为世界各国人民共同创造和分享的日常生活文化。

第一节　茶与日常生活

饮茶作为日常生活的内容，显示了东方文化随遇而安的个性。"柴米油盐酱醋茶"、"琴棋书画诗酒茶"，茶既可为日常生活用品，也可作风雅物。"柴门反关无俗客，沙帽笼头自煎吃"（唐·卢仝）、"欲知花乳清冷味，须是眠云跂石人"（唐·刘禹锡）、"试作小诗君勿笑、从来佳茗似佳人"（宋·苏轼），文人笔下随意又惬意地展现的三种状态，说出饮茶可以随不同的人和环境，映照出不同的思想。饮茶不仅拥有最广泛的普及于日常生活的大众基础，文人雅士还积极地担当了饮茶生活方式倡导者，这使饮茶成为一件十分有用、有趣、有思想的事。

一、饮茶法

饮茶活动一直有着强烈的文化诉求，逐渐地超越了日常生活。从杜育《荈赋》"承丰壤之滋润，受甘露之霄降"、陆羽《茶经》"伊公羹、陆氏茶"、赵佶《大观茶论》"盛世清尚"、朱权《茶谱》"栖神物外，不伍于世流，不污于时俗"，延及现代茶文化，都通过饮茶之事来表达自己的文化责任和文化内化。茶禅人偈语"喫茶去"，也试图教导人在日常生活中自然见道，有着直指人心的力量。因此，饮茶已不是简单的解渴、果腹等以生存为目的的活动，它在日常生活之中建立了饮茶生活的具体程式，在程式中追求文化价值，以法则作为饮茶活动的主线。有规定法则的饮茶活动，称之饮茶法。

饮茶法提供了具有文化意味的程式，这些程式自诞生以来，一直充溢着浓郁的审美形态，在历史的发展和积淀中不断丰富其艺术范畴，现代人将饮茶法的艺术化称为茶艺。

二、茶艺

茶艺，即饮茶法的艺术化。饮茶法最核心的内容是以沏茶和饮茶的方式来实现一杯接近完善的茶汤。因此，追求品质的沏茶法，从沏茶方面包括了茶叶的生产、加工等工艺流程的了解与要求，茶叶从干茶到茶汤的器具、程序及其他要素的和谐融合，茶艺师的技术及素养的生动表现；从饮茶方面，为能对一杯接近完美的茶汤实现品鉴，包括了茶人饮茶经验的积累和文化分享，对沏茶过程的情景投入，通过饮茶而唤起的审美想象力等。在饮茶法的践行过程中，以东方文化的照亮，构筑成人、文、物之间"物我两忘"、"天人合一"这种亲近又玄远的美丽画面，既呈现于生活现实又刻画在生活意象之中，引起人们从美的生活到美的心境的共鸣，实现了饮茶法的艺术化，走向茶艺。

作为社会生活方式的规定和呈现，饮茶法属于社会学的范畴，饮茶法艺术化的茶艺，则属于美学的学科范畴。艺术总是来源于生活实践，比如从劳动到舞蹈、从种植到园林艺术等。饮茶方式艺术化的特殊性，从文化范畴的分类，接近于同样带有浓郁东方文化色彩的艺术——书法。黑格尔指出，艺术是在"逻辑与历史相一致的体系中产生"，艺术之于日常生活的选择，必须经历抛开不符合事物真正概念的清洗，来表现理想。[①] 卢卡契也指出："艺术模仿现实，又表现和激发情感；审美活动始于劳动，其

---

① 朱光潜：《西方美学史》（下），中国长安出版社 2007 年版，第 86 页。

主观因素表现在拟人化的特征中。"① 茶艺就在逻辑中顺延着历史的长河，今天以社会审美劳动的方式广泛存在，自下而上地要求了被作为研究对象来进行的理论诠释。

作为理论建立的条件，茶艺之所以成为艺术的学问，社会现实是否提供了足够的逻辑？回答这一问题，不得不注意到这两个世纪以来发生并热烈讨论的日常生活与日常生活批判理论以及现实背景。

第二节 日常生活理论

日常生活在前现代社会被认为是琐碎平庸、单调模糊与习以为常的生活，特别在科学主义盛行以来，作为日常生活存在的生活世界与科学世界成为对立的两面，并且日常生活被日益挤压、鄙薄、不屑一顾。胡塞尔提出的生活世界理论是现代哲学的核心概念、基本精神和世界观，它摒弃了科学世界观把世界看做与人无关的、本质既定的、独立自存的、自我封闭的、只有线条而无色彩的、导向了人与自然相互奴役的实体性存在。胡塞尔指出，那种独立自存的"科学世界"或"客观世界"并不独立，它依存于生活世界。② 因此，世界是由人说出、为人把握、人所感触到的世界，只能是与人相关或对人产生意义的世界，是人生活于其中、与人发生千丝万缕的联系、和人内在统一的生活世界。回归生活世界反映了现代哲学的基本趋向，日常生活逐渐被重视，乃至作为研究对象成为学术热点。

一些学术大师纷纷将目光投向日常生活世界，日常生活批判理论的兴起代表了理性向生活世界的回归，是 20 世纪哲学理论的一个重要转向。昂利·列斐伏尔的"现代世界的日常生活"和阿格妮丝·赫勒的"自在的类本质对象化领域"，是最具有代表性的理论，他们提出了两种日常生活批判路径。

一、日常生活的批判潜能

列斐伏尔对日常生活作出这样的界定："日常生活与一切活动关系密切，它涵盖了有差异和冲突的一切活动；它是这些活动会聚的场所，是其

---

① [匈]卢卡契：《审美特性》，徐恒醇译，中国社会科学出版社 1991 年版，第 1 页。

② [德]胡塞尔：《欧洲科学危机和超验现象学》，王炳文译，商务印书馆 2001 年版，第 15 页。

关联和共同基础。正是在日常生活中才存在着塑造人类——亦即人的整个
关系——它是一个使其构型的整体。也正是在日常生活中，那些影响现实
总体性的关系才得以表现和得以实现，尽管总是以部分的和不完全的方
式，诸如友谊、同志之谊、爱情、交往的需求、游戏等等。"列斐伏尔强
调，日常生活本身具有压抑和颠覆的双重性，进而把焦点转向现代性自我
批判性上来。他发现，虽然日常生活已经被充分地同质化、商品化和科层
化了，但批判的潜能仍然存在于欲望的身体、日常社会性和都市生活密集
以及非工具性空间里。因此，要把欲望回归到前现代社会的感性特质上
来，并与重复、弥散和绵延的日常性特征相分离，去发现和营造一个自由
和快乐的空间。"真正具有革命特征的社会转变必须表现出对日常生活、
语言和空间具有创造性的影响力。"列斐伏尔有力地贯彻了马克思的座右
铭：重要的不只是解释世界，而是改变世界。①

二、日常生活的人道化

阿格妮丝·赫勒（A. Heller）的日常生活批判更加强调一种理性的解
放。赫勒在《日常生活》一书中从多方面分析了日常生活的基本结构和
一般图式的特征。她认为：第一，日常生活具有重复性，是以重复性思维
和重复性实践为基础的活动领域；第二，日常生活具有规范性，人们对这
些规范的遵守具有"理所当然性"，规范对人的约束具有有效性；第三，
日常生活包含着各种符号系统，语言、对象和习惯各以不同方式的符号系
统形成一个意义世界；第四，经济，即节省是日常生活各组成要素的共同
特征，在日常生活中，人们总是寻求"最低限度的努力，最低限度的创
造性思维的投入，以及最低限度的时间持续"；第五，日常生活具有"情
境性"，无论是语言的交流、对象的使用，还是习惯和规则的效用，都是
严格地与特定情境联系在一起的。在概括了日常生活领域的对象化的共同
特征的基础上，赫勒进一步揭示了日常行为与日常思维的一般图式，包括
五个方面的内容，如实用主义、可能性原则、模仿、类比、过分一般化
等。归根结底，日常生活的主要特征在于，一个相对严格的"自在的"
类本质对象领域支配和表达着最异质行为的极宽泛的范围。

---

① 参见周宪《日常生活批判的两种路径》，《社会科学战线》2005 年第 1 期，第 114—
119 页。

　　赫勒进一步对日常生活进行价值学判断，指出了日常生活人道化改变的可能性和实现路径。她认为，以重复性思维和重复性实践为主的结构，带来日常生活"经济"和"实用"效果，保证了人类社会和个体有足够的力量支撑自己的生存，并提供了必要的和积累性的基础。但这种以重复性思维和实践为特征的日常生活结构又的确具有保守性、惰性、约束个体发展等消极特征。因此，日常生活的进步应当体现为日常生活的人道化，即扬弃日常生活的自在化和异化特征。它表现为，日常生活人道化的实质在于个性的生成，在于日常生活主体由自在存在转变为自为存在，培养自由自觉和总体性的个体，由此超越日常生活图式的自在性和惰性；在精神活动或思维活动层面，日常生活的人道化表现为日常知识的"自然态度"的改变，日常主体由自在的自然态度向自为的理论态度的提升，比如科学对日常生活的渗透和艺术欣赏对日常态度的提升；在个体活动的层面上，日常生活人道化的重要内涵之一体现为日常交往的人道化，追求建立平等、自由和人道的交往模式，"在给定社会中，产生与自由的、无约束的平等基础上的个人关系的数目愈大，这一社会就愈人道"。①

　　赫勒揭示了日常生活批判的主题，它追求的是有意义的生活，"有意义的生活是一个以通过持续的新挑战和冲突的发展前景为特征的开放世界中日常生活的'为我们存在'。如果我们能把我们的世界建成'为我们存在'，以便这一世界和我们自身都能持续地得到更新，我们是在过有意义的生活"。有意义的生活在原则上是民主的，有意义的生活中的指导规范总是可一般化，可拓宽到他人的性质，从长远看，可拓宽到整个人类。从赫勒看来，相比较"审美的生活"，"有意义的生活"更具普遍性和民主性。

三、日常生活的现实意义

　　总之，日常生活及日常生活批判理论给我们提供了这样的图景：

　　第一，生活世界是一个意义世界，日常生活是一个以追求有意义的生活为根本的重复性的最大化存在，它具有自在性。

　　第二，生活世界是科学世界回归的家园，在日常生活中无不渗透、交织着人类在科学世界创造出的一切生活，包括艺术。在追求意义的主导

————————

　　① ［匈］阿格妮丝·赫勒：《日常生活》，重庆出版社1990年版，第291页。

下，也同时不断在日常生活中发生出新的变革，不可避免地，日常生活具有自为性。

第三，日常生活理论的提出，打破了原来的层级关系，双方的指责在于对精英阶层纡尊降贵的打击以及大众阶层浑水摸鱼的狂欢。如何在这两者之间获得平衡，成为理论是否能在实践中得以证明的焦点。

第四，日常生活是人类追求意义存在的平衡，这种意义可简单地定义为对自在的回归，自在也表达为一定范围的自由，自为是为了获得更大范围的自在或自由，从历史发展观看，日常生活在不断追求自在—自为—自在（自由）的过程中给予人类幸福。

当代科学技术高速发展与 20 世纪哲学理论的转向本身即有内在必然性联系，生活世界的召唤，不管是科学世界的主动回应，还是生活世界的主动出击，起码作为主体人类的思维图式和意识形态不再无为地遏制这两股洪流的交融。这便给我们提供了最大范围地讨论日常生活模式下茶艺文化的社会背景。

第三节　日常生活美学的茶艺

涉及茶艺的饮茶生活，日常生活理论起码提供了这些确定的信息支撑：进步的日常生活，表现为日常知识大量地接受了科学、艺术在其中的渗透和提升，从而在更大的范围内获得个体自由的存在模式；进步的日常生活，人与人之间建立了更为自律自觉的关系，从而走向平等自由的交往模式；要获得这样的进步，与日常生活的历史存在方式是分不开的。茶艺的日常生活遵循进步的追求。

一、茶艺的日常生活特征

茶艺作为中国式的日常生活方式，它表现出了以下特征：

第一，茶艺在中国走过了几千年的历史，具有日常生活进步的历史积淀。中国人一直在茶艺的日常生活方式中寻求文化寄托和有为的精神力量，这一点从陆羽《茶经》以来的饮茶与社会的生活关系中表现得尤为强烈，大隐于市的文化特性，茶艺成为茶人们立志报国和成"圣"的日常生活劳动。

第二，茶艺在各个时代都能吸收和融合当时最丰富的技术、科学和人文知识，表现出进步性。茶艺与科学密不可分，不同时代的社会技术水平，在茶品和茶器具的生产加工史中可获得足以佐证的材料；社会对于饮茶的态度、制度及推广程度，以及各时代的茶人对饮茶情趣的表达，也都可反映当时的经济、政治与文化趋向。茶的兼容性使茶艺的生活方式也具有了丰富和包容的个性。

第三，茶艺是艺术与生活的融合，在沏茶饮茶的过程中表现了具有中国文化意蕴的美感。这种美感隐藏在中国人的心灵深处，茶艺触发了这种审美需求，在日常生活的艺术氛围中寻找到寄托情感的方式，一方面心灵受到慰藉，另一方面又把茶汤都喝了下去，实现了审美和实用的奇妙结合。

第四，茶艺的艺术家并未只把日常生活转化成"为他的存在"，茶艺带有强烈的生活示范性。唐代煎茶法的艺术化、宋代点茶法的艺术化等，都演变为举国上下的审美生活，以至于受到周边国家的模仿、继承。到今天，茶艺依旧连接着日常生活与艺术生活，审美教育是人们在日常生活中走向自由的路径。

第五，茶艺的艺术价值，在于它使人们拥有了普遍的话语权，大众也成为审美的主体和品鉴者，精英阶层与大众阶层平等地共处于一杯茶汤之中，民主的生活体现出了民主的艺术。

二、茶艺的文化创意背景

茶艺的生活不仅作用于日常生活的自在—自为—自在（自由）进步之中，在这个时代的召唤下，美的力量还继续推动当代茶艺主动地跨越日常生活，独立地与经济社会共舞，发挥以文化代表日常生活进步的更大范围诉求。基于相同的社会背景，在日常生活理论发生的同时，还有一个产业也蓬勃兴起——文化创意产业。

文化创意产业诞生于文化经济一体化的现代化进程。文化经济一体化的发展趋势使文化与经济的结合表现得日益突出，如同一枚硬币的两个面，经济的文化化与文化的经济化同时对现代社会作出了巨大的贡献。经济的文化化孕育了文化创意产业。经济的文化化，是指企业中的文化资本成为经济增长的构成因素。茶企业利用茶艺文化来制造经济增长点已成为普遍的现实，对社会经济乃至文化创新都起到重要的推动作用。

文化的经济化是文化创意产业发生的核心因素。文化的经济化是将文

化本身进行再创造，使之进入市场交换成为商品或资本来产生效益。茶艺
文化有意识地将茶从农产品、加工业产品甚至是一般商品的角色中升华出
来，倡导品茶、饮茶是美雅生活方式，从而开辟出一个崭新的消费领域。
由此组织了越来越多的茶艺文化工作群体和人才培养机构，逐渐形成了有
利于文化再创造的人才环境。从产业运作的创新思路上看，茶艺文化产业
表现在，它的产业准则并不只停留于"市场需要什么，我就生产开发什
么"，而是"我具有什么，就创造一个什么样的市场"。它利用文化（知
识）本身不断创造新消费点，引导消费，开拓新的消费市场。①

茶艺文化产业的产生基于两个要素：第一，社会背景。现代国民教育
普及，社会经济发展程度提高，文化的特权化意识被打破，大众文化逐渐
形成规模，文化分享的需求日益广泛，所有这些变化，使茶艺文化产业的
生长有了可能。第二，现代服务业的发展，促进了茶艺文化产业的产生。
现代服务业实现经济增长的目标是基于制造业服务化和服务业流程化导致
的经济活动报酬递增，在专业化的基础上将一些服务环节特别是一些从事
设计、咨询、研发等文化知识密集型的部门，从工业生产体系中分离出
来，成为现代服务业发展的典型特征。这种分工，使茶艺文化产业在茶产
业链中占据了十分重要的地位。

林少雄曾在《中国饮食文化与美学》中论述道，中国文化不仅仅是停留
在具体的日常生活经验中，而是在日常生活行为和日常生活方式上追求超越，
通过维持生存本能、获得个体生命存在的基本形式，升华到满足人的精神需
求、积极地充实人生内容、提高生命体验的境界。② 这样，日常生活的内容和
形式融入了个体生命的创造价值和目的，进入到了超越生存的生命哲学的艺
术境界。这种境界的寻求与获得，本质上也是整个中华民族一种自觉的美学
追求，因而也是一种审美境界。茶艺文化深入根植于日常生活内容之中，又
超越于日常生活内容之上，将整个社会生活诗化、审美化，在日常生活理论
及当今社会思潮的影响下，又以其审美力量走向经济社会，使美学现实化。
茶艺成为具有现代中国审美文化特质的研究对象。

---

① 金元浦：《当代世界创意产业的概念及其特征》，《电影艺术》2006 年第 3 期，第 5—
10 页。

② 林少雄：《中国饮食文化与美学》，《文艺研究》1996 年第 1 期，第 40—50 页。

三、茶艺的学科面貌

茶艺是茶文化体系中的一门学问。根据《中国茶叶大辞典》①的解释，广义的茶文化是人类在社会历史发展过程中所创造的有关茶的物质财富和精神财富的总和。狭义的解释：茶文化是有关饮茶的文化，即对各种茶的欣赏、泡茶技艺、饮茶的精神感受以及通过饮茶创作出的文学艺术作品等。茶文化的学科体系涉及了历史学、文学、茶学、社会学、美学、经济学、健康学等，它是一门交叉学科。除了已十分成熟的茶学归于农学门类独立外，其他与茶有关的知识都可以放入茶文化学的体系中，因此，我们把茶文化体系界定在四个领域之中②：茶科学领域、茶消费领域、茶文史领域和茶艺领域。茶文化学以文化精神及社会形态为研究对象，它的科学基础来自于茶学，它的研究方式与茶学是完全不同的，茶文化学与茶学虽泾渭分明，但在如今却呈现出相互支撑、共同提升的繁荣景象，代表了现代学科发展的一种新趋势。茶艺是茶文化学科体系中一门工具性知识，在现实社会中，茶艺几乎可以成为茶文化的代言人。茶文化的学科交叉性也几乎全部投射到茶艺的知识体系之中，不管我们研究茶文化的历史、民俗、经济、政策、生产、社会功能等相关领域，其归结点都离不开茶艺，茶艺是与人们的生活方式紧密结合在一起的存在。

在当代学科体系中，茶艺是一门交叉学科，从其表现特征看，可视为边缘的艺术学，由于茶艺与日常生活方式、艺术与哲学等关系紧密，茶艺作为文化哲学的学科特点也十分显著。茶艺有客观呈现的表现形式，它是达到、表现、促进茶文化学科面貌和进步的工具，为茶文化学其他三类知识领域的延伸提供了专门的方法。它在四个方面成就了影响力：

1. 茶艺可以还原历史。历代茶书把当时的饮茶生活或完整或片断地记录下来，由生活行为变成了文字，当代对茶文化史研究，本质上在试图复原其中的生活方式。将茶艺与史学研究相结合，它会使研究更真实可信，并在茶艺实验中发现新理论、新观点。

2. 茶艺延伸了茶学的可能。茶叶的"色、香、味、形"是人们饮茶生活的直接需求，这就要求茶叶生产要有针对性，要了解人们的饮茶生活

---

① 陈宗懋：《中国茶叶大辞典》，中国轻工业出版社2001年版，第585页。
② 朱红缨：《基于专业教育的茶文化体系研究》，《茶叶科学》2006年第1期。

与方式，茶艺在引领饮茶方式的同时，也改变茶叶生产的方式，茶艺使茶学从科学世界回到生活世界中来。

3. 茶艺是产业竞争的文化力。文化竞争力成为现代经济的核心增长点。茶艺在提升涉茶产品和涉茶服务业的文化内涵上有显著作用，直接产生经济效益，这一点从浙江茶产业的品牌建设和茶艺馆繁荣现象上可以得到印证。茶艺的饮茶生活艺术化，改变了茶农的生产观念，改善了茶农的生活水平，革新了茶商的营销手段，丰富了茶人的饮茶环境，提供了文化展示的舞台，营造了社会的廉洁风气，实现了审美教育的社会普及。

4. 茶艺提供的不仅是饮茶的生活方式。茶艺表现出来的生活方式，其精神核心是中国哲学思想在生活中的投射，由茶艺而习茶悟道，以茶诚意而修身，修身而达和乐，通过茶艺的审美教育弘扬"孔颜之乐"的生活情感，追求超越饮茶生活方式的人生境界。通过这种生活方式的弘扬，将中国文化以愉悦积极的形式不仅在国内、还更有价值地在国际舞台传播，具有了现实可能性。

四、茶艺的价值追求

世间事物有真、善、美三种不同的价值。真关于知，人能知，就有好奇心，就要求知，就要辨别真伪，寻求真理。善关于意，人能发意志，就要想好，就要趋善避恶，造就人生幸福。美关于情，人能动情感，就爱美，就喜欢创造艺术，欣赏人生自然中的美妙境界。人生来就有真、善、美的需要，真、善、美具备，人生才完善。茶艺的目标是通过教育，顺应人类求知、想好、爱美的天性，使一个人在这三方面得到最大限度的调和的发展。

1. 真的价值。茶艺有着实物文化的特性，它的求真性体现在三个方面：一是求客观物质之真。茶艺是以实物的茶为载体的，茶有真伪，有好次，有不同的类别，有不同的品性，依据茶的不同，有不同的加工，不同的沏泡技术，不同的品饮方法，构成茶艺的基本结构。二是求生命之真。茶有益于健康，已有大量的报道和数据证明①，作为饮料的茶叶有助于身体健康，饮茶的生活方式有助于精神健康，健康成为茶艺能够风靡全球的一个基点。三是求生活之真。文化即历史、生活方式，作为茶文化的工具

---

① 屠幼英编：《茶与健康》，世界图书出版公司 2011 年版。

性知识,茶艺总是尽可能真实地复原、演示存于史料、存于文物、存于民间的饮茶生活方式及其技术,包括物质形态、器具、仪式等。

2. 善的价值。茶艺有尽性之善。中国儒学认为,"唯天下至诚,为能尽其性;能尽其性,则能尽人之性;能尽人之性,则能尽物之性;能尽物之性,则可以赞天地之化育;可以赞天地之化育,则可以与天地参矣"(《中庸》)。至诚为德,尽性是善。在茶艺中,首先是尽物之性,如尽茶之性、尽器具之性等,格物致知、正心诚意,将崇高的理想寄托在生活实践之中,以至诚之心连接物与人的情感,达到人与自然的浑然一体。尽人之性,茶艺文化的核心是提供美好而温良的生活,亚里士多德说,"由于所有的知识和每一种工作都以某种善为目标,那么什么是活动所能取得的善中最高的善?……那就是幸福,无论对普通大众还是上层文雅人士来说都是如此。他们都将幸福等同于生活得好和做得好。"① 茶艺的生活方式始终体现了对当下生活的尊重,对人的情感的尊重,对仪式的、历史的、精神的尊重,作为一种日常生活方式的示范,以积极的生活态度提升生活品质,实现善的价值。我们的先祖们并没有把茶当作一种单纯的饮品来对待,虽然当时的科技物质文明发展远不如现在,但是他们仍能在那样的条件下,给后代留下了现代人无法想象的幸福和快乐。

3. 美的价值。茶艺兼备形式美和内容美,茶艺的形式美是器物之美、技巧之美、表象之美,比如茶叶的色香味形之美,茶具的适宜和谐之美,茶境的徜徉精妙之美,茶技的气势神韵之美等。茶艺的内容美是人格之美、理想之美、愉悦之美,茶艺师是茶艺活动的主体,茶艺师利用其专门化的能力、技术和修养,完成了从茶(自然属性)——茶汤(人格化)的过程,在赋予茶、水、器、火、境客观对象的灵魂的同时,体会日常生活中的敬畏和崇拜,在不完美人生的遗憾中,享受和分享茶艺创造的浪漫、充盈和宁静。在茶人们看来,只有生活于艺术之中的人才能理解艺术所含有的真正的价值,所以,茶人们在日常生活中也努力保持在茶室时所表现出的风雅态度。茶艺师的人情感施与自然,茶艺师凭借自我完善能力呈现尽可能完美的茶汤,以至诚尽性构成了茶艺传达的"恰好"美感意境。

---

① [美] 罗伯特·所罗门:《大问题:简明哲学问题导论》,张卜天译,广西师范大学出版社 2004 年版,第 273 页。

　　茶艺学科专业的核心任务是揭示日常生活仪式、日常生活审美的典型性。仪式化的过程使茶艺超越了日常生活中饮茶的一般态度，以特有理想化的生活方式和观念，形成具有独自性的文化形态和审美领域。由于中国茶艺文化从文人意识或者说诗人意识中起源，在中国古代，它作为一种象征精致文明的生活方式被世界各地广泛模仿，因此，仪式化的饮茶行为被视为对清高脱俗、风流儒雅的气质要求和承认。伴随这种同志意识和共同理想的培养，严格规定的茶艺程序规则和所需要的器物被一一格式化、典型化，区别于一般的饮茶活动。"茶道是基于崇拜日常生活俗事之美的一种仪式，它开导人们纯粹与和谐，互爱的崇高，以及社会秩序中的浪漫主义"①，茶艺的美不仅是作品形式的美，更是人生至美的追求。生活的日常性使茶艺保持了历久弥新的生命力，茶艺之美从日常生活中升华实现情趣与意象的表达，也对日常生活审美态度的提升起到了积极的作用，茶艺的作品呈现能力使日常生活美学现实化。茶艺以日常生活仪式、日常生活审美揭示了现代美学及相关学科的另一个领域。

　　本书的整体结构包括了茶艺性质与哲学态度、茶艺基本要素与结构、茶艺规则与程序、茶艺的历史沿革、茶艺审美特征、茶艺创作与社会产品等研究领域与主要观点，试图呈现出茶艺文化较为完整的学科体系，更加全面地提供关于茶艺、茶艺文化、茶艺作为日常生活美学、茶艺作为日常生活方式的中国面貌。

---

　　① ［日］冈仓天心：《说茶》，张唤民译，百花文艺出版社2003年版，第3页。

第二章 茶艺文化基础

一门学识的诞生和生长，总会以哲学作为基点，哲学一直对世界、宇宙、人、精神、规律等研究对象有浓厚的兴趣，文化是一种存在，哲学的形而上思考奠基于现实文化之上，成为文化哲学的研究方法。文化总是呈现在历史的长河之中，历史发展的本质，是文化生命力以前所未有的活跃和力度创造出新的文化形态，而文化形态总可以表述为如制度、符号等，这一点同样表现在茶艺文化中。茶艺深受中国传统文化及儒、道、释哲学的影响。历代茶人们将日常生活的饮茶与自己的审美活动、精神追求、人格理想紧密结合起来，借助饮茶活动思考天地人生之理，表现明道励志、清高脱俗、乐观旷达的精神品格和人生情怀，强调人与自然、人与社会、人与人以及美真善的和谐统一。这些哲学思想提升了当时饮茶活动内涵以及生活方式表达，沿袭至今，积淀和呈现出具有活跃生命力的茶艺文化形态。

第一节 茶艺界定

中国人或者说东方文化圈所谓的饮茶，自魏晋以来一直带有强烈的人文意蕴，饮茶不再是简单的经验生活，人们通过约定俗成或引导模仿，逐渐形成了具有人文理想的、仪式化的、审美的、社会性的特殊饮茶方式，在当代中国称之为茶艺。在茶文化的学术支持下，学者们分别从哲学维度、技术维度、行为维度、审美维度对茶艺进行内涵和外延的诠释，形成了茶艺的学术基础。在不同的饮茶国家，人们从各自经验来称呼这些具有特殊意义的饮茶方式，比如，日本称之为茶道、韩国称呼为茶礼等。

一、相近的名词

茶艺之"艺"，从字典上解释有三层意义：一是技能，二是准则，三是艺术。因此，茶艺从其直接的字面解释，可以有三个不同层面的理解：沏茶的技能；沏茶、饮茶方法；审美及审美教育的饮茶方式。自茶文化在20世纪80年代兴起以来，所有接触茶文化研究的学者都试图对茶艺或类似茶艺的内容作出解释，揭示了当代茶艺定义的由来和不同内涵侧重的学术需求。

当代茶圣吴觉农先生认为："（茶道是）把茶视为珍贵、高尚的饮料，饮茶是一种精神上的享受，是一种艺术，或是一种修身养性的手段。"①

庄晚芳在《中国茶史散论》中说："茶道就是一种通过饮茶的方式，对人们进行礼法教育、道德修养的一种仪式。"

童启庆对茶礼、茶道、茶艺的解释是这样的："'礼'：指社会生活中由于风俗习惯而形成的为大家共同遵守的仪式；表示尊敬的语言或动作。'道'：指人们应恪守的路，即人们共同生活及其行为的准则和规范；专门的学问、技艺。'艺'：指用形象来反映现实但比现实有典型性的社会意识形态或指富有创造性的方式；富于技巧性的表演艺术或手艺；言论、行动等所依据的原则。……中国历史上均有用'茶礼、茶道'，用'茶艺'一词则是近年的事；在日本习惯用'茶道'；韩国习惯用'茶礼'。"②

王玲在《关于"中国茶文化学"的科学构建及有关理论的若干问题》③中说："所谓茶艺，是指把煮茶、品茶过程艺术化，它包括选茗、蓄水、烹煮、品茶、择器这一系列内容。茶道，是指在这些过程中所贯穿的精神思想、美学思想、人生哲理，等等，而并非指如今日之日本茶道、韩国茶道、国内一般茶艺表现所反映的茶艺或茶仪形式。有茶艺、有茶仪，其中又贯彻着深刻的思想内容，这种综合的文化内容方可称之为茶道。"

陆钧在《茶之俗文化现象浅析》④中提出"茶礼"观点："唐代世风贵茶，茶便从女子出嫁时的陪嫁品，逐渐演变成一种聘礼，形成了茶与婚俗相结合的特殊形式——茶礼。……茶礼之兴起，对后世婚俗产生了较大的影响，民间一直有'三茶六礼'之说。下茶、受茶、茶礼几乎成了订

① 吴觉农：《茶经评述》（第二版），中国农业出版社2005年版，第185页。
② 童启庆：《论茶礼、茶道、茶艺的名称及其内涵》，载《中国茶文化大观》编辑委员会编《茶文化论》，文化艺术出版社1991年版，第96页。
③ 同上书，第17页。
④ 同上书，第74页。

婚、结婚的代名词。茶礼在我国婚姻史上可说是一件极重要的事……说明了茶在世俗生活中的崇高地位。"

林治在《中国茶艺》中是这样解释茶道和茶艺的:"茶道研究的主要对象是形而上的精神,而茶艺研究的对象主要是形而下的物质及程序等沏茶品茶的形式。茶艺是在茶道精神指导下的茶事实践,它包括了茶艺的技能,品茶的艺术,以及茶人在茶事过程中以茶为媒体去沟通自然,内省自性,完善自我的心理体验。"

范增平在《台湾茶文化的形成与发展》中有这么一段:"(1978年,台湾)一批关心茶文化的知识界朋友,在推动复兴中国茶文化的使命下,思考如何把茶文化的活动赋以明确、清新的名字,若以'茶道'这个名字,日本已沿用很久的词,若用'茶礼'又不合大家想法。当时中国民俗学会理事长娄子匡教授提议用'茶艺',较为合适,以'茶艺'作为振兴中国文化活动的含蓄名词。"①

藤军《日本茶道文化概论》:"(日本)茶道几乎将东方文化的所有内容都囊括在一个小小的茶室里。茶道被称为应用化了的哲学,艺术化了的生活。茶道是活的艺术;茶道是一次性的艺术;茶道是表演者和鉴赏者合成一体、不能区分的艺术。"

丘如财《马来西亚茶艺界说》:"(在马来西亚)把茶艺分为广义和狭义来界定。广义的茶艺是,研究茶叶的生产、制造、经营、饮用的方法和探讨茶业的原理、原则,以达到物质和精神全面满足的学问。狭义的来说,是研究如何沏好一壶茶的技艺和如何享受一杯茶的艺术。就茶艺的实质内涵而言,它包含:1. 各种茶叶本身色香味及外形的欣赏;2. 茶叶沏泡的过程(一方面是沏好茶叶所必需的技艺,另一方面沏茶本身就是一种表演艺术);3. 茶具的部分(不只是沏茶必需,也是玩赏收藏的艺术品);4. 修身养性的课程;5. 人际关系的触媒;6. 建立宁静与反省的心灵;7. 品茗环境。"②

从以上解释看,学者们从不同的角度,以十分慎重和热切的态度,涉及了茶艺、茶道、茶礼、茶技等不同领域的研究,有独立表述,也有交融几个概念的解释。从解释的倾向看,茶道的理解基本上是在精神方面的感

---

① 范增平:《台湾茶文化的形成与发展》,《茶艺》特辑一,香港茶艺中心,1992年3月,第24页。

② 同上书,第30页。

悟或传达，哲学性的研究，是形而上的；茶艺侧重于技艺、形式、行为，有内在的要求，但更着重于如何表达，形而下的存在感更为突出；茶礼是生活或民俗的仪式约定，由于东方礼制文化的延续，表现出接近于主流意识的规范，也是一种制度的约定。总结起来，学者们分别关注了饮茶方式的思想性、艺术性、技术性、制度性等不同领域的内容。

二、茶艺性质

茶艺区分于一般饮茶活动的主要行为特征是仪式，茶艺的性质是仪式化。茶艺作为一般沏茶、饮茶、解渴的活动，不会被提高到作为专门化、艺术化、哲学化的学问来对待；茶艺之所以与一般的饮茶活动区分开来，是对其特殊性的显现和强调，茶艺是一种特殊的饮茶生活方式。这个特殊性就是由仪式化发生的。

仪式的发生与生命有关，人们为了安全、安慰或更好的生活，服从于某种具有诱发因素功能的行为，采取集体认同的形式，不断增强其功能的强度、准确度和精密性而趋向于特殊化的过程，称之为仪式化。结构仪式化理论提出了在社会大环境中仪式化行为的特征，分别是突出性、重复性、相同性及资源性，该理论关注处于一个大社会环境之中的小群体，如何通过对大环境中最得到强调的仪式化行为的采纳而对大环境的社会结构进行复制。① 仪式化符号行为的突出性越明显、行为的重复性频率越高、仪式化行为的相同性越大及仪式化符号行为社会资源越广阔，在这些环境中仪式化符号行为的意义也就越重大。

日常生活的仪式化更多地体现为规范、风格或形式。仪式大多与宗教信仰有关，在日常生活中也有相似的模式行为，比如，先祖们敬畏食物而举行的仪式、诞辰节日的仪式等，仪式化能够使世俗世界变得与神圣世界具有相同的价值和意义，这样，神圣世界中令人敬畏的力量同样会显现在世俗世界之中。中国传统文化从本质上说充满着对日常生活的敬畏，把一件物品或日常事务与宇宙规律联系在一起，对于中国人来说是十分常见的思维模式，人们希望通过仪式化行为，带给日常世俗生活以积极影响，使世俗的日常生活具有神圣性。日常生活的行为原本是模糊的，随着仪式化

① 关键、［美］戴维·诺特纳若斯：《美国华裔的边缘化及涵化进程中的结构仪式分析》，单纯译，《世界民族》2002 年第 1 期，第 68—81 页。

的进行，行为特征变得显著而简单化，其本质内容不断重复，一部分内容被强化，最终形成了具有某种规则、风格和形式的行为模式，并被社会大环境认同而得到复制。日常生活仪式化的结果，在形式的规定性和特殊性方面与日常生活加以区别，茶艺即是拥有了这样的规定性和特殊性。

茶艺的仪式化是通过具有文化精神和宇宙观象征意义的饮茶行为，赋予人一种可以辨别的身份和属于这一群体或集体的特殊精神风貌和气质，集体拥有了这个特有的观念和生活方式，在传播中不断重复饮茶的思想、技能、程式，使茶艺主体的气质、行为和客体的茶、水、器、火、境等要素规定得越来越显著、准确和严格，最终形成特殊化的形式，完成了茶艺的仪式化过程。茶艺的规定性和特殊性表现如下：

规定性。中国茶艺文化是从文人意识或者说诗人意识中起源的，在中国古代，它作为一种象征精致文明的生活方式被世界各地广泛模仿，因此，仪式化的饮茶行为被视为对清高脱俗、风流儒雅的气质要求和承认，这种承认也意味着确立的一种权威，在权威的引导下对饮茶行为带有某种敬畏感。伴随这种同志意识和敬畏感的培养，有特别意义的茶艺行为和器物被一一规定，以区别于一般的饮茶态度。茶艺的规定性首先是对饮茶器具以成系统的方式与日常生活区分开来，饮茶器具从兼用的物品起步，随着行为特征不断强化，具有特别规制与符号的专用饮茶器具逐渐成形。器具是茶艺仪式化程度判断的重要指标，专用茶器具越成规模，规定得越细致，茶艺仪式化水平和成熟度也就越高。茶艺的程序也给予了规定性，以位置、动作、顺序、姿势、移动线路等要素分解，仔细制定规则与流程，通过这样的规定能较快地进入不同于日常生活的特殊形式之中，承认特有的身份。将茶艺的茶、水、器、火、境的客体特征显著化，简化了饮茶活动的外在形式，使其具有可复制性，而被更多的群体认同。

特殊性。茶艺的特殊性与规定性是密切联系的，规定性的饮茶方式与一般的饮茶行为区分开来，表现出它的特殊性，对规定越是敬重，特殊性就越发显著。从唐代开始，茶艺通过陆羽《茶经》以及其他茶人典籍的传播，对器具的严格规定、技艺要素的反复强调、致敬理想的表达等，达到了茶艺与一般饮茶行为区别的特殊性要求。这种特殊性除了对茶艺程式的规定外，作为与社会一般生活不同的存在，茶艺有继续突出其特殊性以及重建阶层的愿望。茶艺仪式在发生之时，就试图借助神圣的力量消除世俗生活原有规定的如阶层、身份、生存状态等不同与差别，因此在茶艺规则中十分强调无差别与公平性，由于介入仪式后的特殊性与优越性，形成以茶艺规则为秩序的小群体，试图重建日常分层关系。一方面，茶艺仪式化过程中的消除差别和小群体阶层，短暂地释放堆积的不安与压抑感，是对社会秩序的维护；另一方面，茶艺的起源和本质都是出于对文化权威的敬仰，并在仪式过程中以敬重的态度得以呈现，保持了与社会主流意识的一致性，因而它终究能找到与社会文化相平衡的状态而协同发展，最终实现了被社会环境认同的、完成仪式化的稳定结构，具备了行为复制的组织动力，仪式的特殊性也越来越集中在对规则的敬重态度上。

茶艺不仅停留在日常生活行为仪式化的过程。中国人自古以来对饮食文化有着高度的审美兴趣，既要满足审美的非功利性，又要满足审美的实在性，茶的出现满足了中国人特有的日常生活审美需求。茶艺从仪式化进入审美境界，便以一种精致文化的面貌存于社会，并为文明社会普遍推崇。仪式化的过程使茶艺超越了日常生活中饮茶的一般态度，以特有理想化的生活方式和观念，形成具有独自性的文化形态和审美领域。

三、茶艺元素

茶艺由主客体组成，主体是人，由茶艺师与茶人共同组成，起主导作用的是茶艺师；客体是茶艺师改造的对象，是实现茶艺目的并具有核心特征的基本物质，茶艺客体由独立和必要的元素构成。元素是同一性质事物的主要组成部分。茶艺依从不同的主体而呈现的客观对象，都应该有一致性的物质组成部分，从而形成其特有规律和特征把握，组成茶艺的客观元素包括了茶、水、器、火、境。

在茶文化的历史文献中，涉及饮茶方式艺术化的茶艺内容的，大多数都关注到主体与客体两个方面，我们侧重地来看客体部分，即蕴涵在古代文献之中对茶艺元素构成的分析。从陆羽《茶经》十章的条目看，与茶艺活动直接相关的内容有前三章的茶、第四章的器、第五章的煮（火、水）、第六章的饮，这些与茶艺的主客体直接相关，第九章"略"和第十章"图"的主要内容是茶艺在室外的环境以及室内对规则教育的挂图。因此，《茶经》中的茶艺从客体元素的分析是围绕着茶、器、火、水、境的结构的，它对主体有品饮和技法的要求，以及对这些规则的传播。明代许次纾在《茶疏》中提到："茶滋于水，水藉乎器，汤成于火。四者相须，缺一则废。"茶艺由茶、水、器、火四大基本元素组成。明代张源在其《茶录序》中说道:"其旨归于色、香、味,其道归于精、燥、洁。"对茶艺的要求唯有两条:品茶的要求、沏茶的技巧,它侧重对主体的品鉴能力与技艺的要求。屠本畯著的《茗笈》中对古代茶书作一辑录,他概括十六章中与饮茶活动相关的章节内容有:茶、水、火、汤、技法、器、境、不宜、品鉴、风流。在这十个条目中,技法、不宜、品鉴、风流等是对主体的要求;汤是茶、水、器、火、境之间相互作用的结果。因此,茶艺的关键元素也指茶、水、器、火、境。《红楼梦》第四十一回就品茶作了一段生动的描写:贾母、宝玉、黛玉等一行来到栊翠庵,妙玉亲手沏茶待客,她为贾母用旧年积存的雨水沏了"老君眉",盛在"成窑五彩小盖盅"里;而对宝玉、黛玉、宝钗等更是另眼相待,沏茶的水竟是"五年前收的梅花上的雪,装入瓮中,埋入地下,今夏才开的",茶具则全是古代的珍玩,十分讲究。宝玉还不解自喃,被妙玉一番取笑,称只取饮茶解渴之功效的,为"牛饮"。可见,光有茶,竟是不能为之饮,光知饮而不致精细,也无有好茶;必须有适宜的茶、水、器、火、境的绝配,才能成为人间的至情享受。由此看来,历代茶人对茶艺分别从主体和客体提出了基本的要求,在茶艺的物质呈现方面,几乎都集中在茶、水、器、火、境五个元素之中,并在各自的著述中详细解释了茶、水、器、火、境在茶汤形成和主体感受等方面存在的重要作用,在历史的沿革中,茶艺对象元素的构成是非常集中和一致的。

五个元素与茶汤形成过程关系紧密。茶艺最核心和最根本的任务,是把植物的茶转变为仪式化茶汤,使茶汤充满人情味和审美感,呈现一杯更加完善的茶汤。"茶"是茶汤之核,"器"为茶之父、"水"为茶之母,是茶汤之形,"火"为内功、"境"为外力,是茶汤实现的动力和带给主体审美情趣的路径,故为茶汤之力。茶、水、器、火、境以"核、形、力"的维度构成茶艺最本质的物质基础,主体通过把握这五个元素的客体对象特征,实现茶艺从形式到内容的生活艺术之美。

茶艺由茶、水、器、火、境五个元素构成,这些元素在主体的作用下相互联系、相互作用、相互依赖、相互制约,构成了用以表达茶艺思想、内容、形式的有机整体。对茶艺元素的确定,更加突出了茶艺的规定性,五个元素缺一不可,茶艺是在茶、水、器、火、境的完整呈现中赋予了主体的情感表达。

四、茶艺范畴

正如之前许多学者界定茶艺所涉及的内容，茶艺有三个不同层面的理解：沏茶的技能，沏茶、饮茶方法，审美以及审美教育的饮茶方式。茶艺对沏茶、饮茶方法的具体规定，在完成仪式化过程后，成为在社会环境中凸显敬重态度特征的核心存在，茶艺仪式的核心是礼法。茶艺审美与茶艺的审美教育，在日常生活中体现出各自同样的重要性，后者则表现出饮茶群体提高修养的能力。所以，茶艺涉及了四个方面的研究范围：茶艺的技艺领域、茶艺的礼法领域、茶艺的审美领域、茶艺的修养领域。

（一）技艺领域：以科学性为基础的茶艺主体行为

茶艺是一个行为的表现形式，技艺是茶艺最直接的呈现。茶艺的技艺领域是茶艺师的行为作用于客体对象时的表现，是茶艺师如何组织茶艺的各元素来实现茶汤的行为，以及分享和品鉴茶汤的过程。其中，对于客体元素的知识认知和控制，是技艺实现的条件。因此，茶艺的技艺领域，是研究以科学性为基础的茶艺主体规定的行为方式。

茶艺元素的科学性包括了茶叶的知识，茶叶色、香、味、形的形成与品质类型的区分，水的分类、选择与区分，火的利用，器具的材质、结构、功能的理解，茶境空间结构的合理性等。中国在几千年以来的茶叶生产和沏茶、饮茶的生活中积累了丰富的知识，"格物致知"是茶艺研究极为重要的第一步。茶艺基于对客观元素的知识认知，要呈现一杯更加完善的茶汤，茶艺师的技术控制是十分必要的，比如，研究器具的不同材质和结构造型与茶品选择的适切度配合，以有利于茶汤性能的发展；将各个元素的技术指标控制在恰到好处的程度，在规定的时间、空间中针对不同人群的呈现；茶艺师熟能生巧、气韵生动的技巧表现，带给人畅快淋漓、神思向往的审美享受等，都是茶艺在技艺领域研究的内容。茶艺的技艺从主体结构分，表现为茶艺师沏茶的技艺和饮者品鉴的技艺。

茶艺师技艺的规定性会比较直观，主要体现在茶艺进入沏茶的过程中，它仔细分解和制定了位置、动作、顺序、姿势、移动线路等"合五式"规则。茶艺师按照规定的基本流程来进行重复训练，在不断的练习中，获得熟练的技艺能力，能力与情感加以结合，促使茶艺师技艺水平的提高。技艺另一方面是品鉴的能力，有好茶，还要会品尝、评判和欣赏，茶汤品鉴有科学性的一面，也有人文情感的因素。

（二）礼法领域：以敬重态度为仪式化特征的核心内容

茶艺的核心文化归属是儒学，茶艺的仪式化过程，将儒学的根本之学礼法作为茶艺对规则敬重态度的理解，是自然的，也是必然的。茶艺仪式化的特殊性主要表达为突出的敬重态度，这种敬重的态度用礼法的形式融入茶艺的行为模式之中，组成了茶艺的核心内容。

礼法在茶艺的日常生活之中是十分普及的，礼法的核心是敬重态度及其表现形式。宗教活动中经常有献茶的仪式，来表达敬重态度，至今人们仍用"清茶四果"、"三茶六酒"来祭天谢地，期望得到神灵的保佑。宋代专设"四司六局"机构，专门提供"烧香、点茶、挂画、插花"等礼节性活动的服务，说明了点茶作为仪式的重要性。南宋朱熹《家礼》中记载了每个家庭必须掌握平常的祭祀礼节，其中茶礼的程式被视作"通礼"加以规定。① 日常生活中以茶待客，是以最常用的礼节来表示对客人的尊敬。

茶艺的仪式化，使礼法的敬重意义更加突出，这种敬重态度在茶艺范畴涉及的人与物的关系和人与人的关系中得以表现。人与物的关系体现出尽物性的原则，充分了解和发挥各物质元素的性能，不能有一丝的浪费，珍惜它们的存在，对自然充满敬畏感；人与人的关系体现出尽人事的原则，彼此间的尊敬、爱惜，培养默契的情感，尊重生命的存在，竭尽全力地做好每一件事，追求天人合一的神圣感。茶艺的礼法决定于茶艺的每一个细节，当敬重的态度贯穿于技艺的全部，礼法才得以呈现。

（三）审美领域：茶艺的美感呈现与艺术表达

茶艺具有美感，茶艺的美感既有实用性，又有移情性，增大了茶艺传播的价值和范围。茶汤是茶艺的审美对象，茶汤的实用性美感主要体现在色、香、味、形上，也有为一杯更加完善的茶汤而融合其中的主、客体之美的内容；茶汤的移情性，是茶人以茶汤为观照唤醒了自由与想象力，抒发了对人生及世界的情感。茶艺审美范畴体现为仪式感、朴实、典雅、清趣、人情化五个方面，茶艺的审美特征提供了日常生活美学研究的广阔领域。

茶艺审美的表现形式是艺术，茶艺是一个综合的艺术形式，它包括了实用艺术、造型艺术和表演艺术。茶艺以茶汤为观照，以"尽其性"的

---

① 关剑平：《茶与中国文化》，人民出版社 2001 年版，第 214，236 页。

原则对茶艺各个器物的从实用到审美的要求、茶汤"色香味形"品鉴以及茶艺带给一般生活的示范，茶艺属于实用艺术。茶艺的造型艺术主要体现在茶席的设计，茶席设计是否成功是茶艺给予观众的第一印象，随着茶艺的推广，茶席设计也作为单独的艺术作品形式提供审美。茶艺最能留下深刻印象的是茶艺师气韵生动的表演，以及观众"啐啄同时"的参与，茶艺师与茶汤交相辉映，契合了"从来佳茗似佳人"物我合一、物我两忘的审美情感。茶艺又属于表演艺术。茶艺以艺术形式的作品呈现，在文化创意产业蓬勃兴起的时代，谱写着茶艺有史以来最为壮丽的篇章。

（四）修养领域：茶艺精神的日常生活实践

任何一个学者对茶艺的研究，都会归结到茶艺的精神，又称茶德或称茶道。茶艺的精神来源于它的哲学思想。正如前面许多学者对茶道内容的解释，茶艺思想是以中国哲学、东方哲学为基本核心的，它围绕着天人合一、正德厚生、孔颜之乐的哲学理念来确立理想的人格和社会图景。茶艺的思想表现在茶艺的形式之中，它是通过茶艺的技艺、茶艺的礼法、茶艺的审美以及艺术形式给予表达的。茶人信奉茶艺蕴涵的思想，终身持久不懈地操练自己，生活在茶艺思想的体验之中，以生命去实践这个思想，茶艺的思想成为茶人日常生活的实践。茶艺思想通过日常生活实践而提炼形成指导性宗旨，称为茶艺精神。

陆羽的茶德"精行俭德"、庄晚芳提出茶德为"和美康乐"。茶人领袖通过茶艺精神的宣扬，来培养茶人群体高尚的品质和正确的待人处世的态度，追求儒家文化所要求的完善人格，使言行合乎规矩。茶艺精神落实在具体的生活实践中，成为茶人日常修养的内容。千利休说："茶道只不过是烧水点茶而已"，从谂禅师的偈语："吃茶去"，也从另一个侧面反映了茶艺的修养范畴。中国哲学有一句精辟的概括："见山是山，见水是水；见山不是山，见水不是水；见山还是山，见水还是水"，揭示了通过茶艺来提高修养的三个阶段，茶艺的人生修养追求天地境界的理想，做平凡的事，过真实的生活，承担"天民"的责任。茶艺具有审美示范和审美教育的功能，也为茶艺修养研究提供了重要的理论视野和现实表达。

五、茶艺定义

对茶艺概念的界定，需要明确茶艺之所以成为研究对象的性质特征，构成茶艺的元素以及研究的范围等核心要素。茶艺的性质是仪式化，仪式化使茶艺具有规定性和特殊性，茶艺的客体对象由茶、水、器、火、境五个元素构成，茶艺的范畴涉及了技艺、礼法、审美、修养四个领域。于是，我们对茶艺作出以下定义：茶艺研究仪式化的饮茶方式，它以东方哲学为精神核心，以茶、水、器、火、境为基本元素，以技艺、礼法、审美、修养为研究领域，通过具有规范仪式的艺术创造，再现和表现饮茶活动，从中表达理想的人格和社会图景。

在日常生活和学术研究中，有以下几个概念是容易发生混淆的，要加以区分。

茶艺与饮茶活动，区别的关键词是仪式化程度，饮茶活动是仪式化之前的茶艺形态，有了饮茶活动才能发展为具有规定性和特殊性的茶艺行为模式。

茶艺与饮茶法，区别的关键词是艺术化的程度，饮茶法兼备了茶艺的性质与范畴，但它并不把茶艺作为艺术产品而自觉地发挥其价值作用，时代背景的限制是其中的主要原因，可以说茶艺的历史都是作为饮茶法而存在的，一直到了今天文化产业的兴起，才有了茶艺作为艺术产品的概念和生产方式的出现。

茶艺与茶文艺，区别的关键词是茶艺元素的客观存在，茶艺必须有茶、水、器、火、境五个元素的客观呈现，最终实现对茶汤的观照，但茶文艺并不以此为己任，茶文艺是茶文化的艺术形式，它的具体表现形式有茶文学、茶戏剧、茶歌舞以及各种与茶关联的文艺，这两者在茶的主题上有共同性，但它们的艺术类型则完全不同。

第二节　主要学术成就

真正学术意义上的当代中国茶文化研究始于 20 世纪 80 年代。但是，在茶文化研究发展的数十年间，茶艺研究并没有明确的基本范式，茶艺是以它在茶文化中具有不可替代的、不得不涉及的工具、领域和现象，被学者们从各自研究视角和研究方式进行了反复的讨论和审视，而获得的一批茶艺研究成果，才有了茶艺研究的起步。由于缺乏独立的研究对象、方式和学科价值体现，缺乏围绕核心问题形成的基本范式，自然表现出当代中国在茶文化的输出上后继乏力，现代茶文化并没有高度的表达形式。通过饮茶或者饮茶的生活方式来确立文化地位的文化继承，是当代中国茶艺文化研究的重大责任，因此也更加要注意到，当代中国茶艺是基于众多茶文化学者在自觉或不自觉地从事茶艺研究的成果基础上，来开展的一项整理、追溯、探究，从而有所创新的研究工作。

当代茶文化研究涉及茶艺的内容与成果主要分为两大部分：一是从理论研究中获得，其中成果最为显著的是史学研究和比较研究，前者以专门史和断代史相结合的方式，提供了与茶艺研究相关的、较为翔实客观的历史资料和依据；后者主要开展了日本茶道的研究，作为对中国茶艺文化借鉴和比照，发挥了十分重要和积极的作用。二是从现象研究中获得，学者们进行了茶叶与消费者的关联、合理的茶叶冲泡过程、饮茶健康等知识普及的工作，还对其中蕴涵和引发的文化现象开展了较为广泛的讨论。理论研究成果展现了茶艺文化应该有的面貌，现象研究则高度重视当下生活的需求，这两者无疑都是茶艺研究的重要内容。以下摘录与茶艺研究密切关联的部分著述和观点。

一、《茶经》与茶艺

王玲 1992 年著《中国茶文化》，明确指出陆羽的《茶经》是一部关于茶叶生产的历史、源流、现状、生产技术以及饮茶技艺、茶道原理的综合性论著，是中国茶文化及茶艺学术起源与发展的里程碑。陆羽把深刻的学术原理融于茶这种物质生活之中，展示了"自从陆羽生人间，人间相学事新茶"的历史面貌，从而开辟了一个新的文化领域：第一，《茶经》首次把饮茶当作一种艺术过程来看待，创造了从烤茶、选水、煮茗、列具、品饮这一套中国茶艺。我们把它称为"茶艺"，不仅指技艺程式，而且因为它贯穿了一种美学意境和氛围。第二，《茶经》首次把"精神"二字贯穿于茶事之中，强调茶人的品格和思想情操，把饮茶看做"精行俭德"，进行自我修养，锻炼志向、陶冶情操的方法。第三，陆羽首次把中国儒、道、佛的思想文化与饮茶过程融为一体，首创中国茶道精神。这一点，在"茶之器"中反映十分突出，无论一只炉，一只釜，皆深寓中国传统文化之精髓。在中国茶文化史上，陆羽所创造的一套茶学、茶艺、茶道思想以及他所著的《茶经》，是一个划时代的标志。《茶经》的问世，对中国的茶叶学、茶文化学，乃至整个中国饮食文化都产生了巨大影响。

梁子 1994 年著书《中国唐宋茶道》，在第一章中专列一节讨论《茶经》中陆羽的饮茶行为及其所阐发的思想。作者认为，陆羽设计了一套茶具、茶器，一套烹茶、酌茶的程式，对茶事规律和技巧进行了总结和创新。陆羽还力求通过一定程序的茶道来表现一定的精神和思想，这种精神既体现了人的实践，同时又与茶作为一种特殊饮料的自然属性相一致。著述对陆羽《茶经》中贯穿的精神作了总结，提出了"精"的精神。《茶经》整篇含有精美、精致意义的"精"字共有 8 处之多。精美上乘的茶叶是茶道得以进行的基础，造茶就要选择"茶之精腴"，要烹出精美的茶汤，就要精于选水、煎水，"精气饱满"是茶汤优良的判断标准，煮茶过程中精湛的技艺，优美的动作，对茶道要精益求精，追求一种崇高的精神境界。陆羽《茶经》提出了俭德的思想。俭德即节俭、俭约、俭朴的美德，茶比醍醐、甘露廉价，节俭的人可以代之以饮用；同时在行为上，做人处事上要俭朴、淡泊，以茶示俭，以茶示廉。陆羽《茶经》提出了完美的原则，并反映在作为精神产品的《茶经》之中。为了引导人们学习茶道，陆羽从茶之源，一直到茶室的布置，茶器增减，都作了完美的论述，给人一个完美的方案。最带有普遍性、内涵最丰富的是"和谐"，这也是陆羽茶道的最高原则和主旨，目的在于通过自然界的和谐来表达对社会和谐的向往。

梁子还继续讨论了儒、道思想在《茶经》饮茶行为、器具中的体现，特别是陆羽精心设计制作的风炉的思想蕴意，刻铸"陆氏茶、尹公羹"，"圣唐灭胡明年造"等字，表明陆羽以伊尹自比。伊尹"负鼎俎，以滋味说汤（成汤）致于王道"，他通过调鼎中羹的道理向商汤喻示治国的王道，陆羽以此自比，表明了他也有以茶治国的抱负。风炉上还刻上八卦符号，并有"体均五行去百疾"的字句，反映的是道家哲学中的五行相生相克理论，强调了自然和人类社会各种因素之间相互依存、相互矛盾的基本规律，而只有掌握其平衡才能求其发展。《茶经》所提倡的茶道文化被大众所接受，文人起了推波助澜的作用。作为一种高雅的艺术享受、讲究气氛和谐完美的活动方式，饮茶从生活中分离出来，向较高层次发展。

二、茶艺思想研究

茶艺的思想范畴，现代学者常用茶道一词来表达，在著述中，也用了较大的篇幅来阐述茶道的精神，除了在陆羽《茶经》研究中已有论述外，其他有代表性的观点如下：

　　余悦在其2002年所著《中国茶韵》中讨论了中国茶道的思想核心，讨论了儒道释对饮茶思想的影响。首先是道家对茶道的影响。茶人予人之印象，往往都有些浪漫精神与玄静气质，这种特殊的表征就与道家思想有很大的关系。老庄之说，教人清心寡欲，这一思想观念进入茶的世界，便自然地与茶"性俭"相和，而为"茶道"之说又充实了内容。道家之说中对茶道影响最大的还得算是那种对自然的追求，对自由的向往和对无拘无束生活方式的肯定。正是道家的这些思想主张在中华大地的盛行使得中国人的思维方式、精神感悟方面有了许多"中国特色"，也正因为如此，"茶道"才能产生出现于中国。其次是儒家对茶道的影响作用。真正将茶从药食之用提升为文化之用、审美之用，继而将其哲理化的，还得首推那些怀有"修身、齐家、治国、平天下"之志的儒家学子们。儒家思想中"仁、礼、义、和的精神"成了数千年来中国人的集体无意识，同样对茶道产生了影响和作用。再次是佛教思想对茶道的影响。禅宗对中国文化尤其是中国茶文化的影响是最大的，"茶禅一味"也被广泛传知。以茶敬佛祖，以茶敬施主，以茶助禅功，已逐渐成了佛家习俗。"吃茶去"三字，以"直指人心，见心成佛"的"悟道"方式，成为禅林法语。"茶意即禅意，舍禅意即无茶意，不知禅味，亦不知茶味。"（泽庵宗彭《茶禅同一味》）在禅宗看来，悟道成佛完全不需故意做作，要在极为平常的生活中自然见道，"要眠即眠，要坐即坐"，"热即取凉，寒即向火"，禅宗表现了"世间法即佛法，佛法即世间法"的世俗精神。茶正好应和了这种世俗精神，它平常，又在生活中不可缺少。茶之为物，在禅宗看来，可悟道见性，因为它是物又超越物；它有法又超越法，自在无碍，不需强索。禅宗精神无不体现在茶文化中。

　　王玲在《中国茶文化》中研究了中国哲学思想对饮茶文化的影响，指出，中国茶文化吸收了儒、道、佛各家的思想精华，中国各重要思想流派都作出了重大贡献。儒家从茶道中发现了兴观群怨、修齐治平的大法则，用以表现自己的政治观、社会观，并通过中庸、和谐与茶道，养廉、雅志、励节与积极入世，礼仪之邦与茶礼等方面来体现茶道的精神。佛家体味茶的苦寂，以茶助禅、明心见性，禅宗推动了饮茶之风在全国流行，对植茶圃、建茶山作出了贡献，创造了饮茶意境，对中国茶道向外传布起了重要作用，《百丈清规》是佛教茶仪与儒家茶礼结合的标志。而道家则把空灵自然的观点贯彻其中，为茶人们创造饮茶的美学意境提供了源泉活水，并具体体现在天人合一与中国茶文化中包含的宇宙观、道家茶人与服食祛疾、老庄思想与茶人气质的形成等方面。甚至墨子思想也被吸收进去，墨子崇尚真，中国茶文化把思想精神与物质结合，历代茶人对茶的性能、制作都研究得十分具体，这正是墨家求真观念的体现。

三、日本茶道与禅

滕军1992年著《日本茶道文化概论》一书，系统介绍日本茶道。日本茶道起源于中国，古代日本没有原生茶树，也没有喝茶的习惯，饮茶的习惯和以饮茶为契机的茶文化是7、8世纪时，从中国大陆传过去的。至19世纪，日本茶文化的发展一直受到中国大陆茶文化的影响，中国大陆茶文化在各个历史时期所创造出的新形式都逐次波及日本茶文化。可以说，日本茶文化的历史是随着中国茶文化的历史发展而发展起来的。研究日本茶文化，是对中国茶文化研究极重要的比较与实证。

日本茶道有着十分严谨而刻板的程式，形成如此强的制度性和程式化的饮茶活动，与它成熟的饮茶文化思想体系有十分密切的关系。滕军在《日本茶道文化概论》的第八章"茶道的思想——茶与禅"中作了阐述。

滕军认为，日本茶道艺术，并非只是一种文人嗜好、闲人雅趣，也并没有停留在生活的规范与礼仪上。日本茶道艺术的思想背景为佛教，其思想核心为"禅"。它是以禅的宗教内容为主体，以使人达到大彻大悟为目的而进行的一种新型的宗教形式。茶人虽通过禅宗学习到了禅，与禅宗持有法嗣关系，但茶道有其独立性，是独立存在于禅寺之外的一种"在家禅"。如果把禅寺里的宗教活动叫作"寺院禅"的话，那么，茶道与禅宗便产生了平行并列的关系（见第28页图）。

禅宗重视在日常生活中的修行，所以关于日常生活有各种严格的清规，这些清规深化了生活文化，使其生活有一种艺术韵味。日本从中国传入茶文化，起主要作用的是佛教的僧侣们。他们去中国学习佛教，同时将寺院的生活文化也带了回来，其中之一便是饮茶与茶礼。

荣西时代，茶与禅的关系可以说是以禅为主、以茶为辅，茶为坐禅修行时的饮料、禅案的素材、行道之资、救国之助等，这些只能说明茶与禅宗生活的密切关系，不能证明两者之间的法嗣关系。村田珠光（1422—

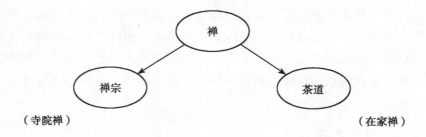

1502）对茶禅的宗法结合，作出了历史性的贡献，创立了日本茶道。珠光提出"佛法存于茶汤"，佛法并非有什么特别的形式，它存在于每日的生活之中，对茶人来说，佛法就存在于茶汤之中，别无他求。这就是"茶禅一味"的境地。由此，茶道与禅宗之间成立了正式的法嗣关系。千利休是日本茶道的集大成者，他将禅院的清规、禅僧的生活态度与茶道的文化形式结合起来，建立了简素的草庵茶风。一方面千利休将禅法带入茶道实践，另一方面还将茶道的日常行为上升为禅法的修行。

日本茶道具有宗教式、伦理式的身心修炼的性质，因此，茶道的文化形式是非常严肃的。茶室便是修炼人格的道场，进入茶室后要处处留意。主人与客人都是以修道为目的而走到一起的，所以主人与客人都要小心谨慎地行事。禅的"了悟"是无相的，茶道也一样，主张拿起茶碗便与茶碗成为一体，拿起茶刷便与茶刷成为一体，不允许手拿茶碗、心想茶刷。点茶时要随着程序的进展与每一事物合为一体，总的来说，与茶形成一体，而绝不允许有点茶给客人看的杂念。

日本茶道作为新的禅的表现形式，综合了日常生活的一切形式。茶道与一般艺术形式不同，例如绘画、戏剧、舞蹈，它们只包含生活的某一部分，而不能笼括整个生活。而茶道却是一个完整的生活体系。在日本学术界，当解释日本茶道的思想时，经常使用三个概念：一是和敬清寂，被称为茶道的四谛，它不仅被用于人与人之间的关系，也是对"事物人境"而言的。茶人们要以"和敬清寂"之心对待"事物人境"。二是一期一会，是说一生只见一次，在此时节、此茶室、此道具、此气氛下，再不会有第二次的相会。因而，要十分珍惜每一次茶事，从每一次紧张的茶事中获得生命的充实感。三是独坐观念，面对茶釜一只，独坐茶室，回味此日茶事，静思此时此日再不会重演，茶人的心里泛起一阵茫然之情，又涌起一股充实感。

四、饮茶嗜好与风流

关剑平 2001 年著《茶与中国文化》，在饮茶文化研究方面也有崭新的视角，这里摘录其关于"饮茶嗜好"及"饮茶风流"的两大观点。

（一）饮茶嗜好

茶不是生活必需品，又有由药物发展而来的特征，与一般嗜好品所拥有的两个特征相一致：嗜好品的第一个特征是绝对不是生活必需品；第二个特征是在嗜好品里一定程度上混入了药物，而且大量摄取的话，可能有损健康。饮茶习俗作为嗜好品嗜好扎根于魏晋南北朝社会。在"柴米油盐酱醋茶"的中国饮食生活中，茶充其量是日常化的嗜好饮料，而不同于米、盐等生活必需品。由药物转化而来的茶自然拥有一般药物所普遍具备的性质，因此，不能随心所欲地饮用。对于过度饮茶的负面效果的认识，随着饮茶嗜好的普及而日益深刻、细致。但是这并没有动摇茶作为代表性无酒精饮料的地位。饮茶这个嗜好品嗜好，从长江流域向黄河流域，向四面八方迅速普及。

茶之所以能够从各种药物中脱颖而出，成为代表性的嗜好品，首先是由茶自身所具有的品质所决定的。茶含有咖啡因，具有兴奋作用，饮用之后驱逐睡意，调节情绪；茶不含脂肪，清淡的口感使它们可以接连饮用。茶的生化成分为其提供了物质基础，使之成为嗜好品。饮茶安全，饮茶便宜，为饮茶嗜好的普及提供了更大的可能性。而嗜好的形成还有赖于道教养生服食习俗的推波助澜。饮茶习俗或者说饮茶嗜好，就是在魏晋道教服食习俗的大环境中酝酿成熟的。

江南的饮茶习俗远较北方普及，但饮茶并不是以南方蛮夷饮料的面貌跻身中华大地的，而是以修养贵族的风流高雅象征君临神州。在魏晋时期，以首都为中心的南、北方人士接受饮茶，并且从形式到内容对饮茶进行了精练，才使饮茶升华为标志着中国文化的发展高度的代表性生活方式。一旦饮茶嗜好在领导社会文化走向的阶层立住脚，无论是不是修养贵族，也不管懂不懂风流高雅，对于饮茶趋之若鹜。通过模仿象征着风流、高雅的特定生活方式的形式，表示自己也跻身于风流、高雅之列。

当饮茶成为标志着中国文化的发展高度的生活方式之后，中国周边的少数民族和国家也开始关注这个嗜好品嗜好。他们对于饮茶的态度，是对于中国特有态度的一种具体表现，茶成了一种象征性的饮料。他们把饮茶视为文明的生活方式的精华而加以模仿，但是在模仿的过程中，在适应模仿者的性格时饮茶形式发生了变异。时至今日，无论是中国的少数民族，还是世界上其他国家，都有自己独特的饮茶方式。

嗜好品有以下属性：（1）能解除紧张感；（2）不是必不可少的东西；（3）促使社交圆满；（4）与社会的承认相关联；（5）由嗜好品赋予自己以独立性；（6）酝酿与理想自我紧密相关的心情。作为嗜好品的茶自然具有这些属性。茶之所以具有解除紧张感的功效主要是咖啡因在起作用。茶充其量是被日常化了的嗜好品，而不是生活必需品。饮食是社会认同的重要手段，通过共同饮食培育同志意识，取得社会的认可。在饮茶习俗成立之初的魏晋时期，茶不仅在酒宴里举足轻重，甚至形成独自的宴会形式——茶宴。在以茶待客的习俗中，茶成为社交场上的润滑剂，创造出一个和谐的氛围，协调甚至增加社会关系。他们通过饮茶表现自己的清高脱俗、风流儒雅。这时出现的反对言论，反而增强了其独立性，刺激他们更加沉溺于此，北魏刘缟就是最好的例子，元勰的嘲讽更增加了他拥有中华文化修养的优越感。

（二）饮茶风流

风流的构成条件为：玄心、洞见、妙赏、深情。《汉书》中的"风流"，颜师古释曰："言上风既流，下人则化也。"这里的风流指风气教化，风气流行，可以改变民众。此后，"风流"有了专指某种才能俊秀、寄意高远的士人气质的外现的意义。

风流更多地表现为言谈、举止、趣味、习尚，既然魏晋风流是精神上臻于玄远之境的士人气质的外现，那么他们的言谈、举止、趣味、习尚便是风流，进而为文人学士、高官大贾乃至皇室贵族所模仿，向全社会普及，于是这美的生活趣味成为社会习尚。烹茶有一定的程式，敬茶又已经形成礼仪规范，在烹茶、敬茶、饮茶的整个过程中，要求谈吐得体，举止优雅，因此，饮茶具备风流的多种要素，是风流的一种。

魏晋南北朝是贵族制社会，这些贵族不是军阀武夫，而是拥有优雅文化素养的士大夫。他们缔造了洋溢着自由精神和审美情趣的时代文化，将茶文化从内容上加以锻锤，从形式上加以提炼，使饮茶成为美的生活的风流的组成部分。中国茶文化之所以在魏晋南北朝这个弥漫着美的生活情趣的时代里形成，饮茶之所以在这一时代迅速普及，魏晋风流的意识是看不见的强大推动力。

饮茶作为风流时尚受到社会广泛的重视，在魏晋风流的第一阶段张载就誉之为"芳茶冠六清"，在第二阶段出现了相对全面的对于茶的记述——《荈赋》，在第三阶段，风流的领袖如王濛、刘琨、桓温、谢安等也积极地参与饮茶。饮茶以憧憬风流为契机而在社会上普及，对于少数民族和其他国家也不例外。饮茶的风流在晋代形成之后，在中国一脉相承，流传至今。

五、归纳与评析

以上的研究成果，从茶艺文化研究的视角，大致可以整理出这么一些观点。

（一）陆羽《茶经》是茶艺的第一部著作

陆羽《茶经》是茶文化的第一部系统性著作，也是茶艺的一部经书。陆羽设计了一套茶具、茶器，一套烹茶、酌茶的程式，对茶事规律和技巧进行了总结和创新。陆羽还通过一定程序的茶道来表现意味深远的精神和思想，这种精神既体现了人的实践，同时又与茶作为一种特殊饮料的自然属性相一致。陆羽在《茶经》中论述的茶艺，最终目的是追求以儒道释思想为底蕴的"完美"、"和谐"、"俭素"、"自在"，《茶经》将饮茶的思想直接融入具有仪式感的饮茶方式与行为之中，对茶叶的自然属性有明确的要求，也关联到了社会的制度、民俗及饮茶历史的继承，《茶经》是首次对茶艺范畴的饮茶程式、行为和思想作系统的认识和描述，这些理论研究为现代茶艺学科内涵与外延界定提供了重要的基础。

（二）中国哲学思想是茶艺的文化核心

学者们比较多地研究了儒道释对饮茶思想的影响，亦即茶艺修养范畴的研究成果。道家对茶艺影响最大的还得说是那种对自然的追求，对自由的向往和对无拘无束生活方式的肯定，"天地有大美而不言"，"淡然无极而众美之"成为茶人心中的极致追求与理想目标。道家虚静的思想也潜移默化地与茶之"静"性相通相连，构成茶道"静"的根本。道家思想还表现在通过饮茶而展现出茶人们对生命的尊敬热爱以及自由酣畅的愉悦精神的神仙意象。将茶从药食之用提升为文化之用、审美之用，继而将其哲理化的是由儒家实现的推动力，以孔子、孟子为代表的儒家思想"仁、义、礼、智、信"的精神，成了数千年来中国人的集体无意识，同样对茶艺产生了影响和作用，从日常生活嵌入到茶外柔内刚的体性中，嵌入到饮茶行为活动中的秩序规范，儒家将饮茶方式视为一种修身的过程，陶冶心性的方式，体验天理的途径。禅宗对茶艺的影响是"茶禅一味"，是指"茶意即禅意，舍禅意即无茶意，不知禅味，亦不知茶味"（泽庵宗彭《茶禅同一味》）。在禅宗看来，悟道成佛完全不需另加途径，只要在极为平常的生活中即可自然见道，茶正好应和了这种世俗精神，它是平常生活，它是物又超越物，它有法又超越法，"吃茶去"即是超越形式的悟道方式。

茶德是对茶艺精神的概括，指饮茶人的道德要求，将茶艺的外在表现形式上升为一种深层次、高品位的哲学思想范畴。陆羽的茶德从《茶经·一之源》"茶之为用，味至寒，为饮最宜精行俭德之人"中引用为："精行俭德"；刘贞亮的茶德："以茶散郁气；以茶驱睡气；以茶养生气；以茶除病气；以茶利礼仁；以茶表敬意；以茶尝滋味；以茶养身体；以茶可行道；以茶可雅志"；千利休的茶德："和、敬、清、寂"；中国当代茶学专家庄晚芳提出的"廉、美、和、敬"，程启坤和姚国坤先生提出的"理、敬、清、融"，台湾学者范增平先生提出的"和、俭、静、洁"，林荆南先生提出的"美、健、性、伦"，余悦提出的"中和之道、自然之性、清雅之境、明伦之礼"等，是在新的时代条件下因茶文化的发展与普及，从不同的角度阐述茶人应有的道德要求，强调通过饮茶的艺术实践过程，引导人们完善个人的品德修养。

（三）嗜好品理论与茶艺仪式化形成的关系

嗜好品理论的提出对于茶艺研究来说是一个具有魅力的领域。茶艺的起源是仪式化的过程，仪式化需要一个功能诱发的因素，中国文化的特点无疑是其产生的最直接的社会环境，但究竟为何选择茶这一物品作为载体，是十分有趣的课题。茶成为仪式化的诱发功能的因素，嗜好品理论可能是一个答案。仪式化的起源是消除不安、恐惧，给心灵以慰藉，并通过一定形式确立人们的行为，不断重复来强化这一功能。作为嗜好品的茶，能解除紧张感，有社会承认的基础，创造了和谐的氛围，以表达的独立性区分于一般事物。这个理论，在一定程度上解释了茶具有这样的功能：由于其嗜好品的诱导，茶能够起到心灵依赖的作用，当依赖的强度与频度不断增大，由一个明确的行为形式来延长依赖的过程，变得十分必要；心灵依赖的类型是社会对于嗜好品选择的评判依据，茶表达出的理想境界，在有共同文化基础的东方国家被广泛承认后，为满足心灵的慰藉而形成饮茶特有的行为方式，便在社会中不断复制、重复与突出，并形成了相互认同的组织形式，从而完成了仪式化的过程。

随着普遍有闲的社会的到来，劳动从"谋生手段"走向"乐生要素"，嗜好也成为人自由发展的要素之一，成为一切人自由发展的条件。正如宋徽宗在他的《大观茶论》中反复强调了国家"百废俱举，海内晏然，垂拱密勿，俱致无为"，老百姓"沐浴膏泽，熏陶德化"，才得以"盛以雅尚相推，从事茗饮"；反之，"时或惶遽，人怀劳瘁，则向所谓常须而日用，犹且汲汲营求，惟恐不获，饮茶何暇议哉！"在惶遽的时代，是无暇以茶怡情的。所以，饮茶是盛世之清尚，同样在现代社会被广泛推崇。

（四）茶禅一味是茶艺的日常生活修行

学者们将日本饮茶修行列为宗教的范畴，是一种在家禅，日本茶道是一种哲学的实践。由于日本茶道在哲学体系中明确了它的地位，因此，在哲学指导下的形式表达自然更具有规定性和特殊性，强烈的仪式感和细腻的行为模式，在日常生活之中艺术化地予以呈现，虽然起源于中国，但日本茶道在现代茶文化的表达方式上，是独树一帜的。中国讲"茶禅一味"，更具有仙风道骨的风范，重思维，不重形式，通过饮茶的方式来反思当下的生活，获得生活的智慧，即心即佛，使生活充满禅意。禅宗重视在日常生活中的修行，"担水砍柴、无非妙道"，仪式是宗教日常生活的重要内容，仪式的规定性也带给世俗日常生活启发，对日常生活有特别的规定与人们对生活的热情相结合，使日常生活具有充满禅意的审美韵味。

第三节　茶艺文化态度

中国传统文化的人生理想境界论，最重要的特征是对人生的热爱，无论是儒家还是道家、释家，都表现出对人生的乐观旷达情怀，强调人与自然、人与社会、人与人以及美真善的和谐统一，茶艺与这些特征是一致的。历代茶人们将日常茶事与自己的审美活动、精神追求、人格理想紧密结合起来，借助饮茶活动思考天地人生之理的行为方式，他们从泉茶之中体悟出人生穷通之理，将茶性与人性相比，借以明道励志，来表现清高脱俗的精神品格，使饮茶品茗具有高妙的审美价值和玄远的生命意味。

一、哲学的理解

茶艺文化是人们以饮茶为契机对日常生活形式的凝固，也是历史的积淀和延续。茶艺文化哲学即是通过对饮茶生活文化的透视和把握，进而以此为基点和视野，对人类的自身生存及其生存的世界作出一种集中在茶艺文化范畴的哲学观念，其关注的重心指向人的现实生存，借助日常生活饮茶活动，力求给人提供智慧和现实关怀。茶艺文化哲学扎根于中国传统文化哲学构建的"天人合一"、"正德厚生"、"孔颜之乐"的生命理想境界之中。

（一）天人合一

天人关系问题是中国传统哲学的基本问题，邵雍曾说："学不际天人，不足以为之学。"（《观物外篇》）他认为做学问不达到穷究天人关系的程度，就算不得有真才实学。从天人关系到中国人的日常生活理解，冯友兰先生的观点是一针见血的。按照冯友兰的观点，哲学在中国文化中的地位，历来被看做可以和宗教在其他文化中的地位相比拟。在中国，哲学是每一个受过教育的人都关切的领域，"四书五经"讲的都是关于中国人的哲学思想，中国人的生活渗透了儒家思想，也包括道学、禅学等。这些思想在中国人的日常生活中虽然如同宗教般的地位，却并非如宗教在人生之外设立目标，中国人对待儒家、伦理等思想，渗透在日常生活的全部，是在人生之中进行的反思，中国人将哲学生活化了。比伦理道德更高的价值，可以称之为超伦理道德的价值。人不满足于现实世界而追求超越现实世界，这是人类内心深处的一种渴望，在这一点上，中国人和其他民族的人并无二致。中国人关切哲学，他们在哲学里找到了超越现实世界的那个存在，也在哲学里表达和欣赏那个超越伦理道德的价值，在哲学化的日常生活中，他们体验了这些超越伦理道德的价值——"天人合一"。人在日常生活中经过哲学直接达到更高的价值，比经由宗教达到更高的价值，内容更纯，因为其中不掺杂想象和迷信。这是合乎中国哲学传统的，人不需要宗教化，但人必须哲学化。当人哲学化了，也就得到了如同宗教的最高福分——超伦理道德的价值。①

"天人合一"将宇宙、社会、人生三者浑然一体，也就必然地超越任何一个具体的社会或具体的人，它成为超然的标准和不言而喻的合理性。而这种合理性或标准又构入每一个具体人的生存状态，它便必然地形成每一个具体人的伦理关怀——对于超越伦理价值的现实关怀。"天人合一"是指天道与人道相通，按照孟子的说法则是："尽其心者，知其性也；知

_____

① 冯友兰：《中国哲学简史》，新世界出版社 2004 年版。

其性，则知天矣。"（《孟子·尽心上》）意思是只要向人的内心世界用功探索，就可以体验到作为价值本体之天，进入"下上与天地同流"的理想的人生境界。因此，哲人们在现世的生活中将本没有思想情感的"天"（自然）人情化，同时又将本不具形象的思想情感形象化，既移情于物，又移物于情，情物合一，构成中国审美化的生活方式。

"天人合一"的哲学观对于茶艺的影响是根本性的。茶人们将茶、水、器、火、境等自然界的客体人情化，将人生情感理想通过饮茶方式形象化，在茶艺的过程中来构建情物合一。茶艺以"心技一体""物我两忘"的理念来强化整体性，把自己的心灵整体地投入到茶汤形成的过程中，进而对心灵整体性投入的对象进行整体性的体验，最后在"天人合一"的境界中找到归宿，茶人们或会于泉石之间，或处于松竹之下，栖神物外，感受着超越现实时空束缚而同于"天""道"的自由，感受与"天""道"同一，与"天""道"共在，有限的生命在茶艺的方式中直接融入自然、社会的本体至极，实现精神的升华。通过日常生活的一碗茶汤而获得心灵的慰藉，这就是中国人哲学化的生活方式。"天人合一"的哲学思想贯穿在茶艺的始终，也是茶艺文化的哲学核心。

（二）正德厚生

追求"天人合一"，个人与宇宙合而为一的目的，按中国哲学说，就是实现了做人的最高成就——成圣。儒家认为，圣人是自觉承担"天民"职责的平凡之人，他们不以处理日常事务为苦，相反地，正是在这些世俗事务之中陶冶性情，培养自己获得圣人的品格，内心如同君王一般的胸怀和气度。儒家是"游方之内"的，显得比道家入世；道家是"游方之外"的，显得比儒家出世，这两种思想看来相反，其实却正相反相成，使中国人在入世和出世之间得以较好地取得平衡。"不离日用常行内，直到天地未画前。"这是中国哲学努力的方向，因此，中国哲学既是理想主义的，又是现实主义的；既讲求实际，又不浮浅。①

"正德厚生"源自《尚书·大禹谟》中"正德、利用、厚生、惟和"，正德：尽人之性，以正人德，尽物之性，以正物德；厚生：殷民阜财，使人民生活富足充裕。圣人不仅从理论上更要在行动中实现经世济国的价值，南宋朱熹再传弟子真德秀说："圣人之道，有体有用。本之一身

---

① 冯友兰：《中国哲学简史》，新世界出版社2004年版。

者，体也；达之天下者，用也。……盖其所谓格物、致知、诚意、正心、修身者，体也；其所谓齐家、治国、平天下者，用也。人主之学，必以此为据依，然后体用之全以默识矣。"（《真文忠公全书》卷首）不能实现其用的，意味着未能知人之性、物之性，也即未能尽心、知天，中国哲学的使命便还未完成。"经世济国""达则兼济天下、穷则独善其身"讲的都是成圣之人在用的方面要做的事情。

中国哲学既重视道德的修养，更重视对现实社会的应用和促进，是茶艺文化重要的方法论。中国茶艺注重在日常生活中培养内省、慎独、正心诚意、精益求精、致中和的涵养工夫，恪守仁、义、礼、智、信的道德规范。茶艺还积极与现实生活融合在一起，作为产茶大国和茶文化的发源地，中国茶艺应该承担世界性的社会责任，以茶艺的方式为人们获得更多的自由和幸福，服务于更为广泛的需求，在世界文化的范围内实现其应有的价值和理想。茶人视己如"天民"，有利济群生，兼善天下之志，这是中国哲学对茶艺的召唤。中国茶艺关注"厚生"之用，在文化从精英阶层转向大众阶层共享的时代，获得了更大范围的社会认同，赋予中国茶艺独特的、具有活泼生命力的魅力。

（三）孔颜之乐

中国人过着哲学化的生活，不仅是在人生中不断地反思来寻求哲学的知识，更要在日常生活中培养这样的品德，这个品德的核心是"乐生"。儒家重此岸幸福而非彼岸幸福，重社会幸福甚于个人幸福。为此，它的乐生是"心之乐"远重于"身之乐"，"独乐"不如"众乐"，它还讲"乐其治"与"乐其意"，总要使黎民不饥不寒，衣帛食肉。君子力行仁恕，通过修身使德性内充，并扩大至于人性的淬炼和人格的修养，做到君子的"不忧不惧"和"孔颜乐处"。对于"不仁者"在它看来绝难"久处约""长处乐"，故有《左传》所谓的"有德则乐，乐则能久"。朱熹《语类》讲"于万物为一，无所窒碍，胸中泰然，岂有不乐"，将乐生的精神内涵发扬周彻。[①] 以后王阳明《答南明汪子问》称"乐是心之本体"，王艮《乐学歌》称"人心本是乐，自将私欲缚"，要人发挥良知，由扬公去私而获致人们内心的怡乐之性，以天人观养成坦荡的君子胸怀，乐观豁达，获得人的长久。

---

① 汪涌豪：《养志与乐生：中国人的幸福观》，《文汇报》2011 年 4 月 25 日。

中国哲学里道家和儒家都注意到，无论在自然和人生的领域里，任何事物发展到极端，就有一种趋向，朝反方向的另一极端移动。这个理论对中华民族有巨大的影响，帮助中华民族在漫长的历史中克服了无数的困难。中国人深信这个理论，因此经常提醒自己要"居安思危"，另一方面，即使处于极端困难之中也不失望。这个理论不仅为儒家和道家都主张"执两用中"的中庸之道提供了主要论据，还养成了中国人乐观心态，对待挫折的坦然、追求简单生活而怡情乐生、观世界万物之妙的达观等。

孔颜之乐出自《论语》，孔子曾对他的弟子说："饭疏食饮水，曲肱而枕之，乐亦在其中矣。不义而富且贵，于我如浮云。"表明了孔子对于那种违背道义取得财富和尊位的鄙视，而在简单的生活中享受身心的快乐。他的得意门生颜回也继承着这种精神操守，所以孔子有语："一箪食，一瓢饮，在陋巷。人不堪其忧，回也不改其乐。贤哉，回也！"称赞颜回"安贫乐道"的精神和境界，在简单的生活中坚持自己做人的道理，并且快乐享受这样的生活。孔颜之乐形成了中国人对待生活的主要态度，孔颜之乐是与天地万物同体，感受到天地自然的直接、自然、活泼、洒落、自由的性情；其乐与"理"合一，达到"从心所欲不逾矩"；其乐与事功合一，存在于"博施济众"的事业之中，不可离事而言"乐"，是忧乐合一之乐；其乐在于"性""情"合一，每个人心中有自然、自有之乐，追求"心"原本具有状态，按照自己内在的本心（本性）去做，来获得孔颜之乐。

孔颜之乐是茶艺习茶悟道而获致的人生追求，是以茶诚意而修身，修身而达和乐，茶艺成为陶冶情感的方法。通过茶艺的教育培育的和乐情感，它有喜有怒，情顺万物，在茶艺生活中体会"日日是好日"的情怀；心如明镜，不为物所移，廓然大公，在习茶的过程中能常常见到自然的本性而获得快乐；对应自然，一无智巧，对外物无求无待，茶人认同"直心是道场"的处事方法；不为物役，不改其乐，茶艺是日常生活的内容，茶性敛、俭、简，如同箪食瓢饮般的生活，茶人们也能坚持自我而享受快乐。

林语堂曾说："只要有一壶茶，中国人到哪儿都是快乐的。"这种快乐承延了中国几千年的文化，而茶成了观照的对象。"不离日用常行内，直到天地未画前。"在日常生活中提高自己的修养，认真地做沏茶这件事，在茶汤的形成过程中，在茶室以外的生活过程中，知天地之妙、尽济众之心，以茶观照自己内心的智慧和快乐。

二、符号的意蕴

　　哲学体会揭示了茶艺作为文化现象的人的理性与精神的归属，展示茶艺代表性特征的则是茶艺文化现象的符号形式，茶艺的全部发展几乎都依赖于符号的代表性，符号是茶艺被感知的具体形式，而哲学则蕴涵在符号意义之中。符号，以形式通过感觉来显示意义，符号既是意义的载体，是精神外化的呈现，又具有能被感知的客观形式。文化现象中最核心的文化符号，应该能反映出该文化与其他文化显著区别的客观特征，因此，符号在文化现象中有不同类型的存在。

　　仪式是茶艺的文化符号，仪式具有可感知性，仪式化的程度标志着茶艺的发展进程，仪式虽然是可被感知的行为形式，但仪式还不足以解释茶艺的整体性，仪式在组织的传播方面发挥了重要的作用，因此，仪式是茶艺的符号载体。茶汤是茶艺的文化符号，茶汤是观照的对象，人们通过茶汤不仅获得对茶艺客观规律的把握，也从中体会到人类的情感和审美愉悦，但茶汤在表达茶艺基本结构的层面上是抽象的，它将茶艺客观形式进行了符号的集合。在洞见茶艺的基本结构和理解茶艺形式的整体性上，茶艺的茶、水、器、火、境五个元素符号是最恰当的表达，它既是茶艺客观感知的形式，具有显著而强烈的代表性，又通过茶艺元素符号来表达茶艺的哲学理念、文化精神以及仪式化的意蕴。茶、水、器、火、境代表了茶艺的核心文化符号。

　　"茶、水、器、火、境"的符号不仅代表了茶艺的具体形式，还与中国文化的"五行"、"五常"有暗合的关联。"五常"是儒家文化的旨归，"常"指规范、恒常不变，"五常"表达了儒家崇奉的五种德行：仁、义、礼、智、信。汉代学者还把"五常"与"五行"一一对应起来：仁和木，义和金，礼和火，智和水，信和土。因而，茶艺符号形成了这样从形式到意义的文化表达：茶—木—仁，器—金—义，火—火—礼，水—水—智，境—土—信。下面分而述之。

　　（一）茶—木—仁

　　茶为木性，木大生而其德在仁，以茶示仁，仁者爱人。《论语·颜渊》篇中记载：樊迟问仁，孔子回答说："爱人。"仁爱的方法，是"忠恕之道"。《论语·雍也》篇，孔子说："夫仁者，己欲立而立人；己欲达而达人。能近取譬，可谓仁之方也已。"这就是说，仁具有两个方面：一是"己之所欲，施之于人"，尽己为人谓之"忠"；二是"己所不欲，勿施于人"，"不迁怒、不贰过"即"恕"。"忠恕之道"，孔子认为，这就是把仁付诸实践的途径，也称为"絜矩之道"，即以自己作为尺度来规范自己的行为。只有约束自己的行为，才有可能推己及人，获得认识人类的智慧。

　　茶为仁爱，因此，茶的珍惜和敬重之感要在茶艺的过程中得到体现。通过一叶茶，能有诚意地联想到茶农的辛勤、自然界对它的滋润，因此更加怜惜它的存在，茶艺师精心地沏好每一杯茶，饮者尽心地享受茶带来的色香味形，欣赏它每一刻的美妙呈现。珍惜因为饮茶而连接在一起的人与人之间的情感，严格规定自己的行为，按茶艺的规则认真做好每一个环节，以一期一会的约定来对待每一次的茶事，实现以茶表达仁爱的目的。

　　（二）器—金—义

　　器有金性，金大成而其德在义，义者宜也。在儒家看来，义是一个事物应有的样子，它是一种绝对的道德律。社会的每个成员必须做某些事情，这些事情本身就是目的，而不是达到其他目的的手段。义，"为而无所求"，人做自己所当做的，因为这是道德本身的要求。相对应于道家的"无为"，儒家认为，一个人不可能什么事也不做，每人都有应当去做的事情。一个人做所当做的事情，其价值就在"做"之中，而不在于达到什么外在的结果。

　　孔子自己的一生就是这种主张的例证。他身处在一个社会政治动乱的时代，竭尽己力去改造世界，周游列国，与各种各样的人交谈；虽然一切努力都没有效果，他从不气馁，明知不可能成功，却仍然坚持不懈。《论语·尧曰》："不知命，无以为君子也。""知命"的人生态度是竭尽己力，成败在所不计。这里的"命"是指宇宙间一切存在的条件和一切在运动的力量。我们从事各种活动，其外表成功，都有赖于各种外部条件的配合，但是，外部条件是否配合，完全不是人力所能控制的。因此，人所能做的只是尽己力之所及，而把事情的成败交付出去。知命，即是要认识世界存在的必然性，是个人对外在成败利钝在所不计。如果这样行事为人，在某种意义上说，我们就永不失败。这就是说，如果我们做所当做的，遵行了自己的义务，这义务在道德上便已完成，而不在于从外表看，它是否得到了成功或遭到了失败。能够这样做，人就不必拳拳于个人得失，也不怕失败，就能保持快乐。

茶之器是茶艺的重要元素，"形而上者为之道，形而下者为之器"，它是茶艺承载茶汤追求悟道的工具，"器为茶之父"，也是茶艺历代传承的客观见证。以器容道，以器盛茶。器是茶艺组成的基础，是体现茶艺思想的线索，因而陆羽用一整卷来写作"器"。对茶器的追求是一种"为而无所求"的态度，完美的"二十四器"是来体现煎茶饮茶必须要这么做的事情；但这里更要紧的是茶人反身对己的道德要求，在风炉之器上铭刻的"陆氏茶、尹公羹"，表达了陆羽的治国抱负，所谓"以器承德"。做我们应当做的事，把事情的成败交付出去，不为外在的成败左右我们的目的，因而茶人豁达乐观。

（三）火—火—礼

火重气性，礼出和气，火大长而其德在礼，礼者立也。孔子曰："不学礼，无以立。"《管子·枢言》说："法出于礼，礼出于俗。"荀子说："礼以顺民心为本……顺人心者，皆礼也。"礼是人在社会上立足的基础。礼的主旨是表达敬意。孔子曰："今之孝者，是谓能养。至于犬马，皆能有养。不敬，何以别乎？"敬是把礼作为人与动物区分的标志。礼的本质在"分"，"物以类聚，人以群分"。礼强调"分"的目的有二：一是为了辨识，是对他人的认识，约定俗成的礼成为认识人的一个参照依据；二是制定规则，来维护社会的秩序，尽可能地减少竞争。所以，礼的"分"是为了"和"，礼与和是统一的。

中国历史上许多朝代把礼看做治国的大纲与根本。荀子曰："人无礼则不生，事无礼则不成，国无礼则不宁。"礼也被视为认识上的是非准则，"非礼勿听，非礼勿言"，便是以礼为听、言之准绳。以礼"正名、决讼、察物、同心"，即以礼来成为各种事物进行规定的标准，成为认识和行为发生分歧和冲突时进行判决的准则，成为指导认识、贯彻认识的过程以及认识的标准，用以统一人们的认识和思想。

火是人类文明起源的标志，从这一意义上，它与礼具有同样的核心地位。茶艺中的火有柴木、燃料之火，也有火焰、火候、煮汤、水气之火。火之气形成了茶汤之气。中国人向来重"气"："万物负阴而抱阳，冲气以为和。"这种对气的理解同样也带到茶汤中来：礼出和气。茶艺重礼，茶艺将礼法作为重要的研究范畴。形式上有祭祀之礼，客来敬茶之礼，茶为国礼等；内容上有茶人茶事"礼陈再三"，以帛纱示礼，"凤凰三点头"

之礼等；思想上有"礼和敬乐"，"德重茶礼"等。不学茶礼，不立茶艺。茶艺礼法的核心是表敬意，以"尽其性、合五式、同壹心"的规则执行，来体现礼法在茶艺中的贯穿，追求气韵生动的和谐之美。

（四）水—水—智

水大藏而其德在智，智者乐水，智者明辨。中国哲学对知识的认识主张从实际出发，"知也者，以其知过物而能貌之"（《墨经·经说上》），人的认知能力必须与一个知识对象打交道，才得以辨认它的形象，通过感官传达到思维的器官，由此构成知识，并能分析和理解。关于明辨，"夫辨者，将以明是非之分，审治乱之纪，明同异之处，察名实之理，处利害，决嫌疑焉，摹略万物之然，论求群言之比。以名举实，以辞抒意，以说出故，以类取，以类予"，为分清是非，区别治乱，辨明各种事物之间的相似相异之处，考察名实的原理，分析利害，排除疑虑，明辨是十分必要的。它考察一切发生的事情、对各种事情的论断以及它们之间的关系，循名求实，指陈命题，以表达思想、论述，提出事物由来之"故"，决定取舍原则。荀子认为，涂人皆可以为大禹，是因为人有智性。孔子说："智者乐水，仁者乐山。"老子说："上善若水。"智是对瞬息万变世界的认识与明辨，所以孔子会对着江河说："逝者如斯夫！"

水为茶之母。明代的茶人张源在《茶录》中写道："茶者，水之神也；水者，茶之体也。非真水莫显其神，非精茶曷窥其体。"许次纾在《茶疏》中提出："精茗蕴香，借水而发，无水不可论茶也。"张大复在《梅花草堂笔谈》中提出："茶性必发于水。八分之茶，遇十分之水，茶亦十分矣；八分之水，试十分之茶，茶只八分耳。"说的是在茶与水的结合体中，水的作用往往会超过茶。

茶艺以启迪智慧为根本，智为明辨、科学、理智。一是尽物之智，以自然科学的角度认识茶艺各要素以及物质属性，按自然规律来行为茶艺；二是知人之智，以人文科学的角度明辨不同的人的需求和习惯，谋求和谐气氛，营造融洽怡然之境；三是自知之智，以哲学的立场内省，"吾养吾浩然之气"，促成心智的生长。

（五）境—土—信

境为承载，土生万物，土大化而其德在信，信者慎独。慎独而修身，修身而诚意，诚意而信。意不诚，即便是自己做人做事马马虎虎，也通常责人而不责己，此为自欺。以刻刻留心来留意是否自欺，也才能做到不自欺。留心自己即慎独，人当闲居独处时，最能鉴别出这人是怎样一个人。"诚于中，形于外"，反身修省，躬行实践，才可心地光明。以反己修身的办法来恢复其天性本然，然后推己及人，孟子云："可欲之谓善，有诸己之谓信"，才能在自己的内心中装盛万物万情，达到诚信之境界。

茶境从土，土是人类不能离开的根本。茶境承接了茶艺的形式与意义，是茶人回归家乡世界的路径。茶境分为有形和无形的表达，有形的茶境包括了环境、艺境、人境等空间和场合，茶境之无形表达，有美之意境、人生之境界等。有形的境是茶艺各种要素存在和组合的空间，是对空间的具体展示形式，无形的境是茶人在茶艺中体会审美自由和陶冶情操的路径。茶艺之境，用以体现诚意，信实，是一种善的实践。茶人于茶会前半小时在庭院里洒些水，用一种洁净的气氛来表示主人对客人诚意的欢迎；明代在日常居住环境中独设茶寮，是敬重茶的礼法、表达茶人诚意的生活方式的独立；从唐代的具列到现代的茶席设计，茶艺具体表现的空间形式得到进一步的增加，在实现的过程中，茶人的诚意态度决定了空间形式的感染力程度。茶人在茶艺的境界中养茶心、修茶气，茶人做的是"沏一杯茶"这件事，反映的是茶人反求诸己的胸怀、取舍和不懈努力。茶人做到内观而慎独，培养独自的默契与不显露的幽默，体现了茶与心灵修养的关系以及茶人群体至诚的同质性。

三、茶艺精神

精神的修炼是人生最有意义的一件事，但同时也是最难做的一件事。精神的修炼是通过各种途径与手段，反复地把生命规律、自然规律以及各种崇仰的理念深入到我们的精神参照系当中去，从而使我们的精神世界逐渐变得清明、纯正、全面、客观。人文精神的意思应该理解为：人文知识化育而成的内在于主体的精神成果。

茶艺精神又称茶德，属于修养的范畴，它是茶艺思想在日常生活的实践和提炼，指导着茶人对生活与生命的理解和体验。它是将茶艺的外在表现形式进行哲学意味的总结，追求真善美的境界和品德修养。唐代陆羽将茶德归之于饮茶人应具有"精行俭德"的行为和美德。唐末刘贞德在《茶十德》一文中提出的"以茶利礼仁"、"以茶表敬意"、"以茶可雅心"、"以茶可行道"等观点扩展了"茶德"的内容。中国的"茶德"观念在唐宋时代传入日本和朝鲜后，产生巨大影响并得到发展。日本高僧千利休提出的茶道基本精神"和、敬、清、寂"，强调茶人的内省态度；朝鲜茶礼倡导的"清、敬、和、乐"茶德，强调中正的精神。中国当代茶学专家庄晚芳提倡"廉、美、和、敬"，程启坤和姚国坤先生提出了"理、敬、清、融"，台湾学者也提出"和、俭、静、洁"、"清、敬、怡、真"等茶德。大家们对茶艺精神在不同的时代、国度，从不同的角度进行了阐述。围绕饮茶的艺术实践过程，集中关注了以下几个方面：一是茶艺的清洁，从茶艺的具体器物的表现一直到茶人的清洁气质，都有充分的涉及；二是茶艺的和敬，对行为态度、生活理念和人际关系提出这样的要求，体现了茶艺趋于儒家文化内核的旨趣；三是茶艺的俭简，从茶性俭到生活的简素，不仅倡导了俭朴的社会风尚，也提供了茶人在简素宁静的生活中反省自我的重要途径；四是怡乐，日常生活的生动乐趣在茶艺中的反映是十分重要的内容，茶艺之美也给予茶人自由之精神的体会。因此，我们把茶艺的精神归结为"清、和、简、趣"。

"清"，对中国人来说情有独钟，许多美好的称誉，往往是清字当头。茶艺精神之"清"是指清洁、清明、清正，它涉及了三个层面的要求。茶艺外显的清洁，茶艺涉及的器物是比较多的，比如茶叶、茶杯、茶盘、茶巾、茶点、茶服、茶席、茶人妆饰、园庭路径、茶寮茶室等各类各品，这些器具、物品或环境布设都必须达到干净、卫生、清爽的要求。茶艺事情的清明，茶艺师有格物致知的自觉，清楚了解茶、水、器、火、境各元素的知识，理解流程规则的合理性，从容明白地进入茶艺程序。茶艺风格的清正，茶艺在任何一个时刻都表现出风雅、清朗、纯正的风度格调，它确立正面的积极意义。

"和"，是中国儒家文化的重要原则，有和谐、致中和、和而不同之说，"和"的内容是秩序、仁恕、有为，茶艺精神之"和"同样基于这样的理解。茶艺"和"之秩序，即表现为茶艺仪式化的规则与敬重，规则的确定使茶艺被广泛理解和模仿得以有稳定的结构，敬重态度则是规则执行的必要条件。茶艺"以和"为仁恕，茶艺有分门别类的秩序、规则、流派等，包括对待不同的生活方式，特别强调了人与人的相互友爱、同情和宽容，仁恕是"和"的本质。儒家一贯坚持"和"是发展中的平衡，茶艺的"和"自始至终都表达了有为的价值观，茶艺崇尚"和"的最高境界是"天人合一"，终极目的是在日常生活中通过茶艺来获得进步的意义。

　　"简"，茶艺追求"简"的精神，表现在追求简素的生活作风，简素淡雅的生活能较好地隔离浮夸焦躁的喧嚣，在世俗社会中寻找到一席清凉与宁静，内观自己的心灵，慎独而不自欺。茶艺人生平凡而真实，如若比起他人有更宽容的胸怀和更强大的力量，唯一的来源是过着简单的生活，如孔颜之处，与天地同乐。

　　"趣"，是中国传统美学的追求，有趣尚和趣味，才使创作者与欣赏者之间有沟通和共鸣。茶艺是艺术化的生活方式，茶艺精神之"趣"，表现在它有超逸不俗的闲趣之美、有宁静自然的幽趣之美、有朴质浪漫的童趣之美、有怡乐仁爱的心趣之美，在趣味的徜徉中获得一种慰藉，也给予积极的力量，付诸"正德厚生"的行动。茶艺反映日常生活的生动趣味，茶艺最有趣的事莫过于能喝到一杯美妙的茶汤了。"趣"是茶艺人生的智慧。

　　"清、和、简、趣"的茶艺精神指导了茶艺的行为模式和生活方式，贯穿于茶艺的技艺、礼法、审美和修养领域，成为茶艺表现和茶艺生活的要谛。"大乐与天地同和，大礼与天地同节"，文化的内化是日常生活中的一件饮茶琐事，既是平凡的，又显示出气象万千的景象。

第三章　茶艺结构

茶艺是什么？从本质上讲，茶艺是主体作用于客体的呈现。茶艺的主体是在茶艺实践中形成的具有一定技术与审美能力的人，茶艺的客体是在茶艺实践中主体实现创作能力的对象。茶艺客体是与茶艺主体同时在饮茶活动中历史地形成的，它不能离开主体而独立存在，茶艺客体相对于作为个体存在的主体而言，还只是一种可能的存在，要成为个体现实的创作对象有一个转换的过程，这种转换过程是与作为个体的茶艺主体对技术与审美的追求、标准与能力相关联的。同时，茶艺客体是价值的物质载体，它具有的客观属性是形成茶艺价值的必要条件。

在茶艺的主客体关系中，茶艺师是茶艺的主体，茶艺的客体是茶、水、器、火、境五个元素，两者形成了主客体的结构，茶艺师的技艺能力作用于客体元素，形成了对茶汤的观照，呈现了茶艺作品的具体形式和审美趣味。本章以器、水、茶、火、境和茶艺师的顺序，来概述茶艺的基本结构。

第一节　器

茶之器，泛指人们饮茶过程中使用和涉及的各种器具。唐代陆羽将茶之器与茶之具两者分开，前者是开汤饮茶的器具，列入《茶经》第四章；后者是茶叶加工的器具，列入《茶经》第二章。在现代，人们笼统地将茶具、茶器、茶器具等都指向开汤饮茶的器具，而茶叶加工器具则已发展到了现代化的茶叶机械、茶机。从严格意义来说，现代指称的茶具和茶艺器具还是有区别的。茶具专指沏茶品饮过程中直接利用到的工具，是茶艺仪式化对专用茶具的规定，比如壶、杯、勺、盘、炉等。茶艺器具还包括了一些周边产品，它们的产生与茶艺没有直接的关系，由于文化内容的关联性也被茶艺活动广泛利用，比如花器、桌旗、屏风等，周边产品可以转化到专用茶具，有些是因为不同区域对茶艺仪式规则的不同要求，如花器在一些国家地区作为专用的茶具；有些是经过了兼用后专门利用和规定的，比如匙枕起源于笔架，逐渐转变为搁置茶匙的专用。为了叙述方便，本节茶艺器具一般以茶具为名称，其核心指专用器具，也包括了茶艺的一些周边器具产品。

器为茶之父，宜茶之器在茶艺中的地位是重要的，《易·系辞》中载："形而上者谓之道，形而下者谓之器。"唐代陆羽在《茶经》中设计了 24 种完整配套的茶具，并强调："城邑之中，王公之门，廿四器缺一，则茶废矣。"在城市，在王公贵族之家，在正式的品茗场所，如果 24 种茶具缺一种，都称不上习茶。学习茶艺首先是认识及了解茶具的功能、用途、材料、历史、审美等内容，学会对茶具的使用，是茶艺的第一客观实践。茶具不仅满足饮茶的功能要求，还体现了茶艺的规定性和艺术性，对一个地区（国家）茶艺成熟度的评价，不是茶叶的生产消费，而是以体现功能性、规定性和艺术性的茶艺器具发展水平为依据。茶具的发生和发展，如同酒具、食具一样，历经了一个从无到有、从共用到专一、从粗糙到精致的过程。茶具的发展水平决定了茶艺的水平，也是茶艺不同发展阶段的重要标志，唐代之所以成为茶文化的起源，其中一条重要依据是出现了专用的茶具。茶具是伴随着饮茶生活方式的成熟而逐渐发生和发展的。

茶具分类的依据基本是以下几种：一是按器具的用途归类；二是按器具的质地分；三是按器具在茶艺中发挥的功能分；四是按器具的品位分。按品类分，是指每一类茶具都有粗品、细品、特种工艺品和茶俗品之分。粗品只讲"用"，不讲"艺"；特种工艺品比较昂贵，虽然为每个茶人所企求，但一味追求名贵稀有的茶具，会颠覆了茶艺精神；茶俗品可遇不可求。细品是指经济实用的工艺美术品，茶具基本定位在细品类，它们都有一定的工艺水平，既讲"用"，也讲"艺"。在实际的茶艺活动中茶具用途多，各类品级均会有所涉及。下面按不同的用途、质地和功能三种分类来介绍茶具。

一、茶艺器具名称

茶具涉及的器型、材质种类很多，即使是相似的器型也可能有完全不同的名称和定位。比如有些盛器要求内容物是干燥的，有些专门用来盛水，盛水的器具用途也不一样，有些是盛清水，有些是盛茶汤，有些是盛汤渣。茶艺的规定性，要求器具用途上的些微差别都会被赋予不同的含义，一旦确定了名称和用途，茶艺师必不可混用或错用，这是由茶艺的仪式化性质决定的，茶艺师必须以敬畏之态度严格遵守。

茶艺的名称有些来源于该器具的用途，有些来源于材质，也有些来源于其外形。按茶艺的流程对茶具使用的要求，可将茶具分为七大类：供火器、清水器、汤饮器、匙置器、巾帨器、承贮器、渣盂器。下面我们对这些类型中的茶具进行罗列和定名。

（一）供火器，即提供火源或热源的器具，以及关联的辅助用具

风炉：古时风炉用炭，现在的风炉大多内置酒精灯、电炉等，取外观古朴之风。

酒精炉：容易获取，使用较广泛。

电磁炉：无明火，安全洁净，适宜加热的器具多，外观大方。

随手泡：也是电（磁）炉的一种，因专用作茶艺工具，民间常用此名。轻巧、安全、洁净，能自动控制水的沸态。

电茶壶：可直接加热，一般在水房用。

烛床：一般用玻璃做床承，保温用，有时仅提供浪漫气氛。

三脚架：挂起烧煮时的提壶、系锅之用。

（二）清水器，指盛放清水或加热后的清水的器具

水注子（汤瓶）：又名侧把壶、执壶，壶体似花瓶，用来添加热水。

提梁壶（汤瓶）：又名上把壶，有玻璃材质、陶瓷材质、金属材质（铁壶、铜壶）等，一般可加热，玻璃材质的提梁还有辨汤直观的优点。

长流壶：俗称的长嘴壶，便于远距离添水，常用来表演。

清水罐：广口带盖，盛放储存清水用。

热水瓶：保持水温，一般在水房用。

（三）汤品器，指沏茶、品茶的用具，接触的是茶汤

小壶：是指茶叶开汤的容器，以容量大小分为两类。一类是容量在350ml 以下的壶，是标准的小壶，主要用来沏茶，也有兼用作茶盅。制作材料有陶制壶（紫砂壶）、瓷制壶（青瓷壶、白瓷壶）、玻璃壶、金属壶、石壶等。形状有侧把壶（又称执壶、手壶），也有握把壶（又称横把壶、直把壶）、上把壶、无把壶、自流壶、套壶等。还有一类容量在 500ml 以上、1500ml 以下的壶，又称茶娘壶。从壶把看有提梁壶、执壶、提系壶，一些陶质提壶可用于加热煮茶。

　　盖碗：由杯身、杯盖、杯托三件组成，有瓷制盖碗、玻璃盖碗、陶制盖碗、金属制盖碗、石制盖碗、竹木制盖碗等，盖碗可单独或兼用作主泡器和品饮器。

　　杯：最常见的是玻璃杯，其他有瓷杯、陶杯、金属杯等。形状有无耳杯（又称直身杯）、单耳杯、双耳杯、套杯、盖杯等。容量在150ml以上的杯子可以兼作沏茶和品茗用，在150ml以下的，只作品茗用，20—50ml的杯又称"啜杯"、"胡桃杯"，品饮时带杯托。一种直筒小杯，仅用于闻茶香，称为闻香杯。

　　茶盅（匀杯）：又称公道杯，为均匀茶汤浓度用，一般与小壶配合使用，杯沿有流，能分茶。与茶滤配合使用还具滤渣功能。盅的容量一般与壶同即可，有时亦可将其容量扩大到壶的1.5—2.0倍，在客人多时，可沏两次或三次茶混合后供一道茶饮用。盅要均分茶汤，所以流的断水性能要高。盅不一定有盖，断水好坏全在于嘴（流）的形状。

　　碗、盏：有束口碗、敛口碗、撇口碗、敞口碗（又称斗笠碗）之分。有越窑、汝窑、定窑、钧窑等不同的产地、材料和工艺制作的瓷碗，也有陶碗、玻璃碗、漆器碗、木碗、金属碗等。碗、盏也可通用，盏的容量比碗小，一般带盏托。

　　锅、釜：煮茶用，一般受水一至二升，有系耳。陶器和金属较为常见。

　　烤罐：烤茶用。

　　茶盆、茶钵：又称巨瓯，分茶用。

　　（四）匙置器，代替手的取用及其他隔置类的辅助性茶具

　　茶勺：又称茶匙，取茶用，取茶粉更佳，一般为竹木制品。

　　茶则：取茶用，有一定的容量，能用以量茶，一般为竹木制品。

　　青竹夹（茶夹）：又称小青竹，取茶用，取用扁平形茶更佳，夹头平直，素竹制成。

　　茶夹：又称水夹，夹头大多有钩形，取茶渣、烫杯时用，竹木制品。

　　茶针：用于挑茶、疏通茶壶堵塞物等，也用作其他的辅助。

　　茶漏：喇叭口形的竹木器具，小口壶置入条形茶时常用此器。

　　茶匙组：又称匙筒，放置茶勺、茶则、茶夹、茶针、茶漏等用具，有些茶匙组连杯托架和杯托。

　　匙枕：卧置茶勺、茶则等用具时起抬高的作用，避免重要部位与席面

直接接触。

盖置：放置壶盖、碗盖时用，保持壶盖的清洁，并防止盖上的水滴在桌上。有托垫式的，如盘状，圆形、蝶形等，直径应比盖大；有支撑式的，高足状，直筒形、异形等，一般直径比盖小，能支撑起盖子或其他需要搁置的茶具中心部位；有时也用布垫代替。

渣滤：高密度的金属滤网，过滤茶汤中的杂渣。可与茶盅配合使用。

杯托：承载茶杯的器具，杯托的要求必须是易取、稳妥和不与杯黏合。适宜的杯托有这样的要求：一是高度，托沿离桌面的高度至少为1.5cm，以便轻巧地将杯托端起，即使是盘式的杯托，也应有一定高度的圈足。二是稳定度，杯托中心应呈凹形圆或在中心做出一个圈形，大小与杯底圈足相吻合，充分嵌住杯子。三是平整度，托沿和托底均应平整。四是防黏着，饮茶时除盖碗常连托端起外，一般仅持杯啜饮，若杯底有水或杯底升温使托与杯底间空隙部减压，造成杯与托粘连，端杯时会将托带起，稍后即掉落，发出响声或打碎，故茶托不宜过于光滑，分茶时也不能有水滴入托。

水勺：舀水用，使用葫芦瓢会显得更有古意。

（五）巾悦器：茶艺中用到的软性物品

茶巾：棉质，擦拭水迹、茶渣，隔热托壶用。吸水性能强，耐茶渍色料好，易折叠。

垫巾：较有质感的织物或其他材料制成，起装饰、衬垫或代替茶盘之用。

纱布囊：煮茶时包裹茶叶用。

白织：洁净的织布，吸水性好，可作盖置、杯托、匙枕等的替代品。

帛巾：象征性圣洁物品。

盖膝巾：正跪沏茶时用。

桌布、桌旗：装饰用。

（六）承贮器：起到承接或贮存作用的器具

茶储：茶叶存贮的容器，茶席上的茶储大小一般在一两装量左右，条形乌龙茶储可略大些。

茶荷：赏茶用，既要美观，也要有足够的容体满足一次茶叶用量。

茶盘：端放沏茶器具用，竹木制的居多，基本都有围沿，这类茶盘使用时，茶艺是不允许有水滴入的，但万一发生，也能起到贮水的作用。有些茶盘专门有蓄水的功能，称为"双层茶盘"，有抽屉式和上置式，前者更便于弃水。还有一种称"水茶盘"，也称"茶台"，单层，有水孔管子，下接水盂，以固定装置为多见。

　　奉盘：奉茶、奉点心、赏茶等用，轻巧合手美观。

　　茶点盒（碟）：放置茶点的碟或盒。

　　茶船（茶池）：有碗状茶船和夹层茶船，圆形、陶瓷制作的较多。碗状蓄水使壶的下半部浸于水中，日久天长会令茶壶上下部分色泽有异，故有夹层的茶船优于碗状。茶船围沿要大于壶体的最宽处，因要用来蓄水，所以其容水量至少是茶壶容水量的 2 倍。茶船除防止茶壶烫伤桌面、沏泡水溅到桌面外，有时还作为"湿壶"、"淋壶"时蓄水用，观看叶底用，盛放茶渣和涮壶水用等。

　　具列架（床）：将茶具一一展示出来，放置在立体的架上，称具列架。放置在平面的桌上或席地，称为具列床。具列床类似茶台。

　　（七）渣盂器，接纳茶艺中需要弃去的水、茶渣等器具

　　水盂：接温、烫杯时弃水用。

　　渣盂：放茶渣用。

　　清水盂：洁手用。

二、按质地分类

　　茶具由不同的材质加工而成。由于材料、质地和加工方式的不同，茶具会出现不同的特征和性能，比如玻璃材质的有透明、散热快、造型丰富的特点，紫砂材质有古朴、收敛、隔热性好的优势等。茶艺师如何利用好不同材料反映出茶具的表现力，以及借助茶具表现力来实现茶汤的呈现，是对茶艺师技术和艺术能力的第一考验，也是决定茶艺作品价值的重要因素之一。按质地分，茶具可分为陶土茶具、瓷器茶具、玻璃茶具、金属茶具、漆器茶具、竹木茶具、其他茶具等若干类。

　　（一）陶土茶具

　　陶器是指以黏土为胎，经过手捏、轮制、模塑等方法加工成型后，在 800℃—1000℃高温下焙烧而成的物品，坯体不透明，有微孔，具有吸水性，叩之声音不清。陶土器具是新石器时代的重要发明，最初是粗糙陶，然后逐渐演变成比较坚实的硬陶和彩釉陶。陶器佼佼者首推宜兴的紫砂茶具及潮州的朱砂茶具，两地原本极有渊源，后来利用器具的饮茶生活发展成了各自的风格。以下统称为紫砂茶具。

　　紫砂是一种炻器，是一种介于陶器与瓷器之间的陶瓷制品，其特点是结构致密，接近瓷化，强度较大，颗粒细小，断口为贝壳状或石状，但不具有瓷胎的半透明性。紫砂茶具创始于宋，明代大为流行，成为各种茶具中最惹人珍爱的瑰宝。明代《陶庵梦忆》中记载："宜兴罐以龚春（供春）为上，一砂罐，直跻商彝周鼎之列而毫不愧色。"另有史料记载，"供春之壶，胜如金玉"，"阳羡（即宜兴）瓷壶自明季始盛、上者与金玉等价"。紫砂壶兴起后，因其造型美观大方，质地淳朴古雅，沏茶时不烫手，且能蓄香，所以极受欢迎。紫砂壶自龚春后，经明代万历年间董翰、赵梁、文畅、时朋"四大名家"，稍后的时大彬、李仲芳、徐友泉"三大妙手"，清代的陈鸣远、杨彭年、杨凤年、邵大亨、黄玉麟、程寿珍、俞国良以及近代大师的发展，成为令人叹为观止的工艺珍宝。

　　按照壶的泥质，紫砂壶的原料由紫砂泥、朱砂泥、绿砂泥三种调和而成，可以烧成几十种颜色，紫砂壶有四大优点：一是紫砂原料可塑性好，产品不易变形；二是它的器孔率介于一般陶器和瓷器之间，用来沏茶，香蓄味醇；三是泥料分子有特殊的鳞片状排列结构，因此冷热急变性好，不烫手，不易炸裂；四是紫砂壶颜色多，都是原料呈现的天然色泽，质朴高雅、异彩纷呈。

　　紫砂壶可分五大类：光壶、花壶、方壶、筋纹壶、陶艺壶。紫砂壶造型艺术讲求"方不一式，圆不一相"的特点，方壶壶体光洁，块面挺括，线条利落，圆壶则在"圆、稳、匀、正"的基础上变出种种花样，让人感到形、神、气、态兼备。紫砂壶的造型千姿百态，有的圆肥墩厚，有的纤娇秀丽，有的拙纳含蓄，有的小巧洒脱，有的古朴典雅，有的妙趣天成，有的灵巧妩媚，有的韵味怡人，茶人以"深爱笃好"来品味壶的真趣。紫砂壶共有钮、壶盖、壶腹、壶把、流嘴、足、气孔七个部位，从制作的工艺上细分，足有圈足、钉足、方足、平足之分；钮有珠钮、桥式、物象钮三种；壶盖有嵌盖、压盖、截盖；把有侧把、圈把、斜把、提梁把等。

　　另外，还应当掌握鉴壶的基本技巧，主要注意以下五个方面：

　　1. 看壶的嘴、把、体三个部分是否均衡。一是牢固平稳。可以把壶放在桌上，按按四角，是否跷动；从壶把沿壶的对称轴方向看，是否嘴、口、把成一直线；把壶盖顺着壶的对称轴移动，是否平衡。二是壶盖和壶口的紧密。可以在壶装满水后，用手指按在气孔上，如果倒不出水，称为禁水，壶的紧密性是好的。一般来说，各部分不均衡的壶很难称得上美。

2. 看泥质和烧制。一是用手平托起壶身，然后用壶盖的边沿轻轻敲击壶身或壶把，如果是碎裂声，肯定不行，是把碎壶；二是噗、噗的沉闷声，说明烧得不够，烧"生"了，会大量吸水、渗水；三是声音很尖锐，说明烧过头了，太"熟"，很容易碎裂，称为玻璃质，同时也不能发挥紫砂的性能。轻轻敲击后壶音清亮悦耳，似有钢琴声且余音悠扬者，为上品。

3. 看实用性能。好的壶应手感舒适，装满水后，一手拿壶把，手指要没有不自在和吃力的感觉。从壶中倾出茶汤时应出水流畅，水柱光滑而不散乱，俗称"七寸注水不泛花"，也就是说在倒茶时茶壶离杯子七寸高而倒进杯子的茶水仍然呈圆柱形，不会水珠四溅。好的壶还要"收断水"利索自如，壶嘴不留余沥。壶的内壁是否干净光滑，流与体结合部是单孔还是网状，细密程度如何。最后要鉴别壶的大小是否合适饮茶的需要。

4. 看整体。其一是壶的泥色是否喜欢，好的壶泥色泽温润、光华凝重、亲切悦目、古雅亲人；其二是壶的造型是否满意；其三是壶纹和壶的装饰铭刻内容和技法是否喜欢。

5. 看气质。摆在一定的距离，仔细观察从形态上流露出的艺术感染力。好的壶能从文静雅致中显出高贵的气度，从朴实厚重中让人觉得大智若愚，从线条的简洁明快中生发返璞归真之遐思，从自然的造型中让人感到生命的气息。这些感觉的体会需要有经验的积累。

古人讲"操千曲而后晓声，观千剑而后识器"，要想提高自己对紫砂壶的审美能力，除了要注意提高自己的文化艺术素养之外，最好的办法就是多看名壶，一把好的名壶是制壶大师心灵的产物。

（二）瓷器茶具

陶器与瓷器区别的最主要条件是原材料和烧成温度，陶器烧成温度一般都低于瓷器，最低甚至达到800℃以下，最高可达1100℃左右。瓷器的烧成温度则比较高，大都在1200℃以上，甚至有的达到1400℃左右。不同的土质耐高温的性能不同，瓷器以高岭土作坯，在烧制瓷器所需要的温度下，所制的坯体则成为瓷器。瓷器的发明和使用稍迟于陶器，瓷器茶具由白瓷、青瓷和黑瓷三足鼎立。

1. 白瓷茶具。白瓷早在唐代就有"假玉器"之称,唐代时由于饮茶之风大盛,各地先后涌现出一些以生产茶具为主的著名窑场,如河北的邢窑、浙江的越窑、湖南的长沙窑、四川的大邑窑等生产的白瓷茶具都很有名。北宋以后,江西景德镇因生产的瓷器质地光润,白里泛青,雅致悦目而异军突起,技压群雄,逐步发展成为中国瓷都。元代,景德镇始创青花瓷茶具,明、清两代白瓷茶具的制造工艺水平达到了一个高峰,所产的瓷器以"白如玉,薄如纸,明如镜,声如磬"而著称于世。其中的青花茶具幽靓典雅,彩瓷茶具造型精巧、胎质细腻、彩色鲜明,广彩茶具施金加彩、金碧辉煌,雍容华贵。这些茶具争美斗奇,为世人所共珍。除了景德镇之外,湖南醴陵、河北唐山、安徽祁门的白瓷茶具也各有特色。

2. 青瓷茶具。青瓷茶具始于晋代,主产地为浙江。唐代顾况《茶赋》记载:"舒铁如金之鼎,越泥似玉之瓯。"著名诗人皮日休在《茶瓯》一诗中赞美说:"邢客与越人,皆能造瓷器,圆似月魂堕,轻如云魄起。"到了宋代浙江龙泉哥窑、弟窑的生产水平达到了鼎盛时期。哥窑所产的翠玉般的青瓷茶具胎薄质坚,釉层饱满,色泽静穆,雅丽大方,如清水芙蓉逗人怜爱,被后代茶人誉为"瓷器之花"。弟窑所生产的瓷器造型优美,胎骨厚实,釉色青翠,光润纯洁,其中粉青茶具酷似美玉,梅子青茶具宛如翡翠,都是难得的瑰宝。

3. 黑瓷茶具。黑瓷茶具流行于宋代。宋徽宗赵佶在《大观茶论》中写道:"盏色贵青黑,玉毫条达者为上,取其焕发茶彩色也。"因为在宋代,茶色贵白,所以宜用黑瓷茶具陪衬。黑瓷以建安窑(今在福建省建阳市)最为著名,所生产的兔毫盏,釉底色黑亮而纹如兔毫,黑底与白毫相映成趣,加上造型古雅,特别为茶人所推崇。

(三)漆器茶具

漆器茶具始于清代,较有名的有福州脱胎茶具、北京雕漆茶具、江西鄱阳等地生产的脱胎漆器等,均具有独特的艺术魅力。其中,尤为福建福州生产的漆器茶具多姿多彩,被誉称为"双福"茶具,创始人为清代乾隆年间的沈绍安。脱胎漆茶具制作精细复杂,先要按照茶具的设计要求,做成木胎或泥胎模型,其上用夏布或绸料以漆裱上,再连上几道漆灰料,然后脱去模型,再经填灰、上漆、打磨、装饰等多道工序,最终得以漆器茶具的成型。脱胎漆茶具多为黑色,也有黄棕、棕红、深绿等色,融书画于一体,饱含文化意蕴,其材质轻巧美观,色泽光亮,明镜照人,器具不怕水浸，能耐温、耐酸碱腐蚀。漆器作为饮器，在夏商以后较为多见，但漆器的盛器之用在很长的历史发展时期中，一直未曾形成规模生产。到了清代，一批工艺大师恢复汉代"夹纻"技法，创制了脱胎漆饮器，才得以日渐重视。漆器作为工艺品欣赏较为多见。

（四）金属茶具

金属茶具在历史上主要是用于宫廷茶宴。1987 年 5 月，中国考古学家在陕西扶风县法门寺地宫中发掘出一套晚唐时期的银质鎏金茶具，曾轰动一时，这套茶具精美绝伦，堪称国宝。

（五）竹木茶具

竹木质地朴素无华，用于制作茶具有保温不烫手等优点。另外，竹木还有天然纹理，做出的茶具别具一格，很耐观赏。目前主要用竹木制作茶盘、茶台、茶匙组、茶储等，也有少数地区用木茶碗饮茶。

（六）玻璃茶具

玻璃茶具是茶具中的后起之秀。玻璃质地透明、可塑性大，制成的各种茶具晶莹剔透、光彩夺目、时代感强、价廉物美，所以很受消费者的欢迎。

除了上述六类常见的茶具之外，还有用玉石、水晶、玛瑙、生物以及各种珍稀原料制成的茶具，这些珍稀的器具用于观赏和收藏较多，在实际沏茶时很少使用。

三、主辅位的划分

茶具是茶艺的器物类载体，是茶艺表现形式的外在显示。茶艺核心任务是茶汤的呈现，名目繁多的器具以完成茶艺的任务而承担着各自的角色，这些茶具在角色担任方面有主要和辅助的区别，这种区分也有利于茶艺师集中注意力解决关键问题，顺利实现客体向主体价值的转换。我们将不同的器具按茶艺核心任务的承担顺序，分为主泡器、品饮器、辅具和铺陈四类。茶艺师完成一个主题明确的茶艺作品，首先要考虑的是主泡器的选择，根据主泡器的功能、风格、质地，并从品饮者的特点需求出发，选定品饮器，然后再一一配之以辅具和铺陈等物品。

（一）主泡器

开汤，是指干茶直接接触到水转化为茶汤（叶底）的环节。除了冷泡法外，开汤时一般都有温度要求。承载开汤环节的茶具，即为主泡器。

唐代陆羽煎茶是在镁中完成的开汤，主泡器是镁；宋代赵佶在巨瓯中完成了点茶，主泡器是巨瓯；现代龙井茶基本都在透明玻璃杯中开汤，玻璃杯即是主泡器；铁观音的冲泡选用紫砂壶为主泡器，而花茶的主泡器人们往往喜欢盖碗。主泡器是完成茶艺的核心器具。

主泡器是茶艺师以任务为导向的一种选择，茶具本身不具有固定性，同样的器具，茶艺师可以根据不同的茶叶、环境、需要等，来决定它的作用。比如，玻璃杯可以成为绿茶开汤的器具，也可能仅充当配合其他主泡器的饮杯；不是所有的紫砂壶都是主泡器，紫砂壶有用作匀壶的，也有用来作水注的。一旦选定了主泡器，茶艺的基本流程也就确定了。

主泡器对茶艺师来说是十分珍惜的，是茶艺师技能发挥的主要载体，通过它才能呈现出完美的茶汤，因此，茶艺师不仅为拥有珍贵的主泡器感到自豪，也会保护养护好主泡器，使它们在有好茶、好水的时候能有更好的表现，来表达茶艺师对自然的敬重，以及主宾间的仁爱。比如一把好的紫砂壶，用其泡茶，使用的年代越久，壶身色泽就愈加光润古雅，泡出来的茶汤也就越醇郁芳馨，甚至在空壶里注入沸水都会有一股清淡的茶香，这就是茶具对茶艺师的回报。

（二）品饮器

品饮器是饮者直接用来品鉴和饮用茶汤的器具。品饮器与饮者的关系更为密切，因此从品饮器的选择，也可看出茶艺师是否具有足够的素养来判断出饮者的喜好，体现茶之仁爱、器之适宜的理念。这一点在《红楼梦》妙玉献茶一节中描写得最为淋漓尽致，不同的人配合了不同的茶及饮杯，刻画了妙玉的茶人气质。

较多的品饮器是单独使用的，即专用的品饮器，此类品饮器容积不大，注入的茶汤基本控制在能三口喝完的量。在用壶作主泡器时，常常需要配置若干个小杯作为品饮器，几个饮者围坐在茶艺师的周围，一如品饮器围着主泡器，人物同象，很是一幅其乐融融的团聚图景。品饮器也有兼用的，兼用品饮器同时作为了主泡器之用，因此，它的容量也会较大些，来满足开汤的需要。玻璃杯沏龙井茶，玻璃杯即是主泡器，又是品饮器；盖碗沏泡绿茶、花茶，是主泡器也兼用来作品饮器。兼用品饮器，能使饮者一边看着茶叶在杯中起舞，一边品饮。混合了各种滋味，自是感怀万千，别有情愫。

同样，作为品饮器的茶具也不是固定的，比如在使用盖碗沏泡岩茶时，一般将茶汤注入胡桃杯来品饮，盖碗就单独用作了主泡器；有些饮者喜好就着壶嘴饮茶，这壶也兼用作品饮器了。品饮器是茶艺师依据茶艺的主题而设计选择的。主泡器和品饮器是茶艺的两大主角茶具，茶艺的第一堂课是学会用好主泡器和品饮器，茶艺的最高阶段也是会用主泡器和品饮器。

（三）主泡器与品饮器

主泡器、品饮器在饮茶史上也是各领风骚，历代以来，因为茶叶生产方式和社会风尚的不同，形成了各个朝代不同的品鉴和喜好，这些内容都反映在茶艺的主泡器和品饮器的选择上。

唐："青则益茶"。唐代陆羽在《茶经》中通过对各地所产瓷器茶具的比较后认为："邢（今河北巨鹿、广宗以西，河以南，沙河以北地方）不如越（今浙江绍兴、萧山、浦江、上虞、余姚等地）。"这是因为唐代人们喝的是饼茶，茶须烤炙研碎后，再经煎煮而成，这种茶的茶汤呈"白红"色，即"淡红"色。一旦茶汤倾入瓷茶具后，汤色就会因瓷色的不同而起变化。"邢州瓷白，茶色红；寿州（今安徽寿县、六安、霍山、霍丘等地）瓷黄，茶色紫；洪州（今江西修水、锦江流域和南昌、丰城、进贤等地）瓷褐，茶色黑，悉不宜茶。"而越瓷为青色，倾入"淡红"色的茶汤，呈绿色。陆氏从茶叶欣赏的角度，提出了"青则益茶"，认为以青色越瓷茶具为上品。而唐代的皮日休和陆龟蒙则从茶具欣赏的角度提出了茶具以色泽如玉，又有画饰的为最佳。因为唐代是煎煮的方式烹茶，这里的"青则益茶"的茶碗就承担了专用的品饮器。

宋："茶色白，宜黑盏"。从宋代开始，饮茶习惯逐渐由煎煮改为"点注"，团茶研碎经"点注"后，茶汤色泽已近"白色"了。这样，唐时推崇的青色茶碗也就无法衬托出"白"的色泽。而此时作为饮茶的碗已改为盏，这样对盏色的要求也就起了变化："盏色贵黑青"，认为黑釉茶盏才能反映出茶汤的色泽。宋代蔡襄在《茶录》中写道："茶色白，宜黑盏。"蔡氏特别推崇"绀黑"的建安兔毫盏。宋代点茶方式有两种，一种是在巨瓯中点好后分茶至茶盏（赵佶《大观茶论》），巨瓯是专用的主泡器；另一种直接在茶盏中点茶（蔡襄《茶录》），对于蔡襄法的点茶，黑盏既充当了主泡器又成为品饮器，是兼用的品饮器。

明："盏莹白如玉，可试茶色"。明代，人们已由宋时的团茶改饮散茶。明代初期，饮用的芽茶，茶汤已由宋代的"白色"变为"黄白色"，这样对茶盏的要求当然不再是黑色了，而是时尚"白色"。对此，明代的屠隆就认为茶盏"莹白如玉，可试茶色"。明代中期以后，瓷器茶壶和紫砂茶具兴起，人们饮茶注意力转移到茶汤的韵味上，对茶叶色、香、味、形的要求，主要侧重在"香"和"味"，追求壶的"雅趣"。白瓷茶盏对茶汤色的呈现，依旧作为一种当然的要求。明代，白瓷茶盏有当做主泡器的，也有配合紫砂壶作品饮器的。

　　清及以后：百花齐放。清代以后，茶具品种增多，形状多变，色彩多样，再配以诗、书、画、雕等艺术，从而把茶具制作推向新的高度。而多茶类的出现，又使人们对茶具的种类与色泽，质地与式样，以及茶具的轻重、厚薄、大小，等等，提出了新的要求。主泡器和品饮器的选择就更加丰富了。

　　（四）辅具和铺陈

　　辅具是茶叶沏泡过程中必须使用的工具，比如茶储、茶荷、茶匙、茶盘、水盂、茶巾、风炉、水注、盖置、具列等，在主泡器和品饮器选择确定后，辅具既要满足技术功能要求，还要体现出与主体有和谐的美感。

　　铺陈是茶艺过程中为了进一步凸显主题增加美感而添加的物品，比如桌布、桌旗、垫巾、插花、香炉、书画、屏风、装饰品等物件，茶艺师按设计需要来选择不同的铺陈。随着茶艺水平的不断提高，人们对茶艺文化创意产生了蓬勃的需求，茶艺铺陈也成为其中最为渲染的景象，丰富了茶艺的视觉效果和空间境象。

第二节　水

　　水对于人是重要的，正如水对于茶。在茶与水的结合形成茶汤的过程中，水的作用往往会超过茶。这不仅因为水是茶的色、香、味、形的载体，而且饮茶时，茶中各种物质的体现，愉悦快感的产生，无穷意会的回味，都要通过水来实现；还有茶叶的各种营养成分和药理功能，最终也都是通过用水沏泡茶叶，经眼看、鼻闻、口尝的方式来达到的。

　　在自然界中，水有软硬之分：含有较多量的钙、镁离子的水称为硬水；不含或只含少量的钙、镁离子的水称为软水。如果水的硬性是由碳酸氢钙或碳酸氢镁引起，称为暂时硬水。暂时硬水经过煮沸，所含碳酸氢盐，就分解成不溶性碳酸盐，这样硬水变成软水。水的硬度关系到茶汤的品质。用软水沏茶，茶汤清澈甘洌；用硬水沏茶，则会影响茶的本色。暂时硬水所含的钙、镁离子在水烧沸后就会随之分解，变为软水，因此也会用作沏茶。在天然水中，雨水和雪水属软水，泉水、溪水、江河水属暂时硬水，部分地下水属硬水，再加工水大部分为软水。

一、水的地位

"水为茶之母"，古今凡论茶之说，都不能不提到水。古人论述水与茶的关系，大致分为两大部分的内容。

一是论述水的重要性。明代茶人张源在《茶录》中说："茶者，水之神也；水者，茶之体也。非真水莫显其神，非精茶曷窥其体。"许次纾《茶疏》："精茗蕴香，借水而发，无水不可论茶也。"张大复在《梅花草堂笔谈》中也提到："茶性必发于水。八分之茶，遇十分之水，茶亦十分矣；八分之水，试十分之茶，茶只八分耳。"都说明了水对于茶的重要地位，以及在茶汤的形成过程中水与茶的权重关系。

二是水的鉴别与合宜。古人用水为天然之水，陆羽在《茶经》中对宜茶用水作了明确的规定："其水用山水上、江水中、井水下。其山水，拣乳泉、石池慢流者上。"认为用出于乳泉、石池水流不急的水来煎茶是最理想的；像瀑布般汹涌湍急的水，流蓄在山谷中澄清而不流动的水，应弃之不用。陆羽不仅善辨茶，亦擅鉴泉，历代茶人都具备有这两方面的能力。郑板桥写有一副茶联："从来名士能评水，自古高僧爱斗茶。"这副茶联也说明了"鉴泉评水"是茶艺的一项基本功。最早有评水之举的是唐代刘伯刍，他通过"亲挹而比之"，列出了天下水品共有七等；陆羽以其所经历处，排出高下，共有二十处。嗜茶好泉者为觅佳泉都着实舍得费一番工夫。唐武宗时居相位的李德裕，嗜惠山泉成癖，烹茶不饮京城的水，而从无锡到长安，途程三千里，派专人从驿道传递惠山泉，谓之"水递"。晚唐诗人皮日休以杨贵妃驿递荔枝的典故作诗讥讽："丞相常思煮茗时，郡侯催发只嫌迟；吴关去国三千里，莫笑杨妃爱荔枝。"

名茶得甘泉，犹如人得仙丹，精神顿异。当年苏舜元与蔡襄斗茶的故事，正说明了这一点。当时，蔡君谟出的茶是精品，水选惠山泉。苏舜元的茶不如君谟的好，但他素稔"若不得佳茶，即中而得好水，亦能发香"之理，选用了竹沥水烹点，胜惠山泉一筹，终于斗败蔡襄。这种茶与水的掌握运用之妙，非品茶高手难臻此境。由于水之功居大，历来精于茶艺者还颇多论述水的专著，如唐代张又新的《煎茶水记》，宋代欧阳修的《大明水记》和叶清臣的《述煮茶泉品》，明代有吴旦的《水辨》、田艺衡的《煮泉小品》和徐献忠的《水品》，清代有汤蠹仙的《泉谱》等。

二、沏茶用水

唐代以前，人们习惯在茶叶中加入各种香辛佐料，经煎煮后调饮，对茶的色香味形并无太多的要求，因而对宜茶水品也没有足够的重视。只是在唐代以后，清饮雅赏之风开创盛行，对沏茶的水品有了较高的要求。宋徽宗赵佶在《大观茶论》中提出："水以清、轻、甘、洌为美。轻甘乃水之自然，独为难得。"明代罗廪在《茶解》中主张："水不问江井，要之贵活。"清代曹雪芹《冬夜即事》诗中写道："却喜侍儿知试茗，取将新雪及时烹。"古人对宜茶水品的论述颇多。现代茶人对水的研究也颇多，如林治先生、姚国坤先生都作过总结，宜茶的好水大致可归纳为以下五个特征："清、轻、甘、洌、活。"[①]

（一）宜茶之水

1. 水质要清。水之清表现为："朗也、静也、澄水貌也。"水清则无杂、无色、透明、无沉淀物，最能显出茶的本色。陆羽在《茶经》中就专列一具作滤水之用，使煎茶之水清净；宋代斗茶，强调茶汤以白为贵，对水质提出更高的要求。宜茶之水为清，是古今茶人对沏茶用水的最基本的要求。

2. 水体要轻。明朝末年无名氏著的《茗笈》中论证说："各种水欲辨美恶，以一器更酌而称之，轻者为上。"清代乾隆皇帝很赏识这一理论，他无论到哪里出巡，都要命随从带上一个银斗，去称量各地名泉的比重，并以水的轻重，评出了名泉的次第。北京玉泉山的玉泉水比重最轻，故被御封为"天下第一泉"。现代科学也证明了这一理论是正确的，水的比重越大，溶解的矿物质越多，会直接影响茶叶有效物质的浸出及滋味的形成，所以水以轻为美。

3. 水味要甘。宋代蔡襄《茶录》中认为"水泉不甘，能损茶味"。明代田艺蘅在《煮泉小品》中写道："味美者曰甘泉，气氛者曰香泉。""泉惟甘香，故能养人。"所谓水甘，即水一入口，舌尖顷刻便会有甜滋

[①]　林治：《中国茶艺》，中华工商联合出版社 2000 年版，第 83—84 页。

滋的美妙感觉。咽下去后，喉中也有甜爽的回味，用这样的水沏茶自然会增茶之美味。

4. 水温要冽。冽即冷寒之意。明代茶人认为："泉不难于清，而难于寒。""冽则茶味独全。"，明代陈眉公《试茶》诗中："泉从石出情更冽，茶自峰生味更圆。"因为寒冽之水多出于地层深处的泉脉之中，所受污染少，沏出的茶汤滋味纯正。

5. 水源要活。南宋胡仔称"茶非活水，则不能发其鲜馥"，明代顾元庆"山水乳泉漫流者为上"，明代罗廪主张"水不问江井，要之贵活"，这些都说明宜茶水品贵在"活"。在活水中氧气和二氧化碳等气体的含量较高，沏出的茶汤特别鲜爽可口。但活水并不等于"瀑"，凡"瀑涌湍激"之水，缺少中和醇厚之感，与茶"不合"。

总体来说，用泉水烹茶最好，从山岩断层涓涓细流汇集而成的泉水，不但富含二氧化碳和各种对人体有益的微量元素，而且经过砂石过滤，水质清澈晶莹。用这种泉水沏茶，总能使茶叶的色香味形得到最大的展现。但泉水也要有选择，如硫黄矿泉水、瀑布湍急的泉水等都不适宜用来沏茶。多数泉水都符合"清、轻、甘、冽、活"的特征，确实宜于烹茶，更主要的是泉水无论出自名山幽谷，还是平原城郊，都以其汩汩涓涓的风姿和淙淙潺潺的声响引人遐想。寻访名泉是中国茶人的迷人乐章，泉水还可为茶艺平添几分野韵、几分幽玄、几分神秘和几分美感。

（二）水的选用

现代水的选用跟以前相比有很大的区别。由于天然水受到了现代工业的污染，现代工业就生产出再加工水，成为日常生活中沏茶的首选用水。再加工水包括了纯净水、蒸馏水、矿泉水等，其中纯净水和矿泉水比较常用，用来泡茶，茶汤晶莹透彻，香气滋味纯正，鲜醇爽口。

一些贤达人士还抱有对自然水的偏爱，常有寻泉汲水之举，莫不仿"水递"之法。能用来沏茶的天然水有天水和地水。天水尤以雪水为佳，古人称为"天泉"，最为茶人们所推崇。唐代白居易的"融雪煎香茗"，宋代辛弃疾的"细写茶经煮香雪"，元代谢宗可的"夜扫寒英煮绿尘"，清代曹雪芹的"扫将新雪及时烹"，赞美的都是这个意思。在地水中茶人最钟爱的是泉水，泉水是经过很多砂岩层渗透出来的，相当于多次过滤，不再存有杂质，水质软，清澈甘美，且含有多种无机物，以此种水沏茶，汤色明亮，并能充分地显示出茶叶的色、香、味。中国五大名泉的镇江中冷泉、无锡惠山泉、苏州观音泉、杭州虎跑泉和济南趵突泉等，至今仍是沏茶用水之优选。还有茶人将较好的水品再作个别化的加工，获得其特殊价值，以这种方式加工的水，称为"水艺水"，比如"竹沥水"、妙玉用"五年前收的梅花上的雪，装入瓮中，埋入地下，今夏才开"的水等，现代茶人也有沿此追随的。"水艺水"更重视别具一格的心思、情调和文化怀念，有可能在实际上也提高了水的品质。

现代生活中用到最多的水是自来水。城市中的自来水大多含有较多的用来消毒的氯气，有些在自来水管中滞留较久的水还会有较多的铁质，用这种水沏茶会严重损害茶的香味和色泽。当水中的铁离子含量超过万分之五时，就会使茶汤变成褐色；而氯化物与茶中的多酚类化合物发生作用，会使茶汤表面形成一层"锈油"，喝起来有一种苦涩味。因此，人们摸索经验自己来重新处理沏茶用自来水，比如先将自来水盛在容器中贮放一天，待氯气等散发后再煮沸沏茶，或者是采用净水器将水净化，成为较好的沏茶用水等。

另外，还有一些不宜直接饮用的水。一是生水，河水、溪水、井水、库水等水体中都不同程度地含有各种各样的对人体有害生物和物质。二是夹生水，指自来水未煮开的水，自来水需要煮水温度达到100℃并继续沸腾3—5分钟，氯化水消毒灭菌处理过程中形成的有害物质随蒸气蒸发后，再用以沏茶饮用更安全些。三是千滚水，指沸腾时间较长或反复煮沸的剩水，这种水因煮沸时间过久，水中难挥发性物质，如重金属成分和亚硝酸盐含量以及有毒无机成分成倍乃至几十倍增加，影响或损害人体健康。四是老化水，指长时间贮存不动的"死水"，是不建议沏茶饮用的。

（三）水与茶汤

沏茶用水，不仅是水品的选择，还有水在与茶、火等其他元素之间共同完成茶艺的过程中，受到时间、温度、方式等方面因素的影响，也会直接关联茶汤滋味的形成。水接触茶后即为开汤，此后虽也是水之"体"，但其"神"已是"茶"，故为品"汤"，品汤既品茶也品水，显示出"非真水莫显其神"的效果。水与汤的关联性，除了水的品质，还有其他的影响因素，包括了水与茶的配伍比例，又称茶水比，水入茶时的开汤温度，从开汤到品饮的间隔时间，加入水的次数等，同样是水，在这些条件的影响下，在品饮茶汤时都会发生滋味的改变。

第三节　茶

　　茶是天地间的灵物，生于明山秀水之间，与青山为伴，以明月、清风、云雾为侣，得天地之精华，钟山川之灵禀，而造福于人类。唐韦应物说茶"性洁不可污，为饮涤尘烦"，陆羽把茶称为"南方之嘉木"，卢仝把茶饼称为"月团"，黄庭坚把茶称为"云腴"，苏东坡把茶比为"佳人"，乾隆皇帝把茶比作"润心莲"。这里，茶不仅含有大自然的信息，还有着丰富的人情感受。故而历代茶人，不仅要懂烹茶待客之礼，而且常亲自植茶、制作，课童艺圃。即使没有亲种亲制的条件，也要入深山，访佳茗，知茶的自然之理。茶是我们最熟悉的陌生人，茶艺极为重要的条件是：得到好茶。

　　茶叶，山茶科、山茶属，基本成分有：一是儿茶素类，俗称茶单宁，是茶叶特有成分，具有苦、涩味及收敛性，具抗氧化、抗突然异变、抗肿瘤、降低血液中胆固醇及低密度脂蛋白含量、抑制血压上升等功效。二是咖啡因，带有苦味，是构成茶汤滋味的重要成分，茶中特有的儿茶素类及其氧化缩和物可使咖啡因的兴奋作用减缓而持续，故喝茶可使人保持头脑清醒及较有耐力。三是矿物质，茶中含有丰富的钾、钙、镁、锰等 11 种矿物质，属于碱性食品，可帮助体液维持碱性，保持健康。

　　中国是茶树的原产地，茶树最早出现于中国西南部的云贵高原、西双版纳地区，人们使用茶源自神农氏年代始，距今已有几千年的历史。茶字在古代还有其他的文字代替，如荼、槚、荈、蔎、茗等，用这些字称呼的"茶"略有不同，一般认为，陆羽《茶经》基本统一了"茶"这一字。现代"茶"字的使用也有不同的对象：一是指茶树，如种茶、茶园；二是指茶的鲜叶，如采茶、炒茶；三是指干茶，如买茶、贮茶、送茶；四是指茶汤，如品茶、饮茶，在对汤的定义中，中国人还经常将其他植物的根茎叶等与茶叶一样地沏泡，也称之为饮茶。有趣的是，即便如此复杂的"茶"，中国人总能很清楚地分出所指的是哪种形态的茶。

　　茶叶从其客观要素看也有非常丰富的内容，以下从茶叶的类型、命名和品质等来分析其主要特征。

一、茶类划分

　　在中国漫长的茶叶发展过程中，历代茶人创造了各种各样的茶类，加上中国茶区分布很广，茶树品种繁多，制茶工艺技术不断革新，于是便形成了丰富多彩的茶类。

目前茶类划分的基本依据，是不同的加工方式产生了茶叶主要内含物变化，并且具有一定的系统性，按这些系统性物质性能的改变来进行茶叶分类。从历史上看，中国明代以前主要是绿茶，明代出现了红茶、黄茶、黑茶、白茶与绿茶共存，清代，乌龙茶的出现使六大茶类齐全，并且茶和制茶技术广泛地传播到了世界各国。

按照茶类划分的原则，中国茶叶分为基本茶类和再加工茶类两大部分，还有一种是花草茶，虽不属于茶类，但在日常生活之中常作茶饮，单独列为一类。

（一）基本茶类

以颜色冠名，分为六大类：绿茶、红茶、青茶（乌龙茶）、白茶、黄茶、黑茶。基本特征如下：

1. 绿茶。不发酵茶，干茶、茶汤、叶底形成"三绿"的品质特点。绿茶的基本工艺流程分杀青、揉捻、干燥三个步骤。杀青方式有加热杀青和蒸汽杀青两种，后者制成的绿茶称为"蒸青绿茶"。依最终干燥方式不同制成的绿茶为"炒青"、"烘青"、"晒青"。炒青分长炒青（眉茶）、圆炒青（珠茶）、细嫩炒青（如龙井）；烘青分普通烘青和细嫩烘青（如太平猴魁）；晒青有散茶和紧压茶（如青砖、沱茶）；中国蒸青茶主要是煎茶和玉露，用以出口的较多。绿茶是中国产量最多的一类茶叶，品种之多也是占世界首位。

2. 红茶。全发酵茶，红茶红汤红叶的品质特点主要是经过发酵以后形成的。基本工艺流程是萎凋、揉捻、发酵、干燥。根据产地和加工工艺又分为小种红茶、工夫红茶和红碎茶等。小种红茶以正山小种品质最好，工夫红茶有祁红、滇红，红碎茶经常加工为"袋泡茶"。

3. 乌龙茶。半发酵茶，外形色泽青褐，因此也称为"青茶"。典型的乌龙茶沏泡后，有"绿叶红镶边"之美称。汤色黄红，有天然花香，滋味浓醇，具有独特的韵味。乌龙茶因品种品质上的差异，分为闽北乌龙、闽南乌龙、广东乌龙和台湾乌龙四类。闽北乌龙最出名的是武夷岩茶，武夷岩茶最出名的是大红袍；闽南乌龙是乌龙茶的发源地，其最著名的是安溪的铁观音；广东乌龙以凤凰单枞和凤凰水仙最出名；台湾乌龙根据萎凋做青程度不同分为台湾乌龙和台湾包种两类，前者以冻顶乌龙最为有名。

4. 白茶。轻发酵茶，基本工艺过程是萎凋、晒干或烘干。白茶常选用芽叶上白茸毛多的品种，如福鼎大白茶品种。白茶因原料的不同，分芽茶与叶茶两类，白毫银针属于芽茶，白牡丹、寿眉属于叶茶。

5. 黄茶。制茶的前、中、后过程中闷堆渥黄，形成"黄汤黄叶"的品质特点。依原料芽叶的嫩度和大小分为黄芽茶、黄小茶、黄大茶三类。君山银针、霍山黄芽等属于黄芽茶，平阳黄汤属于黄小茶。

6. 黑茶。基本工艺流程是杀青、揉捻、渥堆、干燥。黑茶一般原料较粗老，加之制造过程中往往堆积发酵时间较长，因而叶色油黑或黑褐，故称黑茶。黑茶主要供边区少数民族饮用，所以又称边销茶，黑毛茶是压制各种紧压茶的主要原料。黑茶因产区和工艺上的差别有湖南黑茶、湖北老青茶、四川边茶和滇桂黑茶之分。滇桂黑茶中最著名的是普洱茶和六堡茶，又称特种黑茶，品质独特，香味以陈为贵。

（二）再加工茶类

以基本茶类做原料进行再加工以后的产品统称为再加工茶类，主要包括花茶、紧压茶、萃取茶、果味茶、药用保健茶和含茶饮料等几类。

花茶是用茶叶和香花进行拼和窨制，使茶叶吸收花香而制成的香茶，也称作熏花茶。窨制花茶的茶坯主要是绿茶中的烘青，也有少量的炒青、细嫩绿茶、红茶和乌龙茶。有的以窨制的花名定名，如茉莉花茶、桂花茶等，有的以原茶为名，如花毛峰、花龙井、花乌龙等。最为著名的要推选"茉莉花茶"。

紧压茶是由各种散茶经再加工蒸压成一定形状而制成的，根据原料茶类的不同可分为绿茶紧压茶、红茶紧压茶、乌龙茶紧压茶和黑茶紧压茶。

（三）花草茶

花草茶不属于基本茶类，它不含"茶叶"的成分，不属于山茶科山茶属茶叶种。花草茶指的是将植物之根、茎、叶、花或皮等部分加以煎煮或沏泡，而产生芳香味道的草本饮料。中国人习惯将非餐桌上的汤类统称为"茶"，如西洋参茶、菊花茶等，花草茶又称为"非茶之茶"。

花草茶伴随着茶艺的兴起也大肆流行起来，目前基本分化为两大流派：单品花草茶和复方花草茶。

1. 单品花草茶。单品花草茶是指茶饮中使用单一的植物，一般来说单品花草茶品质特征十分突出或优异，能给人们带来的极限口感和新鲜自然的体验，并有它出人意料或者出众的功用，常见的有菊花茶、玫瑰花茶、枸杞子茶等。有时单品花草茶会突出其药效的功能而淡化口感满足，比如，熏衣草有减轻头痛、喉咙痛等功效，但其味道浓烈，只限于特定人使用。

2. 复方花草茶。复方花草茶顾名思义即多种植物组合而成的饮品，它通过几种不同口味的花草调配，来追求色、香、味的完美，八宝茶是其中的典型。复方花草茶不仅要求味道甘香，各种原材料的交融匹配，更注重颜色的柔美，以期这样一种视觉和味觉上效果能够带给人们感官上的享受，并且兼顾每一种花草的保健特性。复方花草茶也常常有茶叶作为其中的配伍。因为不同植物的性能不同，复方花草茶的调制具有一定的技术性，一般应选择市场上常见的花草茶。

二、茶叶命名

老茶人说"茶叶学到老，茶名记不了"，中国产茶地广博，茶叶种类丰富，不同产地种类的茶叶，命名的方法五花八门。有的根据形状不同而命名，如六安瓜片、眉茶、碧螺春、君山银针等；有的结合产地的名胜命名，如西湖龙井、黄山毛峰、庐山云雾等；有的根据外形色泽或汤色命名，如银毫、竹叶青、霍山黄芽等；有的依据茶叶的香气、滋味特点而命名，如兰花茶、苦茶等；有的根据采摘时期和季节命名，如明前茶、秋茶、新茶等；有的根据加工制造工艺而命名，如炒青、花茶、紧压茶、发酵茶等；有的根据包装的形式命名，如袋泡茶、小包装茶、罐装茶等；有的按销路不同而区分，如内销茶、外销茶、边销茶等；有的依照茶树品种的名称而定名，如大红袍、水仙、铁观音等；有的依产地不同而命名，如英德红茶、祁门红茶、遂绿、径山茶等；有的果味茶、保健茶按茶叶添加的果汁、茎叶以及功效等命名，如人参茶、荔枝红茶、减肥茶等。

茶叶名称总体分为两种，一种是作为茶叶商品的名称，如西湖龙井、大红袍等；另一种是界定茶叶类型的名称，如明前茶、内销茶、袋泡茶等。第一种茶叶商品名称对茶叶品牌建设具有重要意义，它是一种文化现象。现实生活中，消费者在未接触到商品之前常常通过商品名称来判断商品的性质、用途和品质，一个好的名称可以提前赢得消费者的注意，一个简洁明了、引人注目、富于感染力的名称，不仅可以使消费者了解商品，还会给人们带来美的享受，从而刺激消费者的购买欲望。因此，兼顾茶叶品质特点及消费者心理特点进行商品命名是极其必要的。

　　茶叶商品命名有多种方法：

　　1. 直接命名法：直接、概括地反映或描述茶叶商品的形状、颜色、性质、成分、用途、产地等，高度提炼现象又呈现现象，走"直心是道场"的文化线路，直接命名的茶叶名称一般要求有差异性、显著性、新颖性，能有"道理"被消费者接受，比如"安吉白茶"名称，反映了茶叶的产地（黄浦江源头及生态旅游县）、显著性品质特征（特殊树种与叶底玉白色），也隐含了历史的沿用（《大观茶论·白茶》），直观又积极地激励了消费者对商品的热衷。

　　2. 历史名沿用法：中国几千年的茶叶生产史诞生了不少历史名茶和茶名，尽管岁序更叠有了较大的实体差异，但文化既依托实体又超越于实体的历史传承的意义会给茶叶商品带来光环，比如紫笋茶，原唐代贡茶，陆羽《茶经》及历代茶叶记载中均有出现，唐代茶叶加工为蒸青压制茶饼，与现代的紫笋茶大不相同。

　　3. 景物关联法：用移情的手法在茶叶名中添加云、仙、春、峰、红梅、竹叶等自然景物或现象，体现出茶叶从植物到寄予一定审美情趣和联想，这一类的茶名是最多的，如九曲红梅、庐山云峰等。

　　4. 拟人命名法：进一步诠释"从来佳茗似佳人"的意蕴，将茶叶商品人格化、故事化，产生文化联想，加深消费者对茶叶商品的印象，达到命名效果，如东方美人、龙谷丽人、铁观音等。"东方美人"是产于台湾的一种特殊乌龙茶（白毫乌龙），具有强烈的风格特征，数量稀少，"东方美人"引起了人们对它的向往和追寻，大多数消费者不知道它还有一个当地的名称"椪风茶"。

　　总而言之，命名中要突出茶叶商品的名称与实际状况相符合，应有科学性、独特性、文化性，简明易记，寓于情趣，能培养积极的情感，发挥文化感召的力量，激发消费者分享和购买的欲望。

三、品质的形成

　　茶叶品质是指茶叶在色、香、味、形等方面的表现程度。茶叶的品质判断不是易事，要想得到好茶叶，需要掌握大量的知识，如各类茶叶的等级标准，价格与行情，以及茶叶的审评、检验方法等。古人对茶的品质鉴别是十分重视的，所谓"色味香品，衡鉴三妙"，唐代陆羽的《茶经》、宋代赵佶的《大观茶论》、明代冯可宾的《岕茶笺》等都有详细的描述和说明。茶艺师应了解茶叶色、香、味、形的特征在生产加工过程中如何形成，茶艺师是否有方法得以改进，以及在沏茶过程中如何扬长抑短等，来实现茶艺能达到的目标和效果。

（一）茶叶色泽的形成

茶叶的色泽分为干茶的色泽、茶汤的色泽和叶底的色泽三部分。鲜叶的色泽基本上是绿的，从嫩度的变化来说，是中间绿，两头黄，嫩度越高，绿色越浅而嫩黄，粗老的则带枯黄。不同茶类的茶叶因系统物质性能的差异性，形成不同的色泽表现。

绿茶。杀青抑制了酶活性，虽然叶绿素在高温下一部分被破坏，但大部分仍保留下来。绿茶在加工过程中采取各种技术尽量避免氧化作用，形成"三绿"的特性，即干茶、茶汤、叶底都呈绿色。

黄茶。在"闷黄"的过程中，产生轻微的自动氧化，叶绿素被破坏，而多酚类初步氧化成茶黄素，形成"三黄"特征。

黑茶。在"堆积"过程中进行充分自动氧化，使干茶成为褐色，茶汤成为红褐色，叶底呈青褐色。

白茶。只萎凋而不揉捻，酶活性虽增强，但与空气接触机会不多，没有充分氧化，又，嫩度高，芽叶上白色茸毛多，所以干茶和叶底都带银白色，茶汤带杏黄色。

红茶。萎凋后经揉捻或揉切，在发酵过程中充分氧化缩合，使茶汤和叶底都呈红色，如发酵过度则变成红暗色，干茶因含水量较低，呈乌黑色。

乌龙茶。经过晒青、摇青、做青，部分叶绿组织被破坏，进行了部分发酵或半发酵，使叶底成为"三红七绿"；汤色橙红；干茶色泽青褐。

（二）茶叶香气的形成

各种茶叶香气的形成可概括为四条途径：一是鲜叶中原有的青气散发，微量时带清香，还有微量形成花香；二是发展鲜叶中原有的芳香物质；三是在加工过程中形成芳香物质；四是茶叶吸收鲜花中的香气。鲜叶中青气成分的沸点在160℃，所以用高于160℃的高温杀青，能使青气绝大部分在几分钟内挥发，微量在高温下转化为清香，这是中国绿茶的传统工艺——锅炒杀青能形成高香品质特征的理论基础。在加工过程中，除高温杀青外，还采用低温长炒或长烘，使鲜叶中原有的芳香物质充分发挥出来。不同的加工工艺形成了不同的香气。最后在干燥过程中，利用不同的火工，也会形成不同的香气。

（三）茶叶滋味的形成

形成茶叶滋味的物质都是水溶性的，多酚类及其氧化产物是决定茶叶滋味的基本成分。多酚类的滋味是涩的，具有较强的收敛性，所以，多酚类含量较低的鲜叶适宜于制作绿茶、黄茶和黑茶，黄茶和黑茶分别经过"闷黄"和"堆积"，发生不同程度的自动氧化，减轻涩味，使滋味变为甘醇。萎凋、揉捻等工艺使过程中发生酶促、氧化，形成不同的滋味。

（四）茶叶形状的形成

茶叶形状的形成决定于加工过程。有些茶叶杀青或萎凋后不揉捻，经干燥，茶叶基本保持自然形状，如白毫银针、瓜片等；有些茶叶杀青后揉捻，晒青或烘干，茶叶保持揉捻叶的形状，如晒青绿茶；鲜叶萎凋后揉捻或切碎，再发酵烘干，茶叶也基本保持揉捻叶或切碎叶的形状，如工夫红茶、红碎茶；当杀青叶经揉捻后炒干或半烘炒，在炒干过程中运用不同的手法或机械，在揉捻叶形状的基础上，进一步造型，就可以形成如条索细紧的眉茶，颗粒圆结的珠茶，螺旋形的碧螺春，针形的雨花茶等。杀青叶不经揉捻，直接炒干，在炒干过程中用巧妙的手法造型，如扁平光滑的高级龙井及一些炒青名茶。还有一些茶类，它们经过蒸压在模子里形成各种形状，如砖茶、饼茶、沱茶等，称之为紧压茶。

（五）茶叶包装保存

好茶叶还需要好的保存条件。一个是茶叶的包装，绿茶、轻发酵乌龙、黄茶、白茶等容易受到外界影响，因此包装盒容量要小一些，一二两装的为多，减少使用过程的"漏气"，岩茶、单枞、红茶等包装盒的容量大一些，普洱等对包装的密封及容量要求低一些。目前有不少茶叶分袋包装，一次一泡，也十分科学。茶叶贮藏过程中的品质变化主要表现在：茶叶含水量增加、滋味物质减少、香气变差、茶叶及茶汤色泽变红变暗等。导致这些变化的主要因素是水分、温度、氧气、光线、异味等。

1. 水分。茶叶品质的变化主要是由一系列化学变化所引起的，而水分是使化学、生物反应得以顺利进行的重要媒介，所以，茶叶的含水量越高，其化学反应的速度越快，从而加快了茶叶色香味的变化。因此，要避免茶叶在包装和贮藏过程中变质，必须使茶叶加工后的含水量保持在6%以内。

由于茶叶很容易吸湿，如果周围空气中相对湿度大，茶叶就会因吸湿而增高茶叶中的含水量，导致茶叶品质下降。研究表明，在贮藏期间如果空气相对湿度在50％以上，茶叶含水量就会显著升高。如果把茶叶暴露在常温常湿的环境中，就会很快因吸湿而变质；空气相对湿度愈大，变质速度就愈快。所以，密封的包装材料和降低环境相对湿度是茶叶贮藏的重要措施。

2. 温度。环境温度越高，茶叶品质劣变的速度就越快。据研究，在一定范围内，温度每升高10℃，绿茶色泽褐变的速度要增加3—5倍。采用低温冷藏是目前常用的方法，一般选择1—5℃的冷藏仓库是比较经济适宜的。

3. 氧气。茶叶贮藏期间品质劣变，多数与茶叶中的有效成分（如茶多酚、维生素C、类脂等物质）的缓慢氧化有关。因此，如果在茶叶贮藏期间能隔绝空气，或降低其中氧气的含量，则对保持茶叶品质有利。现在也有采用排除氧气的真空或冲氮包装，来提高茶叶的保存品质。

4. 光线。茶叶在光照下贮存，茶叶中的色素很快由乌黑变成棕褐色。光照后的茶叶会发生光化学反应，加速茶叶的陈化，因此，茶叶的贮藏应采用不透光的材料和容器。

5. 异味。茶叶一般以多孔的和比较疏松的状态，以及含有能吸收异味的化合物存在，所以它具有较强的吸收异味的能力。存放茶叶的容器一定要干净无味，不与其他食物混放，以免串味而损害茶叶的香气。

还有一些茶叶，比如普洱茶，对存放地点不挑剔，只要不受阳光直射，储存环境阴凉通风干爽，远离污染或香皂、蚊香、樟脑等气味浓厚的物品即可。用陶罐、陶瓮或陶缸储藏，缸口不必密封，蒙上一层牛皮纸遮挡住灰尘，每过3—5个月将所储之茶翻动一下，最好是长年保持在20℃—30℃之间，年平均湿度不要高于75％。岩茶一般也不采用低温储藏，可采用普洱茶的保存办法，加之复焙的方式保持干燥，能喝出不同时段茶的奇妙滋味。

四、茶叶审评鉴别

茶叶品质的鉴别主要有两种方式：理化审评和感观审评。理化审评是用仪器仪表分析化验等物理化学方法测定茶叶的理化性态，主要检验的项目有茶叶水分含量、茶叶中农药残留量、茶叶浸出物测定、茶叶灰测定、茶叶粗纤维的测定、茶叶粉末和碎茶含量的测定等。理化检验的检验环境要求标准高，需要配备的仪器比较多，检验的周期长，一般地方检测机构和茶叶经销单位都难以配制，所以只有国家茶叶质量监督检测中心作为茶叶审评机构，在年检各地方抽样茶叶时使用。一般的茶叶经销商、爱好茶叶的人士、普通的茶叶消费者要对茶叶进行鉴别评定，要区别名优茶的质量，只能靠感官审评来解决。感官审评不需要仪器设备，只用人的感觉器官，即用手摸、眼看、嘴尝、鼻子嗅等来品评茶叶的质量、级别程度。这种方法比理化检验简单、直观，而且更为准确，是检验茶叶的通用方法。

（一）干看评外形

外形是茶叶品质的综合表现。首先，用双手捧起一把茶叶，放于鼻端，用力深深吸一下茶叶的香气。一看是否具有茶叶的香气；二是辨别香气的高低；三是嗅闻香气的纯正程度。凡香气高、气味正的必然是优质茶；凡香气低、气味不正的就是粗老茶，或者劣质茶。然后，抓一把茶叶平摊于白纸上，看一下干茶的色泽、嫩度、条索、粗细、整碎等。凡色泽匀正，嫩度高，条索或颗粒紧实，粗细一致，碎末茶少的，是上乘茶叶。如果条形茶条索松散，叶脉突出，叶表粗老，色泽不一，身骨轻飘，片、末、老叶多；圆形茶颗粒松泃，大小不一，色泽花杂，都算不得好茶。对同一种茶，要求大小、粗细相对一致：在扁茶中无圆茶，在圆茶中无扁茶；在直条茶中无弯条茶，在弯条茶中无直条茶；在长条茶中无短条茶，在短条茶中无长条茶；在厚张茶中无薄张茶，在薄张茶中无厚张茶等。另外，审评茶叶水分，将一把茶叶抓于手中，用力握紧，感觉茶叶刺手，条索能折断，用手指能捻成碎末，为干茶。

（二）湿看识内质

湿看，就是开汤审评。取欲审评的茶叶 3—5g，放入白色瓷杯（碗）中，然后冲上滚沸适度的开水 200ml 左右。开汤后，先嗅香气，接着看汤色，再尝滋味，后评叶底。

1. 嗅香气。茶叶经杯中沏泡后，立即倾出茶汤，将茶杯连叶底一起送入鼻端进行嗅香，凡闻之茶香清高纯正，使人有心旷神怡之感者，可算上乘好茶。在嗅茶叶香气时，要热嗅、温嗅和冷嗅相结合。热嗅的重点是辨别香气的正常与否、香气的类型如何，以及香气的高低；冷嗅的重点是判别茶叶香气的持久程度；而温嗅则可比较正确地判断茶叶香气的优劣。一般认为在将沏泡后的茶叶，倾去茶汤嗅叶底香气时，叶底温度在

50℃—60℃，其准确性最好。

2. 看汤色。茶叶汤色主要是茶叶内含成分溶解于水所呈现的色彩。这些溶解于水的茶叶内含物质，与空气接触会发生变色，所以，看汤色应及时进行。一般在茶叶沏泡3—5分钟后，倾出杯中茶汤于另一碗内，在嗅香气前或后立即进行。茶汤审评，应结合茶品，按汤色性质以及明暗、深浅、清浊等评比优次。一般来说，凡属上乘的茶品，尽管由于茶类不同，色泽有异，但汤色明亮有光却是一致的。

3. 尝滋味。茶叶是一种风味饮料，不但不同茶类风味不同，而且即使是同种茶类因产地不同，其味感也是不同的。茶叶中的不同风味是由茶叶中的呈味物质的数量和比例决定的，如果各种成分的数量和比例适当，那么茶汤滋味就鲜醇可口，受到人们的欢迎。不过，由于各人的爱好不同，往往各有偏爱。一般认为，绿茶茶汤浓醇爽口，属上等绿茶；红茶茶汤则要求"浓、强、鲜"，即滋味浓厚、强烈、鲜爽。

尝茶汤滋味应在看汤色后立即进行。尝滋味的茶汤温度一般以50℃左右最适合，若茶汤温度太高，味觉会受到强烈刺激而麻木；若茶汤温度太低，一是降低了味觉的灵敏度，二是会使茶汤中的呈味物质析出，从而影响茶汤的审评结果。同时，由于人的味觉器官——舌的不同部位对滋味的感觉是不同的，所以，尝茶汤滋味时，必须使茶汤在舌头上循环滚动，这样才能正确而全面地辨别茶汤滋味。尝滋味主要评定茶汤的浓淡、强弱、爽涩、纯异、鲜滞等。

4. 评叶底。评判茶叶经沏泡去汤后留下的叶底，看其老嫩、整碎、色泽、均杂、软硬等情况以确定质量的优次，同时还应注意有无其他掺杂。评叶底时要充分发挥眼睛和手指的作用，手指按揿叶底的软硬、厚薄等，眼睛看叶底的老嫩、光糙、色泽、匀净等，从而区别茶叶的好坏。

茶叶质量的审评，一般通过上述干看外形和湿评汤色、香气、滋味、叶底等五个项目的综合考评，才能正确评定茶叶质量的优次和等级。要真正评出好茶，还要多参与茶叶的品评，了解各种名茶的特点，需要不断积累经验。凡质优的茶叶必然是色泽正，香气高，滋味醇，形状美；而质次的茶叶必然是色泽花杂，香气低沉，滋味粗淡，形状不正。

第四节　火

要饮上一杯色、香、味、形兼备的佳茗，仅有好茶、好水是不够的，还必须做到茶、水、火"三合其美"。宋代苏辙在《和子瞻煎茶》诗中曰："相传煎茶只煎水，茶性仍存偏有味。"意思是说，要煎好茶，首先就要烧好水。明代田艺蘅在《煮泉小品》中也提到："有水有茶，不可以无火。非无火也，失所宜也。"即要沏上一杯好茶，仅"有水有茶"是不够的，还须注重"火"。就是说，要掌握好烧水的"火候"，否则就会"失所宜也"。可见，要想饮上一杯好茶，品上一杯有欣赏价值的佳茗，千万不可低估烧水的学问。实践表明，好茶无好水，固然不能发挥出茶的特有风味；甚至给人以"厌饮"之感；但有了好茶、好水，而烧水的"火候"失宜，"过老"或"过嫩"。同样也会使茶的"本质"得不到充分发挥，利用价值低下，甚至变质。

宜茶之火，是通过火候与候汤两个方面来获得满意的沏茶之汤水。火候，是指煮水的火力；候汤，是对沏茶用水温度的定夺。

一、燃料与火候

沏茶用水要做到"活火快煎"，关键在于"活火"，有了"活火"，必然会缩短烧水时间，符合"快煎"的要求。那么，何谓"活火"呢？唐代李约认为，"活火"是指"炭火之焰者"，即炭火而有焰的。如今用液化石油气，取活火十分方便，呈蓝色火苗即可，昔时用柴或炭烧就难了。唐代陆羽认为烧水燃料，以木炭为最好，硬柴次之。接着又进一步提出凡有烟腥味的木炭、含油脂的木炭，以及腐朽的木器都不宜使用。明代田艺衡认为，木炭不能常得，提出烧水燃料亦可用干松枝，"遇寒月多拾松实房，蓄为著茶之具，更雅"。许次纾在《茶疏》中说："火必以坚木炭为上。然木性未尽，尚有余烟，烟气入汤，汤必无用。故先烧令红，去其烟，兼取性力猛炽，水乃易沸。"不让"烟柴头"污染了茶水。同时要"炉火通红，茶铫始上。扇起要轻疾，待汤有声，稍稍重疾，斯文武之火候也"（张源《茶录》）。水须武火煮沸，不可用文火炖熟，扇法的轻重徐疾，也得有板有眼。

现代生活已很少用柴和炭来烧水了，但也要达到以下两点要求：一是热源的燃烧性能要好，产生的热量要大而持久，这样才不至于出现因热量太低，或热量忽高忽低，而延长烧水时间，致使烧出来的水失却鲜爽、清新之感；二是作为热源的燃烧物不应带有烟气或异味，以免污染沏茶用水，进而影响茶叶的清香味。

二、候汤的情趣

在中国饮茶史上，宋代以前，饮茶时先用文火烤茶，尔后将茶研碎，再加水调盐入釜烧煮，分酌而饮，故称此方式为煎茶。在煎茶过程中包括了烧水和煎茶两道工序。对于烧水，陆羽在《茶经》中称："其沸，如鱼目，微有声，为一沸；缘边如涌泉连珠，为二沸；腾波鼓浪，为三沸，已上水老，不可食也。"依陆羽之见，烧水以"鱼目"过后，"连珠"发生时最为适宜。唐代温庭筠在《采茶录》中提出烧水要用"活火"急燃，不能用"文火"久烧。宋代苏轼在《试院煎茶》中也认为"活水还须活火煎"。宋代蔡襄在《茶录》中说："候汤最难，未熟则末浮，过熟则茶沉。"这些说法，是符合科学道理的。用"过熟"的沸水沏茶，由于在这种沸水中的二氧化碳已经挥发殆尽，使得沏出来的茶汤鲜爽味大为逊色。所以，沏茶用水，烧之得当，对茶的利用，以及沏泡茶水的质量，都有着极其重要的作用，不可忽视。

宋代开始，随着茶类的发展，原来的煮茶、煎茶方法逐渐为点茶法所替代。特别是明代以后，由于散茶饮用日益普遍，用沸水沏泡茶叶的点茶法就更为普及。沏茶是采用沸水直接沏泡茶叶，因此，沏茶对水的作用和要求也就显得更为重要，诸如对沸水的"老"与"嫩"，燃料的"活"与"朽"，火候的"急"与"缓"，有了更高的要求。于是，对如何掌握烧水程度，研究者众多。有人以"声"辨别，如宋代的罗大经在《鹤林玉露》中认为："松声桂雨到来初，急引铜瓶离竹炉。"有人以"形"去判断，如宋代的苏轼以"蟹眼已过鱼眼生，飕飕欲作松风鸣"时为度。而明代的许次纾《茶疏》中提出："水一入铫，便需急煮，候有松声，即去盖，以消息其老嫩。蟹眼过后，水有微涛，是为当时；大涛鼎沸，旋至无声，是为过时。过则汤老而香散，决不堪用。"认为沏茶用水以烧至"蟹眼过后"，有"微涛"时为度。倘若"大涛鼎沸"，直至"无声"，就过度了，"决不堪用"。明代的张源对如何烧好沏茶用水更有精辟之见，他在总结前人沏茶用水的基础上，在《茶录》中提出了"三大辨"和"十五小辨"作为掌握烧水程度的识别方法，并以此防止烧水出现"老"与"嫩"。

古往今来，人们都知道用未沸的水沏茶固然不行；但若用"大涛鼎沸"，或多次回烧，以及用蒸汽长时间加热煮沸的开水沏茶，都会使茶叶产生"熟汤味"，口感变差。烧水时间过长，或经多次回烧的开水，由于水蒸气大量蒸发，使得留剩下来的水中含有较多的盐类及其他物质，特别是亚硝酸盐含量相对增加，以致茶汤苦涩味加重，汤色变得灰暗。所以说，"水老不可食"是有道理的。

　　不同时代茶艺方式不一，对火候和候汤的要求也不相同，柴火候汤自然是少见了，炭炉被一些钟爱的人保留了下来，也是极少的，大部分人将水烧开的主要能源来自方便又清洁的电，这样也少了许多古人费力又饶有趣味的烧水生活了。又有一些新式的茶艺，开始用冷泡法沏茶，直接向"火"发起了革新。不过，对大部分人来说，还是用烧开后的水来沏茶最为合适。

第五节　境

　　境，对中国人来说是最为复杂的对象，它本来是一个自然客观的对象，但东方文化常常习惯于移情入境、以境言志、情景交融，因此，往往在客观的景象中比照人格的意义，也同样将人的情感寄寓在境景之中。唐代诗人王昌龄《诗格》中说："处身于境，视境于心。莹然掌中，然后用思，了然境象，故得形似。"其后中国美学有了一切景语皆情语，融情于景，寓景于情，情景交融，自有境界的主张。在这样的文化背景下，饮茶作为中国自古以来典雅生活方式的代表，饮茶之境，虽指饮茶时的地域风情、自然景色、人工设施、节令气候等条件，也被历代文人不断地人格化，不仅在景、在物，还要讲人品、事体。翰林院的茶宴文会，虽为礼仪，也不少风雅；文人相聚，松风明月，自有包含宇宙的胸怀和气氛；茶肆茶坊、家中瀹饮，轻松欢快、情意绵长；边疆民族奶茶盛会，表达民族的豪情和民族间兄弟情谊；时令饮茶，春华秋实，讲究回归自然，以"一叶且或迎意，虫声有足引心"浸染其中。

一、古人茶境情调

　　茶的品饮环境，历代都有众多的叙述。其中说得最详细的要数明代冯可宾的《岕茶录》，在"宜茶"中提出适宜品茶的 13 个条件，即一要"无事"：个事皆可一缓，独有闲趣瀹饮；二要"佳客"：以茶迎客，茶气相投，情怀不已；三要"幽坐"：择静僻处，清静无为，把壶玩香；四要

"吟诗"：言之不足故嗟叹之，嗟叹之不足故咏歌之，茶性使然；五要"挥翰"：泼墨点茶，茶香书韵，韵高风雅；六要"徜徉"：可踏足翠竹小径，可遨游万里风光，一茶一念，闲庭信步；七要"睡起"：香茗在手，才觉神清气爽；八要"宿醒"：宿醉破醒，唯茶功高；九要"清供"：案头高雅趣味，古朴遗风，了然于壶茗之间；十要"精舍"：陋室设名器，茶不在形而在神；十一要"会心"：人茶合一，会心不远；十二要"赏鉴"：格物致知各色茶，谦虚不偏执；十三要"文僮"：茶僮茶伴应手协助，和谐默契，浑然天成。

与宜茶 13 个条件相应的，冯氏还提出了不适宜品茶的"禁忌" 7 条，即不利于饮茶的 7 个条件，它们是，一"不如法"：指烧水、沏茶不得法；二"恶具"：指茶器选配不当，或质次或玷污；三"主客不韵"：指主人和宾客，口出狂言，行动粗鲁，缺少修养；四"冠裳苛礼"，指官场间不得已的被动应酬；五"荤肴杂陈"：指大鱼大肉，荤油杂陈，有损茶的本质；六"忙冗"：指忙于应酬，无心赏茶、品茶；七"壁间案头多恶趣"；指室内布置零乱，垃圾满地，令人生厌。

明代徐渭在《徐文长秘集》中作了概括性的说明："茶宜精舍，云林，竹炉，幽人雅士，寒宵兀坐，松月下，花鸟间，清白石，绿鲜苍苔，素手汲泉，红妆扫雪，船头吹火，竹里飘烟。"与徐氏同时代的许次纾，也在《茶疏》中提出了"宜于饮茶二十四时"，即："心手闲适，吹歌拍曲，鼓琴看画，披咏疲倦，歌罢曲终，夜深共语，意绪梦乱，杜门避事，明窗几净，洞房阿阁，访友初归，小桥画舫，荷亭避暑，儿辈斋馆，宾主狎狎，风日晴和，茂林修竹，小院焚香，清幽寺观，佳客小姬，轻阴微雨，课花责鸟，酒阑人散，名泉怪石。"这些文人雅士对茶境的描述，使品茗情趣带上了几分神奇的色彩，也充分说明中国自古以来，就十分重视品茗环境，这是因为传统文化主张"天人合一"，认为人与自然应成为和谐的一体。一个有修养的人，就要把握好自然，使人的生命活动与自然的环境条件相契合。

上述茶人所追求归纳起来，宜茶之境包括了品饮者的心境、茶本身的境遇、人际间的关系、艺文之境，以及周围自然环境等。饮茶，既是物质享受，又含艺术欣赏，茶人们对茶境必然有所选择，使心与大自然相互感应，来获得道的追求。

二、境的空间

茶艺之境既是人们浓重的人文寄托和审美玄想的内容，也是有迹可循的客观对象，它通过茶艺师的技术和修养来实现具体的构造，同时也成为人们承载理想而借助的一种载体。茶艺之境大致分为三类：茶席、艺境、环境，茶席是茶艺之境的核心空间，艺境是对茶席的补充，环境是茶席的延展和修饰。

（一）茶席空间

茶席，又称泡茶席，是茶具的组合空间和人文主题。在茶席中不仅具体刻画了茶、水、器、火、境的序列和线条，也暗示了茶艺师与饮茶人介入的位置和态度。茶席是茶艺师依据茶艺主题，以一定物质材料和手段创造的满足饮茶活动的可视静态空间形象作品，它以茶汤的形成为核心，围绕主泡器、品饮器等主要材料构造具有点、线、面、体、色彩及肌理等视觉美感的造型艺术。茶席是茶艺活动中客体的展现空间，是茶艺师实现技术和审美对象的中心区域；茶席是由茶艺师设计的，因此也满足茶艺活动的基本要求：第一，茶席的布置要符合泡茶的逻辑，茶席中主要物质材料——茶具，各自在沏茶任务中都有特定的功能和角色，既要充分发挥茶具的性能，同时也要合理便利；第二，茶席要体现生活方式约定的规范性，茶艺受到日常生活的制度规定，体现在对不同器物的高低、前后、上下或简约或繁复的选择在空间形象的摆设安置；第三，茶席要满足艺术作品的审美要求，茶席是茶艺造型艺术的主要载体，是一个艺术作品；第四，茶席是在统一的主题下对器物的集合和创作，茶席并非是物质材料的简单组合，它承载了茶艺的主题思想，因此，虽然是客观物质，人们往往在茶席中更能体会出印象深刻的人文意蕴。茶席作品是茶艺师素养和能力的表达，也是主宾之间静默的深度对话。

茶席最突出的特征还是在于美感。茶席通过茶具的组合，形构出点线面的几何之美，圆壶、圆杯、方盘、方巾、茶匙、匙枕等，摆出雁阵、平行线、圆弧、鱼钩等式样，点面结合，遥相呼应，有着整齐惬意之美；茶席器物以感怀四季、日月、花草鱼虫的铺陈渲染，将沏茶饮茶置于借景抒情、情景交融的境界之美；茶席精于描摹古风、民风、俗事的饮茶形式，以好古力学、志乐天下之善的情怀，抒发了怜惜珍爱之美。极致的简约茶席还可体现出禅机之美。

（二）艺境

艺境是依据茶艺主题对其他艺术活动或作品的融合，是对茶席的补充。艺有多种形式：琴、棋、书、画、诵、歌、舞，插花、焚香、赏供等。艺境可以与茶席共同组成视觉艺术，比如挂画、赏供；也可以融合加入动态艺术，比如在茶艺活动的同时表演书法或舞蹈等。在中国，音乐对茶艺之境的烘托和塑造作用是比较大的，一个有强烈感染力的好音乐往往能将茶艺的主题画龙点睛地凸显出来，直抒心意。荀子在《乐记》中说："德者，性之端也；乐者，德之华也。"古人一直以来都强调音乐在人修养历程中发挥的作用。

音乐的选择一般有古典名曲，幽婉深邃，韵味悠长；也有现代茶乐，清雅空灵，朗朗欣喜；还可以是精心录制的大自然之声，如山泉飞瀑、小溪流水、雨打芭蕉、风吹竹林、秋虫鸣唱、百鸟啁啾、松涛海浪等，都是极美的音乐。这些音乐会把自然美渗透进茶人的灵魂，会引发茶人心中潜藏的美的共鸣，为品茶创造一个如沐春风的美好意境。

一边饮茶，一边有琴棋书画相伴，也是一件美事，养性怡情，清净洒脱，挥翰泼墨，雅趣相投。陆游的"矮纸斜行闲作草，晴窗细乳戏分茶"，提供了一幅悠然咏茶的美妙艺境。艺境还可以根据主题选择插花、点香、装饰等，营造艺术美感，能引人进入以茶为艺的特定场景。

（三）环境

环境，即茶艺的场所，它包括了外部环境和内部环境两个部分。对于外部环境，中国茶艺讲究清幽野趣，返璞归真，天人合一。唐代诗僧灵一的诗："野泉烟火白云间，坐饮香茶爱此山。岩下维舟不忍去，青溪流水暮潺潺。"钱起的诗："竹下忘言对紫茶，全胜羽客醉流霞。尘心洗尽兴难尽，一树蝉声月影斜。"他们所描述的都是茶人对自然环境的追求。品茶的内部环境要求窗明几净，格调高雅，气氛温馨。在明代，茶人们就专门设计了"茶寮"，用于饮茶。屠隆《茶说》"茶寮"条记："构一斗室，相傍书斋，内设茶具，教一童子专主茶设，以供长日清谈，寒宵兀坐。幽人首务，不可少废者。"张谦德《茶经》中也有"茶寮中当别贮净炭听用"、"茶炉用铜铸，如古鼎形，……置茶寮中乃不俗"。明清时期专用茶寮的出现，使日常生活的茶事有了固定的场所。

茶席与环境、艺境相辅相成，环境提供了安置茶席的场所，茶席的出现赋予环境饮茶氛围和玄想，艺境的文化气质唤起默契的想象力。陆羽

《茶经》在"九之略"中讲述了自然环境和室内环境的差异性。在室内环境，"城邑之中，王公之门，二十四器阙一，则茶废矣"。茶具的规定性要求了茶席精益求精的完美追求。自然环境中，茶席中一些茶具可以略去，因为在山野清泉中可以获得，唐代如此，现代也一样可以做各种的尝试，茶艺师体会自然界带来的灵感，道法自然，返璞归真，以智慧和修养借用自然环境给予的器物，达成钟灵毓秀、含英咀华的自然之子风度。乾隆皇帝在《春风啜茗台》中写道："山巅屋亦可称台，小坐偷闲试茗杯。拂面春风和且畅，言思管仲济时材。"虽在拂面春风中品茗，讲着"偷闲"，心里还是在谋求济时安邦之才，体现出茶人气质。

第六节　茶艺师

茶艺师是茶艺活动的主体，茶艺师利用其专门化的能力、技术和修养，完成了从茶（自然属性）—茶汤（人格化）的过程，也实现了人类普遍理想的具体表达，体会日常生活中的敬畏和崇拜，对生活琐事的珍爱、生活秩序的仪式感、生活不显露处的谨慎等，承担人生所有的不完美和遗憾，却在其中享受和分享茶艺创造的浪漫、充盈和宁静。

茶艺师是茶艺生活的实践者，日常生活是茶艺师从技能训练到生活方式养成的基本场所，茶艺师首先要成为一个合格的生活实践者，适应和热爱生活，在"做生活"的过程中仔细体会"清、和、简、趣"的茶艺精神，逐渐培养自己有更大的责任与理想。茶艺师应该在最基本的"清洁、礼仪、生活实践"领域体现自己的茶艺主体角色。

一、清洁

清洁是人类文明的起步，也是茶艺师首要的生活训练与生活习惯。清洁要求在茶艺活动以及关联的生活内容中，保持物品、环境和个人的清爽洁净，它包括了干净、整洁等内容。茶艺清洁的另一层含义是自然的洁净，在茶艺活动中强调人与自然更贴切的对话和理解，以一种"自然心"来看待茶艺的清洁事务。

（一）干净

干净是以清洗等方式使物品、环境和个人不留污渍，干爽、卫生。茶叶沏泡饮用过程中比较容易留下茶渍，茶器具的材料也比较繁多，保持茶器具的干净必须要了解器具的特殊性，才不至于为了干净而损坏了器具。比如紫砂壶的特殊结构，要求清洗时不可用洗洁精等亲油物质来洗涤，或沾染护肤霜，否则一把壶就作废了。茶匙、茶则等器具只接触干茶，本身比较洁净，同时又作为茶人连接茶叶的工具而产生象征意义，代表历代茶人之手手相传的厚重感，因此绝不能碰到水，更不能作他用，只能用干净的帛纱拂拭或用手搓摸，以示敬畏。茶渍留在棉织物上比较难以清洗，选择一些接近茶色的、又比较容易吸水的织物来制作茶巾、铺垫等物品，也是干净的内容。

干爽卫生对茶器具是极重要的，一般器具清洗后都要求沥干、拂干、晒干或烘干，并达到卫生的要求。比如玻璃品饮杯使用频繁，可以消毒方式来保持干爽、卫生；小啜杯常常在沏茶的过程中招待不同的客人，茶人们常用煮沸的方式来达到卫生标准。有些器具的使用一定要有干爽的步骤，否则会损坏，比如铁壶使用后一定要烘干，避免留存的水渍在壶内产生铁锈；品饮杯与杯垫之间会因为水的表面张力而假吸，在拿起品饮杯时可能会摔下杯垫。饮茶环境和个人也要求干净卫生，茶艺师不仅要有良好的个人卫生习惯，还特别要求手的干净。手是茶艺师的舞台，因此要勤洗净、勤剪指甲，不戴首饰，犹如"素手汲泉、红妆扫雪"的画面，不涂护手霜等有气味的物质，以免玷污了茶味。茶艺师感冒、咳嗽，或患有传染性疾病，或手部患病或有伤口时，不宜沏茶招待别人，沏茶时尽量不要说话，以免唾沫或口气沾染了茶叶、茶汤。

（二）整齐

整齐是以有秩序、无障碍等标准，使物品、环境和个人保持整齐、光洁。茶器具比较繁多，有些器具珍贵，有些比较易碎，有些器型别致，因此不同类型的器具应分别堆放、陈列，来保证器具安全和使用时得心应手。在开展茶艺活动时，展示的和不展示的茶器具都应该整齐、洁净地安置。环境的整洁尤其重要，在类似日本茶室这样规定性极高的环境，其整洁的要求也较高，涉及了茶室、水屋、玄关和露地等场所的细致规定；对于一个简单的茶寮，也要求室内环境的有条不紊；即便只有一个角落或一张茶桌能充当品饮的环境，也要竭尽所能地保持这个角落的无碍和整洁。

茶艺师个人有秩序、无障碍的整洁，在妆饰上，要求素面或淡妆，避免使用气味太重的香水或化妆品，干扰茶的欣赏；除去不必要的饰品，不宜佩戴太多、太抢眼的首饰，尤其是带有链子的手环或手表，不仅容易将茶具绊倒，还会影响沏茶素净的美感；扎紧头发，勿使之散落到前面，否则容易不自觉地用手去梳拢它，破坏沏茶动作的完整性，也容易造成头发的掉落；露出前额或刘海，不挡视线，光洁示人；在服饰上，符合茶境的穿着，除了配合茶会的气氛外，还要考虑与茶席，尤其是茶具的配合，不要穿宽袖口的衣服，容易勾到或绊倒茶具，胸前的领带、饰物要用夹子固定，免得沏茶、端茶奉客时撞击到茶具，鞋子要方便行走送茶等。

（三）自然心

自然心是在干净、整洁的过程中，要充分体现出茶之自然心境。自然心是干净整洁之后茶艺师创造出的第二自然，是一种允容、撷趣的人与自然的情感，表现了对俗世美的一种洗涤状态。干净、整洁的茶室小径，应着秋天的景色又摇下一地的落叶；点好一碗茶，大家轮流品饮分享；草庵茶室，带有茶垢的老壶，随遇而安的匙枕、盖置、具列，减之又减的茶人心态，来显露出优雅的清贫。对茶艺来说，基础性干净整洁是物品、环境、个人提出的第一步要求，只有茶艺师以自然心的态度实施清洁的过程，才能达到茶艺清洁的要求。

自然心是茶艺师通过茶艺训练不断提高自身修养，获得审美感悟后，以心灵的洁净完成具象的清洁过程的体现，是心净之清。

二、礼仪

一个人的仪表、仪态，是其修养、文明程度的表现。古人认为，举止庄重，进退有礼，执事谨敬，文质彬彬，诚于中而形于外，代表了一个人的尊严与修养，仪容仪态是一个人美好心灵的自然流露。姿态是身体呈现的样子，姿态的外在表现与心灵的态度基本是一致的，当我们尊敬某人时，会不自觉地收紧松散的身体，露出渴望而敬畏的姿态；当厌恶某事时，总会鄙夷又匆匆地抽身而退。身体姿态和行为是传达我们心灵态度的一个重要渠道，它是人类彼此之间传达信息的起源，有时它比口头语言的作用更为深刻、亲切、简洁、富有想象力。姿态的理解有共通性，跟语言一样，它可以通过学习来实现内心表白的外显，加深人们的印象。茶艺"讷于言而敏于行"，茶艺师基本通过姿态来传达茶艺的精神，姿态的学习和训练尤其显得重要。茶艺师要拥有优雅俊朗的姿态，除了不断提高自身修养外，还需要在外显的行为表达上进行训练，主要由正、坐、立、跪、行、鞠躬礼等几种基本姿势练起。

（一）端正

端正是茶艺师姿态的入门训练，正如所云"站如松，坐如钟"，站着要像松树那样挺拔，坐着要像座钟那样端正，茶艺师随时随地保持端正的姿态，不仅有益于身体健康，也表达了"吾养吾浩然之气"的理想追求。

端正有坐、站、行过程中的姿态，可以先练习坐的端正，然后是站和行的端正。茶艺师应在端正练习前，自觉地兼顾所处环境的端正，比如处于茶席间，应该先检查一下茶桌、茶具的清洁、完好、完备，若需要凳子，要检查茶桌与凳子的距离等。

1. 端坐在凳子上，膝盖拐角成 90°，腰臀拐角 90°，躯干挺直，两肩呈水平状，头颈与肩垂直，保持稳定。

2. 女性双腿合拢，遇茶桌高度不够，左右小腿合并向一个方向侧斜；男性两腿可分开至肩宽。

3. 双手：四指紧合有指向力，大拇指与四指微有分，指向同一方向，手掌微弓，弧度自然。女性两手交叉放在腿上、腹前或茶桌的茶巾位置上；男性打开双肘两手插于胯上，也可半握拳放于腿上、茶桌上，或交叉放在身后。

4. 抬头，两眼平视前方，目光和善、稳定，女性亲切，男性坚定。下巴稍敛，表情自然。

5. 气息平缓，能有意识进行控制。

在沏茶时，也要尽量保持身体的端正，两臂、肩膀、头不要因为持壶、倒茶、冲水而不自觉地抬得太高，甚至都歪向一边。沏茶时全身的肌肉与心情要放轻松，这样显现出来的沏茶动作才有一气呵成、气韵生动的感觉。

（二）坐姿

坐在椅子或凳子上，必须端坐中央，使身体重心居中，否则会因坐在边沿使椅（凳）子翻倒而失态；不能满座，一般占座位二分之一或三分之二位置；双腿膝盖至脚踝并拢，上身挺直，双肩放松；头上顶下颌微敛，舌抵下颚，鼻尖对肚脐；女性双手交叉或相对搭放在双腿中间，男性双手可分搭于左右两腿侧上方。全身放松，思想安定、集中，姿态自然、美观，切忌两腿分开或跷二郎腿还不停抖动、双手搓动或交叉放于胸前、弯腰弓背、低头等。如果是作为客人，也应采取上述坐姿。若被让座在沙发上，由于沙发离地较低，端坐使人不适，则女性可正坐，两腿并拢偏向一侧斜伸（坐一段时间累了可换另一侧），双手仍搭在两腿中间；男性可将双手搭在扶手或腿上，两腿可架成二郎腿但不能抖动，且双脚下垂，不能将一腿横搁在另一腿上。

（三）跪姿

席地而坐是传统的茶艺方式，对于中国人来说，特别是南方人极不习惯，因此要进行针对性训练，以免动作失误，有伤大雅。

1. 跪坐：日本人称之为"正坐"，即双膝跪于坐垫上，双脚背相搭着地，臀部坐在双脚上，腰挺直，双肩放松，向下微收，舌抵上颚，双手搭放于前，女性双手交叉或相对，男性双手略分开，放腿上。

2. 盘腿坐：男性除正坐外，可以盘腿坐，将双腿向内屈伸相盘，双手分搭于两膝，其他姿势同跪坐。

3. 单腿跪蹲：右膝与着地的脚呈直角相屈，右膝盖着地，脚尖点地，其余姿势同跪坐。客人坐的桌椅较矮或跪坐、盘腿坐时，主人奉茶则用此姿势。也可视桌椅的高度，采用单腿半蹲式，即左脚向前跨一步，膝微屈，右膝屈于左脚小腿肚上。左右腿可按需换之。

（四）站姿

站姿应该双脚并拢，身体挺直，头上顶下颌微收，眼平视，双肩放松。女性双手虎口交叉，置于胸前；也可两臂自然下垂，四指合拢，拇指内收，贴于大腿侧前位。男性双脚呈外八字微分开，身体挺直，头上顶上颌微收，眼平视，双肩放松，双手交叉，置于小腹部；也可两手交叉，叠于身后；或者两臂下垂，稍紧迫，手掌微屈，手指紧贴大腿两侧。

（五）行姿

女性为显得温文尔雅，可以将双手虎口相交叉，提放于胸前，以站姿作为准备。行走时移动双腿，跨步脚印为一直线，上身不可扭动摇摆，保持平稳，双肩放松，头上顶下颌微收，两眼平视。男性以站姿为准备，行走时双臂随腿的移动可以在身体两侧自由摆动，余同女性姿势。转弯的行姿有两种，一种是向右转则右脚先行，反之亦然；另一种是向右转弯，左脚侧后移向右方向、右脚移并，身体转至右向。前一种称之为圆弧转弯，表现出亲切自然的状态；后一种称之为直角转弯，日本茶道移动时用的较多，表现出十分端正、郑重的态度。若有几个人跟随转弯，必须都踩到同一点后再转。如果到达客人面前为侧身状态，须转身，正面与客人相对，跨前两步进行各种茶道动作，当要回身走时，应面对客人先退后两步，再侧身转弯，以示对客人尊敬。直角转弯时这一过程的要求尤为仔细、严格。

（六）鞠躬礼

茶道表演开始和结束，主客均要行鞠躬礼。有站式和跪式两种，根据鞠躬的弯腰程度可分为真、行、草三种。"真礼"用于主客之间，"行礼"用于客人之间，"草礼"用于说话前后。

1. 站式鞠躬："真礼"以站姿为预备，然后将相搭的两手渐渐分开，贴着两大腿下滑，手指尖触至膝盖上沿为止，同时上半身由腰部起倾斜，头、背与腿呈近90°的弓形（切忌只低头不弯腰，或只弯腰不低头），略作停顿，表示对对方真诚的敬意，然后，慢慢直起上身，表示对对方连绵不断的敬意，同时手沿腿上提，恢复原来的站姿。鞠躬要与呼吸相配合，弯腰下倾时作吐气，身直起时作吸气，使人体背中线的督脉和脑中线的任脉进行小周天的循环。行礼时的速度要尽量与别人保持一致，以免尴尬。"行礼"要领与"真礼"同，仅双手至大腿中部即可，头、背与腿约呈120°的弓形。"草礼"只需将身体向前稍作倾斜，两手搭在大腿根部即可，头、背与腿约呈150°的弓形，余同"真礼"。

2. 坐式鞠躬：若主人是站立式，而客人是坐在椅（凳）上的，则客人用坐式答礼。"真礼"以坐姿为准备，行礼时，将两手沿大腿前移至膝盖，腰部顺势前倾，低头，但头、颈与背部呈平弧形，稍作停顿，慢慢将上身直起，恢复坐姿。"行礼"时将两手沿大腿移至中部，余同"真礼"。"草礼"只将两手搭在大腿根部，略欠身即可。

3. 跪式鞠躬："真礼"以跪坐姿为预备，背、颈部保持平直，上半身向前倾斜，同时双手从膝上渐渐滑下，全手掌着地，两手指尖斜相对，身体倾至胸部与膝间只剩一个拳头的空当（切忌只低头不弯腰或只弯腰不低头），身体呈45°前倾，稍作停顿，慢慢直起上身。同样行礼时动作要与呼吸相配，弯腰时吐气，直身时吸气，速度与他人保持一致。"行礼"方法与"真礼"相似，但两手仅前半掌着地（第二手指关节以上着地即可），身体约呈55°前倾；行"草礼"时仅两手手指着地，身体约呈65°前倾。

另外还有示意礼，茶艺表演中用得最多的是伸掌礼。伸掌姿势就是：四指并拢，虎口分开或向内，手掌略向内凹或斜直，手掌呈现更多的掌面示之于人，来表达坦诚的心情，伸于敬奉的物品旁，同时欠身点头，动作要一气呵成。

三、生活实践

茶艺是在日常生活之内的，茶艺师必须时刻将自身技能的训练与日常生活行为结合在一起，只有在日常生活之中显示出茶艺师不显露的技能，才是达到技能的最高要求。茶艺师从最简单的力量和劳动学起，在生活实践中体会越深，茶艺师的未来造诣越有无限的可能。

（一）基础训练

在进入茶艺技法前，茶艺师先要完成几个基础训练：

1. 训练手臂的力量：肩、肘、掌在一个平面上，肘弯曲90°左右，手心向下，在肘部上压3千克左右的重物，或手提3千克左右的重物，保持平衡，至不能坚持，放下放松，休息后继续。

2. 训练手指的力量：300ml容量以上的中壶装满水，用拇指、食指、中指握住壶把，并保持壶体水平、壶横向与肩膀平行，持续至不能坚持，放下休息后继续；然后，将食指虚起抵盖钮，用拇指、中指和无名指握住壶把，同上训练。用无名指和小指握住茶匙或茶针或筷子，手掌向下，手臂形状同前，自然、轻松、稳定。

3. 端正与气息训练：端正的姿态，极力修正平时的错误习惯，保持颈肩、腰股、膝腿等角度的90°要求。练习持壶注水动作时，注意身体姿势的端正。把注意力集中在气息上，细细地感觉气息的运动，加大吐纳的力度，注意过程的控制，平缓自如。

（二）日常劳动

1. 茶巾是茶艺师不离手的物件之一，茶巾拿在茶艺师的手上，便有了规定的具体形式和用法。整齐的茶巾作如下叠法的规定：（1）左右两边折向纵轴线对齐；（2）已经叠起的上下两边折向横轴线对齐；（3）沿横轴线对折；（4）修整完成。手拿茶巾中心，一面是拇指，一面是四指，这时茶巾有一边是双层可开合，这一边向手的虎口。

2. 养壶的习惯。茶艺师总有一把自己喜爱和特别重用的壶，因此，壶在日常生活的养护也是茶艺师的重要功课之一。新壶和老壶比较，新壶显得燥、亮、粗、老，老壶显得润、柔、细。这是因为壶在使用中，不断冷热水交替，茶汁的渗透，加之人的手不断摩挲，使壶变得柔和细润，所以，壶需要"养"。新买的壶，先洗干净，注意洗壶不能用洗涤剂，手上也不能有味浓的香油脂，壶内有些别扭的地方用金刚砂稍磨一下，壶有土腥味或异味，可用粗老茶叶放入壶中，待吸尽异味后再用，也可将茶壶放在茶水锅中煮沸 30 分钟，然后每天用壶沏茶，晚上倾倒茶渣，用水冲净擦干，扣倒备用。

3. 劳动训练：茶艺是生活的一门功课，它绝对不能从生活劳动中分离，所以，烧水、洗涤、打扫、整理等作业，以及在劳动中培养的习惯，都是茶艺训练的重要和必要组成。

（三）奉茶礼

茶艺师端杯奉茶体现了对茶汤和对客人的尊敬，也是茶艺作品的最后呈现，这是关键的一个步骤。在日常生活中，即便是沏泡普通的一杯茶，也要体会茶艺精神和规则要求，这一点尤其体现在奉茶礼上。奉茶礼因为有茶汤呈现，第一要务是安全的完美，茶汤安全地递送给饮者，并关注品饮过程的安全；第二要务是礼节的完美，使主宾之间的情感交流与默契达到恰好的气氛。

在奉茶时有下列几项要领要注意：

1. 距离：茶盘离客人不要太近，以免有压迫感，也不要太远，否则给人不易端取之感。客人端杯时，手臂弯曲的角度小于 90°时，表示太近了，手臂必须伸直才能拿到杯子，表示太远了。

2. 高度：茶盘端得太高，客人拿取不易，端得太低，自己的身体会弯曲得太厉害，让客人能以 45°俯角看到茶杯的汤面是适当的高度。

3. 稳度：奉茶时要将茶盘端稳，给人很安全的感觉。客人端妥，把茶杯端离盘面后才可移动盘子。容易发生的错误是：客人才端到杯子就急着要离开，这时若遇到客人尚未拿稳，或想再调整一下手势，容易打翻杯子；另一个现象是走到客人面前，客人刚要伸手取杯，茶艺师突然鞠躬行礼，并说"请喝茶"，连带茶盘也跟着往下降，害得客人拿不到杯子。

4. 位置：要考虑客人拿杯子的方便性，一般人惯用右手，如果从客人的正前方奉茶，要注意放在客人右手边；如果从客人的侧面奉茶，要从客人左侧奉茶，客人比较容易用右手拿取杯子；若杯子不是客人自取，而是奉茶者放置的，则在客人的右侧进行。如果知道他是惯用左手的，则反之。持茶盅水壶给客人加茶添水，在侧面进行，一般从客人的右侧，右手持壶盅添加；若需要取出客人的杯子添加，则左手持壶盅、右手取杯添加较妥。若用左手，手臂容易穿过客人的面前，或是太靠近客人的身体。

5. 饮者：客人要注意到有人前来斟茶而给予关注，对方斟完茶要行礼表示谢意，还要留意自己的杯子要放在易续茶的位置。

6. 礼节：奉茶时，走向客人先行礼，再前进半步奉茶，起身时先退后半步，再行礼或说："请喝茶。"奉茶时应该留意将头发束紧，不多说话，妆饰合理等礼节，还要注意奉茶时身体会不会妨碍到旁边的客人。

第四章　茶艺规则

作为行为模式的外显，茶艺的规则是仪式化的主要特征。规则：规定、法则，是茶艺群体共同遵循的约定和沟通方式。饮茶是一件日常生活事体，当其脱离日常生活而提炼为茶艺时，仪式化的过程出现了一个高于日常生活的规则体系。

茶艺规则的约定由唐朝陆羽《茶经》提出，"一之源、二之具、三之造、四之器、五之煮、六之饮、七之事、八之出、九之略、十之图"，把茶艺涉及的自然科学、工具器具、制茶、煮茶、饮茶的程序、社会风貌、茶事典故、审美趣味、治国理想等范围和规律一览无余地展现出来，毫无疑问地成为"世间相学事新茶"规则典范。规则在历代茶人的茶艺活动中都各有侧重的追求。唐代为克服九难，即造、别、器、火、水、炙、末、煮、饮，而作为规则要解决的问题对象。宋代提出"三点"与"三不点"的规则，"三点"为新茶、甘泉、洁器为一，天气好为一，风流儒雅、气味相投的佳客为一；反之，是为"三不点"。明代在对饮茶环境的规则要求上，有"十三宜"与"七禁忌"的提法，"十三宜"为一无事、二佳客、三独坐、四咏诗、五挥翰、六徜徉、七睡起、八宿醒、九清供、十精舍、十一会心、十二鉴赏、十三文僮；"七禁忌"为一不如法、二恶具、三主客不韵、四冠裳苛礼、五荤肴杂味、六忙冗、七壁间案头多恶趣。日本茶道集大成者千利休提出了"四规七则"，四规指"和、敬、清、寂"，表达了茶道的精神。"七则"指的是"提前备好茶，提前放好炭，茶室应冬暖夏凉，室内插花保持自然美，遵守时间，备好雨具，时刻把客人放在心上"等具体要求，"七则"中重点是茶艺师和客人之间的关系，描述了人境、心境、艺境、环境对茶会举行的关键作用。现代中国茶艺文化的多元化，随着茶文化的不断推进与普及，茶艺规则逐渐从一般生活方式中抽离出来，积极地寻求独立而显著的行为特征，来成为具有共同文化信仰的群体能沟通的信息法则。

　　总体来说，茶艺的规则由三部分组成，一是人与自己的关系，从日常生活中升华出来的茶艺生活又如何反哺到日常生活中而给予个人的影响；二是人与物之间的关系，是茶艺师如何实现一杯完美茶汤的规范化过程；三是人与人之间的关系，是为茶汤这件事而体现的茶人群体气质、行为、精神等修养和约定的具体化表达。现代的中国茶艺，比较侧重第一部分的内容，这可能与茶艺的发展阶段有关，一些精神要求还未能有具体的器形来承载；或者，中国文化更倾向于精神内化后个体无限可能的行为选择，大众总是以颇具禅意的方式生活。

　　规则的明晰便于厘清复杂的信息，获得直观简洁的学习路径，提炼茶艺的行为体系，促使茶艺以约定的方式得到分享，这里提出了"尽其性"、"合五式"、"同壹心"的三大规则，围绕"仁义礼智信"的文化符号以及"清和简趣"的茶艺精神，来反映茶艺仪式中的规定性，以下逐一分析。

第一节　　"尽其性"的规则

　　中国儒学认为，"唯天下至诚，为能尽其性；能尽其性，则能尽人之性；能尽人之性，则能尽物之性；能尽物之性，则可以赞天地之化育；可以赞天地之化育，则可以与天地参矣"。"尽其性"是诚意的表现，也反映出"仁义礼智信"的文化旨归，因此在茶艺的规则中被列为首要的条例。陆羽讲道"天育万物，皆有至妙"，他写《茶经》就是将茶的至妙竭尽所能地给予展现和利用。赵佶认为"至治之世，岂惟人得以尽其材，而草木之灵者，亦得以尽其用矣"，也同样体现出"物尽其用、人尽其才"的思想。在茶艺的规则中，"尽其性"是体现物之性、人之性，并从中表达对自然、对人伦的仁爱与敬畏。"尽其性"也是科学、明智的思想在茶艺中的体现，分为三个部分，一是沏茶技术要领，二是器具选配原则，三是以人文入茶境。

一、沏茶技术要领

　　日常生活中对于不同茶类的沏泡方法并没有明显的界限，甚至是可以相互通用的。茶艺仪式化后，敬重自然、敬重规律的意识突出了对规则的遵守，这个规则的第一要素就是茶艺师必须充分发挥自然物性的作用。自然物性本身的差异性，会表现出人们对各种茶的追求的不同，如普洱茶、乌龙茶讲究醇和香，绿茶讲究清香，红茶讲究浓鲜，西湖龙井讲究色、香、味、形等。为了发挥各种茶的固有特色，掌握不同的沏茶方法和技术要领，成为茶艺师的必修功课。茶叶冲泡是否得法，在很大程度上，决定着是抑制还是促进茶叶品质的发挥。沏茶技术要领包括了茶与水的用量比、开汤时间的长短、开汤温度的掌握、冲泡次数多少四个方面。

（一）茶水比

呈现一杯接近完善的茶汤，首先是掌握好茶叶用量，茶叶用量与加入的水量直接相关，因此，沏茶技术中有一个关键术语：茶水比。茶水比即在多少水量的情况下放置多少茶叶。由于茶叶加工的差异，茶水比与不同茶类有关，与沏茶使用的主泡器功能利用有关。喝茶毕竟是生活中的一件关联个人心情的事，因此茶叶量的选择也与不同的人、环境有关。

不同类型的茶叶沏泡使用的茶水比不一样。一般情况下，红茶、绿茶、黄茶、花茶之类，每克茶叶加入 50—60ml 水为好，大约茶水比1：60。通常，一只普通的 200ml 茶杯，放入 3—4g 茶叶就可以了，以经验观察，大致将茶叶铺满杯底，茶叶外形松散的，略有厚度，紧结的薄一些。沏泡时，先冲上 1/4—1/3 杯沸水，少顷，再冲至七八成满。因为中国人习惯上认为，"酒满敬人，茶满欺人"。用小壶、盖碗沏茶，亦可参照上述茶水比例。倘用乌龙茶、普洱茶沏茶，同样的壶或杯，用茶量就应高出大宗红、绿茶 1 倍以上，用一只普通茶杯沏普洱茶或乌龙茶就需 6—10g，大约茶水比 1：30。特别是沏泡乌龙茶，人们喜好用大约在 4 人壶容量的"孟臣罐"作主泡器来沏泡乌龙茶，用容量似半个胡桃的"若琛瓯"为品饮器，茶叶开汤后满壶呈现出叶张舒展时的竞相争艳、熙熙攘攘，沏茶沸水一直保持热情，"若琛瓯"有恰好的浓度、温度和容量，如此品茶，口鼻生香，润喉生津，给人以一种美的享受。兄弟民族喝的是经过紧压后的砖茶，其主要作用是补充营养，帮助消化，因此，茶汤浓度很高，量也很大，煎煮砖茶时，通常 50g 左右捣碎的砖茶，加水 1.5 公斤左右，煨在壶内煎煮，这样随时可以根据需要调制成酥油茶或奶茶。

另外，用茶量的多少，还要因人而异、因环境而异。如果饮茶人是老茶客，嗜茶者，抑或是体力劳动者，一般可以适当加大用茶量，沏上一杯浓香的茶汤。如果饮茶者是茶叶敏感者，年轻人，或不常喝茶的人，可以适当少放一些茶叶，沏上一杯清香醇和的茶汤。一般来说，晚上及空腹时不宜喝浓茶。如果不知道饮茶者的爱好，而又初次相识，不便动问，那么，不妨按前述的一般要求，沏上一杯浓淡适中的茶汤。陆羽说茶的根本滋味是"啜苦咽甘"，一杯茶沏泡品饮应有略"苦"的滋味，若作为主泡器的茶杯中只漂浮着2—3朵小叶，这就不是我们所谓的沏茶，茶叶仅作调色而已。

（二）开汤时间

茶叶开汤后有效物质就逐渐浸出，开汤到品饮之间的时间长短，表明了对茶叶内含有效成分利用的多少，是品饮时感知茶汤滋味的又一重要环节。据研究测定，茶叶经沸水沏泡，首先从茶叶中浸提出来的是维生素、氨基酸、咖啡因等，一般开汤后3分钟时，上述物质在茶汤中已有较高的含量。由于这些物质的存在，使茶汤喝起来有鲜爽醇和之感，但不足的是缺少茶汤应有的刺激味。以后，随着开汤时间的延长，茶叶中的茶多酚类物质陆续被浸出，当开汤至5分钟时，茶汤中的多酚类物质已相当高了。这时的茶汤，喝起来鲜爽味减弱，苦涩味等相对增加。因此，要品尝到一杯既有鲜爽之感，又有醇厚之味的茶，对大宗红、绿茶来说，开汤后3—4分钟时饮用，就能获得最佳的味感。

茶叶中各种物质在沸水中浸出的快慢，还与茶叶的老嫩和加工方式有关。一般说来，细嫩的茶叶比粗老的茶叶，茶汁容易浸出，开汤时间宜短些；反之，则要长些。松散型的茶叶比爆压型的茶叶，茶汁容易浸出，开汤时间宜短些；反之，则要长些。碎末型的茶叶与完整形的茶叶相比，茶汁容易浸出，开汤时间宜短些；反之，则要长些。所以，与大宗茶相比，高级细嫩名茶，不但用茶量可适当减少，还应掌握主泡器形小、水量少、开汤时间短、开汤后不加盖等方法来沏茶。对于注重香气的茶叶，诸如乌龙茶、各种花茶，沏茶时，为了不使花香散失，不但需要加盖，而且开汤时间不宜长，通常2—3分钟就可以了。至于紧压茶，如各种砖茶，不重香气，只求滋味，所以，一般采用煎煮方法烹茶，甚至采用长时间炖茶的方式，以适应随时取饮的习惯。至于红茶中的红碎茶，多用来调制奶茶，绿茶中的颗粒绿茶，多用来制成袋泡茶。红碎茶、袋泡茶在加工过程中经充分揉捻切细，一经沸水沏泡，茶汁几尽，因此，开汤时间宜短，而且一般只能沏泡一次。白茶沏泡时，要求沸水的温度在70℃左右，一般4—5分钟后，浮在水面的茶叶才开始徐徐下沉。这时，品茶者应以欣赏为主，观茶形，察沉浮，从不同的茶姿美色中使自己的身心得到愉悦。一般到

10 分钟后，方可品饮茶汤。否则，不但失去了艺术的享受，而且饮起来淡而无味。这是因为白茶加工时未经揉捻，细胞未曾破碎，所以茶汁很难浸出，以致开汤时间须相对延长。

（三）开汤温度

沏茶过程中有了合适的茶水比，明确了茶叶开汤后品饮的最佳时间后，还要掌握适宜的开汤温度。当沏茶方式为水加热后冲点开汤，要掌握的是水的温度；当沏茶方式为煎煮法，开汤温度就关系到火候和候汤的过程。开汤温度的高低，与茶叶种类及制茶原料密切相关：较粗老原料加工而成的茶叶，宜用沸水直接开汤；用细嫩原料加工而成的茶叶，宜用降温以后的沸水开汤；有些茶则直接通过火的加热来呈现茶汤。

砖茶，大部分是用粗老原料加工而成的，打碎以后即使用100℃的沸水沏泡，也很难将茶汁浸泡出来，所以，喝砖茶时，须先将打碎的砖茶放入容器，加入一定量的水，再经煎煮，饮用的滋味会更好。

乌龙茶，因采用新梢快要成熟时的茶叶加工，可采用95℃的沸水直接沏。一些比较讲究喝乌龙茶的茶客，会嫌温度偏低，为此，常常将茶具烫热后再开汤。

大宗红茶、绿茶和花茶，采制时原料适中，可用烧沸不久的90℃左右的水沏泡。

细嫩的名优茶，如洞庭碧螺春、西湖龙井、南京雨花茶、君山银针等，均采摘细嫩新梢，如果用沸腾的开水沏茶，会使茶叶沏熟变色，茶叶中高含量的维生素 C 等对人体有益的营养成分遭到破坏，从而使名茶的清香和鲜爽味降低，叶底泛黄，这样名茶也就称不上名茶了。所以，沏泡细嫩名优茶时，一般将沸水温度降至 70℃—85℃ 时来开汤，是较为适宜的。同时结合不同的沏泡方式，来达到开汤需要的温度，比如碧螺春用上投法，先水后茶；西湖龙井用中投法，先水后茶再水，获得茶汤色、香、味、形的最佳效果。开汤温度的合理控制，可使茶汤清澈明亮，香气纯而不钝，滋味鲜而不熟，叶底明而不暗，饮之可口，视之动情，使人获得精神和物质上的享受。

（四）冲泡次数

除了用茶量，不同类型及外形的茶叶开汤后各种物质浸出程度有较大的差异性，饮者会感觉到茶汤滋味、香气的变化，这就是茶叶冲泡的次数要求。据试验测定，绿茶、黄茶、花茶、低发酵乌龙、工夫红茶等类型茶，第一次冲泡后其茶汤中的水浸出物大约占茶叶可溶物的 55% 左右，第二次一般为 30% 左右，第三次一般为 10%，第四次只有 1%—3%。从主要营养成分而言，茶叶中的维生素 C 和氨基酸，经第一次开汤后，已有 80% 左右被浸出；第二次冲泡，95% 以上被浸出。其他一些主要的药效成分，诸如茶多酚、咖啡因等，也都是第一次浸出量最大，经 3 次冲泡后，已几乎全量浸出。

从茶叶的香气、滋味而言，一般是头道茶香味鲜爽，二道茶浓而不鲜，三道茶香尽味淡；四道茶缺少滋味，至于五道、六道，则近似于白开水了。因此，无论从营养成分、药效作用及香气而言，这些茶类，以 2—3 次冲泡为限，细嫩名优绿茶冲泡 2 次滋味香气就寡淡了。发酵度较高的乌龙茶、黑茶类可连续冲泡 5—6 次，白茶只能冲泡 2 次。各种袋泡茶和红碎茶，由于这类茶中的内含成分很容易被沸水浸出，一般都是冲泡 1 次就将茶渣弃去。日常生活中，若以杯为兼用器沏泡高级名优绿茶、红茶时，在饮杯中剩 1/3 茶汤时，就应及时续水，这样能保持一杯茶喝上 5—6 次。有报道说，一日饮 10g 茶，或者新沏泡茶三回，对健康有益，但一日用茶的总量还是要看饮者的个体差异。

二、器具选配原则

"尽其性"除了茶叶的性能发挥，还要发挥器具的功能利用。茶席之中的器具是否都有它的作用，不同材料的器具特性是否明辨并扬长避短，器具各个功能在茶艺中是否发挥得较为完美，是否有进一步改善的空间等，这些是茶艺师专业能力在工具中的体现。

根据一定的主题和需求，将茶具组织在一起，从器物呈现层面实际上已经形成了对茶艺规则的解释。因此，器具的选配也是茶艺规定性的一种体现。茶具选配，在日常生活之中人们关注它的使用性能比较多；在积累了一定经验后，茶具的艺术性、制作的精细与否，也成为人们选择的另一个重要标准。当茶艺师来选配茶具，就会注重茶具在实用、文化、艺术等方面的平衡，并更加追求茶具选配后呈现出的艺术价值。茶具选配有以下四个方面的原则：

（一）因茶制宜：按照茶叶的性能特点合理选配茶具

"壶添品茗情趣，茶增壶艺价值"，茶艺师不仅要会选择好茶，还要会选配好茶具，好茶好壶，犹似红花绿叶，相映生辉。

一般来说，饮用花茶，为有利于香气的保持，可用壶沏茶，然后斟入瓷杯饮用，或用盖碗兼作主泡器和品饮器。饮用大宗红茶和绿茶，注重茶的韵味，可选用壶沏茶。饮用乌龙茶则重在"啜"，宜用紫砂壶沏茶、胡桃杯品饮。饮用红碎茶与工夫红茶，可用瓷壶或紫砂壶来沏茶，然后将茶汤注入白瓷杯中饮用。如果是品饮西湖龙井、洞庭碧螺春、君山银针、黄山毛峰等细嫩名茶，用玻璃杯直接沏泡最为理想，也可选用白色瓷杯沏泡饮用。沏泡细嫩名优绿茶，茶杯均宜小不宜大：第一大则水量多，热量大，会将茶叶泡熟，使茶叶色泽失却绿翠；第二会使芽叶软化，不能在汤中林立，失去姿态；第三会使茶香减弱，甚至产生"熟汤味"。此外，沏泡红茶、绿茶、黄茶、白茶，使用盖碗，也是可取的。

在中国民间，还有"老茶壶沏，嫩茶杯冲"之说。这是因为较粗老的老叶用壶沏泡，一方面可保持热量，有利于茶叶中的水浸出物溶解于茶汤，提高茶汤中的可利用部分；另一方面考虑到较粗老茶叶缺乏观赏价值，用来敬客，有失礼之嫌。而细嫩的茶叶，用杯沏泡，一目了然，同时可收到物质享受和精神欣赏之美。

（二）因地制宜：兼顾地域的饮茶习俗来合地气地选配茶具

中国地域辽阔，各地的饮茶习俗不同，故对茶具的要求也不一样。长江以北一带，大多喜爱选用有盖瓷杯沏泡花茶，以保持花香，或者用大瓷壶沏茶，尔后将茶汤倾入饮杯饮用。在长江三角洲、沪杭宁和华北京津等地一些大中城市，人们爱好品细嫩名优茶，既要闻其香，啜其味，还要观其色，赏其形，因此，喜欢用玻璃杯或白瓷杯沏茶。在江、浙一带的许多地区，饮茶注重茶叶的滋味和香气的，就多选用紫砂茶具或有盖瓷杯来沏茶。福建及广东潮州、汕头一带，习惯于用小杯啜乌龙茶，故选用"烹茶四宝"，小杯啜乌龙，与其说是解渴，还不如说是闻香玩味。四川人饮茶特别钟情盖茶碗，喝茶时，左手托茶托，不会烫手，右手拿茶碗盖，用以拨去浮在汤面的茶叶，加上盖，能够保香，去掉盖，又可观姿察色，选用这种茶具饮茶，颇有清代遗风。至于我国边疆少数民族地区，至今多习惯于用碗喝茶，古风犹存。

（三）因人制宜：从饮者的生活特点合情地选配茶具

不同的人因为生活方式和文化背景的不同，会在茶具的选用上带上自己的喜好和趣味。在陕西扶风法门寺地宫出土的茶具表明，唐代皇宫贵族选用金银茶具、秘色瓷茶具和琉璃茶具饮茶；而陆羽在《茶经》中记述的同时代的民间饮茶却用瓷碗。清代的慈禧太后对茶具更加挑剔，她喜用白玉作杯、黄金作托的茶杯饮茶。而历代的文人墨客，都特别强调茶具的"雅"。清代江苏溧阳知县陈曼生，爱茶尚壶。他工诗文、擅书画、篆刻，于是去宜兴与制壶高手杨彭年合作制壶，由陈曼生设计，杨彭年制作，再由陈曼生镌刻书画，作品人称"曼生壶"，为鉴赏家所珍藏。现代人饮茶时，对茶具的要求虽然没那么严格，但也根据各自的饮茶习惯，结合自己对茶艺的体会，选择喜欢的茶具。

另外，职业有别，年龄不一，性别不同，对茶具的要求也不一样。如老年人讲求茶的韵味，要求茶叶香高、味浓，重在物质享受，因此，多用茶壶沏茶；年轻人以茶会友，要求茶叶香清味醇，重于精神品赏，因此，多用茶杯沏茶。男人习惯于用体量较大而素净的壶或杯斟茶；女人爱用小巧精致的壶或杯冲茶。脑力劳动者崇尚雅致的壶或杯细品缓啜；体力劳动者选用大杯或大碗，符合生活的习惯。

（四）因用制宜：根据茶具本身的功能利用合目的地选配茶具

在选用茶具时，尽管人们的爱好多种多样，但以下三个方面却是都需要加以考虑的：一是要有实用性；二是要有欣赏价值；三是有利于茶性的发挥。不同质地的茶具，这三方面的性能是不一样的。瓷茶具，一般说来保温、传热适中，能较好地保持茶叶的色、香、味、形之美，而且洁白卫生，不污染茶汤。如果加上图文装饰，又含艺术欣赏价值。紫砂茶具，用它沏茶，既无熟汤味，又可保持茶的真香。加之保温性能好，即使在盛夏酷暑，茶汤也不易变质发馊。但紫砂茶具色泽多数深暗，用它沏茶，不论是红茶、绿茶、乌龙茶，还是黄茶、白茶和黑茶，对茶叶汤色均不能起衬托作用，对外形美观的茶叶，也难以观姿察色，这是其美中不足之处。玻璃茶具，透明度高，用它沏泡高级细嫩名茶，茶姿汤色历历在目，可增加饮茶情趣，但它传热快，不透气，茶香容易散失，所以，用玻璃杯沏花茶，不是很适合。

在一套茶艺所需的茶具较多的情况下，可依照主泡器、品饮器、辅具、铺陈的次序来选择搭配，茶具的组合还要色彩搭配和谐，材质光泽合韵，器型纹饰相映成趣。另外，茶艺师如何布置这些器具，达到结构合理美观、沏茶过程流畅，更是一门技术和素养。

三、以人文入茶境

"尽其性"还体现出茶艺师及饮茶者之间的关系，以及他们对于茶艺的态度。茶艺在约定人与人之间关系的行为规则中，以"清、和、简、趣"的精神来实现"尽其性"的目标。相比茶叶审评对茶汤的严格评判，以人文入茶境，它更多体现出仪式与敬畏，体现出茶人彼此之间的仁爱、怜悯与完善。以人文入茶境是指茶人们在茶艺活动中应有的人文素养，并能以具体的行为表达，分为入境、欣看、悠闻、细品、回味五个环节的要求。

（一）入境

1. 入时境。不管是主人还是客人，从准备茶事活动时便开始进入茶艺的主题。主人要为此茶事活动的各个细节做详尽的考虑和预备；客人要摒弃杂事专心一致地赴会，考虑茶会需要准备的必要的物品和礼仪。

2. 入场境。进入会场，仔细领悟茶会的布置、陈设等的意味，全心感受茶会气氛，非闲情逸致不能浸染。主人也有公诸同好之心，无微不至。

3. 入艺境。茶艺开始，茶、水、器、火、境一一呈现，茶艺师技艺娴熟、抑扬顿挫，欣赏者心驰神往、酣畅淋漓，主客之间同起同落，心有灵犀，默契和谐。

当主宾双方到了这一步，茶艺的目的已基本实现，即便茶汤虽未呈现，茶境已是酣然。

（二）欣看

欣欣然中，茶艺师已奉上了茶汤，主人恭敬，客人礼让，接过茶汤，有三看：一看茶叶，如名优绿茶，在碧绿的茶汤里徐徐伸展，亭亭玉立，翩翩起舞，婀娜多姿，令人赏心悦目；二看茶汤，晶莹澄清，绿则嫩绿，红则红艳，乌龙有金黄；三看茶器，茶杯握于手，对主人精心准备的器皿也要仔细欣赏。看时应有欢欣、赏识的态度，这是接受主人殷勤的心情。

（三）悠闻

看过茶汤，还不能马上品尝，先闻香。闻香时，茶汤不能离鼻子太近，太近有"嗅"的感觉，似乎不雅。随着茶烟，头轻轻摇晃，深深吸气，抬起头，一腔畅快愉悦的表情，实在是美妙之极。可反复一次或茶友间相互交流彼此体会。

乌龙茶还有专门的闻香杯，两手搓动杯子，同上法闻香。也有闻杯盖香、杯底香的，方法一样同上。不同茶的香味是不一样的，绿茶，清香、嫩香、兰花香；乌龙茶，清花香、甜花香、火香；红茶，苹果香、玫瑰香、干果香……细细辨认，沁人心脾，令人陶醉。

（四）细品

趁着闻香的热情，开始品茶的滋味。"品"字三"口"，因而品茶也分三口：

第一口：是"啜"，让茶汤有更多的时间留在舌前，或者说把感觉的重点放在前舌，这时的感觉最为敏锐，茶水比、时间、温度等的掌握是否把茶性完全发挥，有经验的茶人能马上鉴别出茶艺师的工夫。

第二口：是"咀"，饱吸一口，让茶汤在口腔充盈、停留、打转，充分感受茶汤的整体美味，这一口是评价茶叶本身的，茶味是清鲜、浓醇、鲜爽、鲜浓、醇厚、醇爽、甜纯……这时脱口而出的是："好茶！"

第三口：是"咽"，陆羽说"啜苦咽甘"是好茶的特征，一千二百多年流传下来，依旧是真理。在第三口时，小杯应一饮而尽。不能饮尽的好好饮上一口，缓缓咽下，趁着茶汤的温度，"徐徐体贴之"，过喉时的爽滑，太和之气的弥沦于齿颊，真可叹为福分。

清人梁章钜在《归田琐记》中说："至茶品之四等，一曰香，花香小种之类皆有之，今之品茶者以此为无上妙谛矣。不知等而上之则曰清。香而不清，犹凡品也。再等而上之则曰甘，香而不甘，则苦茗也。再等而上之则曰活，甘而不活，亦不过好茶而已。活之一字，须从舌本辨之，微乎微矣。"看来，一般怡情悦性之人有此四等品茶之工夫尽可了：香则香郁，清则清鲜，甘则甘醇，活则爽活。如能辨之赏之，已是同道高人了。

（五）回味

茶已饮尽，回味有三：一是茶味的回味。舌根回味甘甜，满口生津；齿颊回味甘醇，留香尽日；喉底回味甘爽，气脉畅通。"吃不得也，唯觉两腋习习清风生！"二是茶艺的回味。回想茶艺的起始终了，精彩纷叠，张弛有度，浑然一体。三是茶事的回味。主客恋恋不舍，尽离别之礼，共叙今日之情，感怀不已，希冀他日重逢。

周作人谈《喝茶》中说，茶道是"在不完全的现实世界中享受一点美与和谐，在刹那间体会永久"，至此，才是一个圆满茶会和完美的茶艺。

第二节　"合五式"的规则

与"尽其用"的原则性要求不同，茶艺"合五式"规则提出了茶艺表现形式与一般过程的理论框架，它以五要素分解：一是位置，二是动作，三是顺序，四是姿势，五是线路。位置和线路是空间的概念，顺序以时间为轴，动作和姿势是茶艺师在时间和空间下的行为。在一个成熟的茶艺社会，会出现不同的流派，茶艺流派的区分大部分在"合五式"的规则上做了不同的选择，借助这些不同选择来诠释各个流派的不同理念。

一、位置

位置包括了茶具摆放的位置，茶席茶境的相互位置，茶艺师的位置，主客双方的位置等。茶器具在茶艺中是具有象征性意义和功能的，各个茶具就在其中有了不同的地位，分为高位、中位、低位。

高位的茶具，一般有两类情况：一是茶（干茶），它是茶艺的主角，寄托了茶人们的情感和理想，因此，茶储、茶荷都是上位的，但茶荷在完成其功能后要放于低位。二是象征性茶具，茶勺是被茶人们认为十分珍惜的物品，历代茶人都用手仔细地握过茶勺，敬仰茶勺如敬仰历代茶人，因此它具有象征性意义而列高位，与它相邻的茶匙组用具都列入高位；其他象征性物品如帛纱、点香、纪念物等都是高位。

中位的茶具，一般为煮水、沏茶用的器具，如茶盘、茶壶、茶杯、盖置、风炉等，中位茶具若在一个平面上，也有位置的规定，如以茶盘为中心，一般煮水器的位置在茶盘外的右前方（右手原则），即水壶的横轴线前不能超过茶盘的上缘、后不能低过茶盘的横轴等。

低位的茶具，是指在茶艺中起着盛放弃水、残渣、清洁用等物品，如水盂、滓盂、茶巾等，前面提到茶荷在开始的时候地位是高的，当茶荷中只剩下多余或挑拣过的茶叶时，它就降低到低位了；水盂一般在茶盘外的左后方，即水盂的横轴线在茶盘横轴线以下；茶盘下边缘一般距茶桌边缘有一块叠好的茶巾位置，茶巾可以放在这个位置上，也可以放在茶盘内紧贴茶盘的下边缘。

不同的流派对茶具摆放的位置是有不同观点的：一种流派认为，高位一般在茶席的前1/3处，低位则是靠近身体的后1/3处，中位在茶席的中间。也就是说高位的茶具再往后靠，其中心线不能低过中位茶具的中心线；低位的茶具再往前挪，也不能超越中位的中心线。这样的茶席看起来中规中矩、恭敬有礼。另一种流派认为，应突出茶艺师的动作，将高位的茶具放置在右上侧或左上侧的位置，茶席显得主体突出、自由流畅。也有的流派，从考虑茶具取用的方便和不同主题的体现，不排斥这两种放置，随机应变，这样会要求茶艺师必须及时调整自己的节奏。

茶具在茶席中的呈现，不仅以单个平面分域，还以立面或多个平面分域和组合，如具列架的使用、造景的茶席、多平面的设计等，这时位置的确立也会随之复杂起来。

除了将茶席以横轴来划分区域外，还有按纵轴的对称切分。初学者开始接触时会是"具象"的对称，称为"绝对对称"，一般的绝对对称不太容易获得深度的审美肯定；然后慢慢学会"势"的对称，浓淡轻重、相映成趣，走向"相对对称"审美设计；再后来就不拘一格了，相对对称和绝对对称都有绝妙、谐趣的审美意象，它要求茶艺师以所具备的审美素养来设计布局。茶艺师也是对称的内容，因此要求茶艺师保持端正、平稳、和谐的姿态位置。

二、动作

动作是指执行每一步骤、每一器具拿持的动作要领，重点是手的动作。茶艺动作的基本原则是：第一，归位，每一件物品和器具都有它们特定的位置，严格做到各就其位，并能一步到位；第二，规范，每一动作都要符合要求，要表达准确，仔细谨慎地完成各项程序；第三，恭敬，对茶汤、茶具要恭敬，对客人要恭敬，对自己的情感也要细腻而恭敬地表达出来。

茶艺师在操作时的动作也有要求，具体表现为：1. 手型舒展守中，与心、气呼应，具有节奏感；2. 在握持或持续性握持任何一件茶具时，手势平稳有掌控，不颤抖；3. 茶具接触平面时轻巧无声，举轻若重、举重若轻；4. 遇到突发的情况比如烫手等，有短时间的忍耐力，不惊慌失措，镇静处理；5. 手的动作指向明确，不在线路中间犹豫，眼到、心到、手到，凝神聚力；6. 手的动作不破坏身体的姿势等。茶艺师要达到这样的动作要求，需要不断地训练，培养对自己的把控力和忍耐力，认真体验生活与劳动的核心，才能实现。

手的动作表现是不同流派较为显著的特征。比如握持茶具时手指的形状，是兰花指还是并指，体现的是活泼清新与端庄典雅的两种不同风格。还有一个重要的区别：是右手为主，还是左右手并举，是目前最典型的流派区分点。一些流派认为，左手持水壶、右手持茶壶能使人体均衡，称之为"左右手法则";而相对的另一流派认为,左右手如同阴阳,各有功能,必是以右手为主、左手辅助,右手动、左手静,右手进、左手从,如是才是均衡,称之为"右手法则"。"右手法则"和"左右手法则"不仅涉及了手的动作惯性问题,还直接影响到茶具的布置。茶具都有正面或朝向的标志,以右手原则,茶席中的所有器具,比如壶嘴、盅流等出水口应是朝茶艺师的左向,壶把、杯把等执手部位应是向沏茶人的右手;左右手法则的流派一般将水壶置左手方向,主泡器在右手向。因为"右手法则"、"左右手法则"的不同,茶具正面方位的设计和制作也有不同,比如"左右手法则"流派使用的水壶,左手向呈现正面的图案,若右手法则流派的茶艺师选错壶,图案就相反了。对于茶艺师来说,开始学习时应确定下一个方向、一种方法,等到具有一定的学养和技能熟练,可以尝试不同的流派方式。

本书茶艺均为并指的右手原则,即沏茶时以右手为主、左手从之,沏茶器具方向均朝左;四指紧并、含掌,虎口握持有力。

三、顺序

顺序是指茶艺进行的步骤和前后顺序,它是以时间为轴线的描述。茶艺的基本顺序是:洁具、备具、出具、列具、(行礼)、赏鉴、燠具、置茶、沏泡、(行礼)、奉茶、品茶、续杯、收具、(行礼)。

不同的茶类、不同的主泡器、不同的沏泡技术,具体步骤的规定是有较大差异的,比如,出具、列具,器具不同,出列的方式也不相同,一般情况下,先出主泡器、品饮器、高位的茶具,再按茶具地位从高到低的顺序出具,水盂、茶巾等低位出具尽量含蓄;列具时,相同地位的茶具按主次或器型的高矮为先后顺序。燠具,绿茶一般为温杯,乌龙茶则称之烫壶烫杯。沏泡时注水、斟茶的方向一般按从左到右(或来回)顺序,奉茶时依据稳定性原则,取拿品饮器奉行的是从右到左的顺序。

茶艺流程中的置茶环节,也有三种顺序方式,一是上投法,在主泡器中先放置适温、适量的水,再投放茶叶,适用于特别细嫩、不耐高温、渗透性好的茶,比如碧螺春;二是中投法,先用一部分较高温度的水与茶叶交融,再以较低的水温沏泡开汤,这两种阶段法基本适用目前名优绿茶,第一阶段能让茶叶内物质结构短时间内发生变化,又称之为"浸润",第二阶段保持茶叶有效成分的缓慢浸出,保持茶叶的"三绿"特性;三是下投法，先放置茶叶，再一次性加适量、适温的水，这类茶一般喜好较高的水温，比如红茶、乌龙茶、普洱茶、较酽的绿茶等，有些黑茶（普洱茶）还采用煮饮的方式，要求有更高的水温来发挥茶叶的特性。

　　有差别的顺序和操作规定是区别不同流派的重要特征，茶艺师在学习茶叶沏泡时，经常会因为这种差异性的冲突而不知所措，一个优秀的茶艺师应该在兼容并蓄的学习态度下，以"尽其性"的规则为首要原则，慢慢地明确自己循从的顺序与方式。

四、姿势

　　姿势是指茶艺师坐、站、行、礼的身体姿势与仪态。茶艺从本质上讲是一套礼法的展示，因此茶艺师的每一个姿势都关系到礼仪的要求，关系到"清、和、简、趣"精神的具体展现。

　　礼仪有多种表达方式，敬礼的方式，有现代较为熟悉的鞠躬礼，也有沿承古代的拱手、作揖礼等，古代女子还有万福礼，行礼时双手手指相扣，放至左腰侧，弯腿屈身以示敬意。时代不同，人们对礼仪的感受也会有不同，比如年轻女性道万福礼，看上去明眸羞花，中老年人行此礼就有不合时宜之感。礼仪要与人的真实情感和恭敬态度紧密结合起来。中国地缘广阔，千里不同风、百里不同俗，不同地域、人群对礼仪的表达和传播方式是有差异的，在面对复杂、陌生的环境，或者对某个礼仪方式不能完全融入其中时，茶艺师不用刻意或惶恐来说服自己，只要茶艺师有着一颗挚爱、真诚、正直的心，所有的礼仪表达都会是不出左右的。

　　茶艺的姿势大致能决定茶艺的风格：活泼的、端庄的、安静的、清新的、谐趣的，茶艺师对自己身体姿势的选择和控制，可以作不同的表现风格。但是，有一点是共同的，在茶艺师的手接触到茶具、茶席的那一瞬间始，所有的气息、情感、精神都要依附在器具上，目光缓和、气息平稳、肩臂松弛、心技一体。这时的身体姿态要顺势而动，不可过于突兀，比如常犯的错误是，茶艺师提腕注水，会不自觉地低头或歪头看水注的情况，表现出茶艺师对自己动作自信心不足，并且破坏了整体的韵律。

五、线路

　　线路主要指茶艺师在沏茶时的器具及身体移动的路线、距离与方向。茶艺线路分为茶艺师用手的动作完成茶具线路的移动，以及用脚的行走完成身体线路的移动这两个方面，线路是茶艺师活动的范围，能较强地体现茶艺的视觉感、感染力和韵律，是茶艺空间的表达。

日本茶道在线路规定上是非常明确的，这与他们视茶道为榻榻米上的艺术有关，榻榻米的包边和缝纫线成为丈量的标尺。中国茶艺的线路规定没有十分精细的距离计算，但会有一些约定。茶艺的整体活动是一个造型艺术，茶人在茶艺活动中的线路，犹如设计师设计器具的线条图形构成。茶圣陆羽在茶艺专用器具"鍑"的设计中，在器具的图形、点线面的构成中提出"正令、务远、守中"设计理念，大致意思是"不越矩、延展、中正"，这三点也成为茶艺师沏茶线路规定上的原则性要求。

不越矩，是指茶艺师的活动范围及行走线路中规中矩，符合生活常识和茶艺法则；延展，是指茶艺师在不越矩的基础上活动线路尽量地延伸、舒展，对茶席、舞台、场所有整体感和控制力；中正，是指茶艺师无论身处怎样的场所，尽量保持端正、守中的活动方位和方式。具体来说，比如茶艺师在移动茶具时集中注意力，使其或经过一个中心点、一个平面，或沿着一条折线，就会形成茶席空间规定性的移动线路；茶艺师在端盘、奉茶、行礼时，也会依据"不越矩、延展、中正"的原则确定行走线路，主客间有明确默契的距离位置和方向，来表现大方、合韵的空间感。

"合五式"从"位置、动作、顺序、姿势、线路"五个方面描述了茶艺活动的基本规范，不同的学派、流派在"合五式"的框架下会制定更加细致的规定，来凸显各自的特征。

第三节　"同壹心"的规则

"心"是思想、心灵，它既包括"格物致知诚意正心"的心，表示了"心"的获得必须经历"知"辨是非的过程；也包括了"致良知"之"心"，以致善求生命活泼的灵明体验；还包括了"即心即佛""人人皆可为尧舜"的豁达精进心态。

"同壹心"的规则即吃茶养心，体现茶与心灵修养的关系。现代茶圣吴觉农先生指出，要把茶视为珍贵、高尚的饮料，因茶是一种精神上的享受，是一种艺术，或是一种修身养性的手段。赵州和尚著名偈语"吃茶去"，直接指出了"吃茶修心"的道理。唐代诗人卢仝有七碗茶歌，喉吻润、破孤闷、搜枯肠、发轻汗、肌骨清、通仙灵、清风生，喝茶是通往神仙境界的审美愉悦。日本荣西禅师著《吃茶养生记》，直指茶与修养的关系，日本仓泽行洋先生等主张，"茶道是至心之路，又是心至茶之路"，茶道提供了心灵修养的路径。茶人们通过饮茶来提高自身的修养，获得心灵的慰藉与愉悦。

茶是茶人自我历练的人格写照，孟子曰："爱人不亲，反其仁；治人不治，反其智；礼人不答，反其敬——行有不得者皆反求诸己，其身正而天下归之。"做的是"沏好一杯茶"这件事，时刻在过程中内观自己，反映出茶人反求诸己的胸怀、取舍和不懈努力。以"沏好一杯茶"之事提供修养，意味着茶人在日常生活之中的平凡历练，它在握起茶勺的行为中内观自己的敬畏感、在接触主泡器的茶艺之始会意心与器的相通、在奉茶行礼时反省自己的诚意。"同壹心"是人与物之心的同一、人与人之心的同一、人与己之心的同一。

一、器之心

"器之心"是指以主泡器为主线，以主泡器为中心。所谓器物之中心实质上是人把握器物的中心要素，并安置以中心地位的意思。

主泡器是茶叶开汤转变为茶汤的容器，它承载了茶艺物质变化的核心环节，有道"形而上者为之道、形而下者为之器"，在茶汤成为文化和审美对象的同时，主泡器也成为承载茶汤思想的具体形式。因此，主泡器是茶艺客观对象的中心器物。唐代陆羽煎茶是在镀中完成的开汤，主泡器是镀；宋代赵佶在巨瓯中完成了点茶，主泡器是巨瓯、碗；现代绿茶在透明玻璃杯中开汤，玻璃杯即是主泡器；乌龙茶用紫砂小壶为主泡器；花茶选用盖碗作主泡器。总结起来，主泡器有镀、碗、杯、壶、盖碗五类。

镀、碗、杯、壶、盖碗等器物能成为主泡器的类型，与它们的结构特征有关，主要体现在器具的口和盖的设计上，口的进一步延展，分出了专用于出口"流"。一般来说，主泡器的口越大，意味着茶艺在其中的展示度越大、心的容纳度也越大；口的设计越复杂，茶艺流程的规定性就越显著，器具的专用性越强烈；盖的加入，实现了茶艺的隐约之美，并通过发挥主泡器的功能，促进茶汤滋味及香味的形成。以下对主泡器逐一进行分析，茶艺师应从主泡器的类型中获得"心"的位置。

（一）镀

镀起源于陆羽在《茶经》中的发明，作为煎茶的专用茶具区别于日常生活之锅。镯，广口、无盖、无流、可加热，其材质有金属、陶石等。陆羽在"镯"中提到："方其耳，以令正也。广其缘，以务远也。长其脐，以守中也。"可以看出虽描述的是镯的外形，实质上是表达了自己的心志。广口的镯，完成了候汤、调盐、下末、开汤、育华、均沫、分茶等环节，各种要着都在众目视之的一口镯中完成，主泡器的简单要求了技术的更加娴熟。现代用镯来煎茶的也有，但极少见，主要是茶叶加工方式及器具生产都发生了变化，人们拥有了更多的选择。由于镯无流，为了取汤，镯常与杓合在一起使用。

（二）碗

以碗点茶最风行的是在宋代，有在大碗（巨瓯）中开汤点茶后再分茶，也有直接小碗点茶兼作饮杯。宋代点茶的主要趣味还在于碗面上的沫饽与茶汤形成的画面欣赏，谓之"水丹青"。碗，广口、无盖、不加热，材质多样，形貌丰富。碗在日常生活中常作食用的器具，以碗作主泡器，暗示了碗有兼用主泡器和品饮器的特点，并且沿袭直接吃茶的习惯。事实也是如此，现代人们用碗作主泡器，基本上是在末茶法的范围，末茶法是连汤带茶粉一起食用的。连茶一起食用，在碗的主泡器中，由于不加热造成的动力不足，用以搅和茶粉与水的茶筅就成为茶碗主泡器最忠诚的搭档。

（三）杯

杯在现代茶艺中使用得最为广泛，无盖、不加热，常见有玻璃杯、瓷杯等。作为主泡器的杯，一般仅供一人使用，兼作了饮杯。既作主泡器，又兼品饮器，杯的多重功能兼备，简化了茶艺的程序，使茶艺的仪式感会略淡些，因此茶艺师的气质要求就相对高一些。现代茶艺用透明的玻璃杯作主泡器较多，能充分展示茶叶的色、香、味、形，因此，茶艺流程的设计也要时刻顾及"尽其性"的原则。

（四）壶

明清以来，以小壶来沏茶的方式得到普遍的应用。壶，有盖、一口、一流、带把，以材质分有紫砂壶、瓷壶、玻璃壶、金属壶等。壶是所有主泡器中功能细分最全的，壶口入、壶嘴出，因此其规则也越明确，结构的完备增加了沏茶的中间环节，使以壶为主泡器的茶艺更有韵致。不同材质的壶呈现出不同的气质，紫砂壶古意盎然，玻璃壶在现代茶艺中也凸显出明朗的特色。

（五）盖碗

盖碗由杯身、杯托、杯盖三部分组成，又称"三才杯"。盖碗比之碗，多了一个盖，它们的作用就发生了变化。加盖后能保持开汤后的温度，促进茶叶品质的发挥；盖碗主泡器之盖还常用于蕴香，显示了茶汤香气的特点；用盖来滤汤、撇叶等，增加茶艺过程的节奏感等。盖碗的结构还常用来比喻"天地人"的关系，深得茶人喜爱。

以主泡器的确定来作为茶艺实现的主线，具有合理性。茶艺师一旦明确了主泡器的类型，也即同时构思出茶艺的全部流程，比较其优劣而完善中间环节。人们饮茶因首先接触到的是茶叶，可能会在思维上对茶叶先设定对象，茶艺师的任务则是将这个对象问题转化为适用主泡器的提出及选择，来实现茶艺的过程。

以主泡器为中心的意义还体现在茶艺的具体形式上。茶艺师在布置茶席时，主泡器是空间的原点，以其为中心来确立横轴、纵轴、竖轴。茶艺师也是原点，这就意味着茶艺师之心与主泡器之心的合一性，眼观鼻、鼻观心、心观器。当主泡器是单一时，茶艺师与主泡器一一对应；多个主泡器，茶艺师便须心容万象、兼顾其中。

二、茶之心

茶艺以茶汤为观照，提供了以茶观心的修养道场，茶汤赋予了人格化特性。"茶之心"一方面要求茶艺师用心沏好茶，以茶汤来体会茶艺师的用心，是"尽其性"的内在要求；另一方面用茶汤来养成茶艺师的气质，在每天沏茶的过程中，以茶汤内观自己，获得圆满的心灵。茶艺师是最终完成"同壹心"的主体，茶艺师以技艺和审美能力来完成对客体的改造，在茶艺师的技能中体现出茶艺师的思想与品藻，茶艺师的用心是"茶之心、人之情"，它表现为四个方面：茶气以行、心技一体、气韵生动、一期一会。

（一）茶气以行

心之所托为气，气是人性历练的表达，茶人练就的是茶气。茶气，不显露的默契与幽默，不显露的智慧。默契来源于一致的心性，彼此的暗相契合。幽默是一种智慧，正如林语堂所说："凡善于幽默的人，其谐趣必愈幽隐；而善于鉴赏幽默的人，其欣赏尤在于内心静默的理会，大有不可与外人道之滋味。与粗鄙的笑话不同，幽默愈幽愈默而愈妙。"不显露体

现了敬畏感。"茶气以行"，茶气并非玄之又玄，它要求茶艺师在生活中
实践、在茶事中养成，能从一只质朴的茶碗印有爪痕中会心，在庭院中洒
些水，迎客的心情轻薄地氤氲开来，把挫折当作幽默，愉快地接受，永远
把目标设定在眼前的更远一步等，在获得活泼生命的同时，成就茶人不显
露的默契与幽默。没有茶气的人是对发生在人生中亦庄亦谐的趣事无动于
衷的人，也把逃避社会沉溺于毫不克制的唯美主义者，称为茶气过盛的
人①，"过犹不及"。茶气与孟子所谓的"吾养吾浩然之气"是一致的，
只不过它选择了一个小之又小的路径与窗口，希冀从人生力所能及的活动
中体验圣人般的感悟，以浪漫主义情怀造就生活的完美，充盈丰富的
生命。

（二）心技一体

心技一体是说茶艺师必须把自己的思想与技法完全融合起来，知行合
一。茶艺师要想沏好一壶茶，必须先正心诚意，先学习仁义礼智信，只有
端正心智，才能有技术的发挥。一个好茶师必须有一颗温良的茶心，会沏
茶，会品茶、鉴茶，才能精益求精真正地沏出好茶。

茶艺师"心技一体"的表达，遵循合理、合情、合艺三个原则。所
谓合理，也即遵循科学性，了解各类茶叶、器具的特性，掌握沏茶的基本
技术要求，以科学的沏泡方式，使茶叶的品质能充分地表现出来。合情，
也即实用性，就是依实际情况和实际需求沏出好茶，并非任何场所都能获
得完美的茶、水、器、火、境的准备，或者并非所有人都趋于同一个口
味，一个优秀的茶艺师应该充分运用现有条件、需求和专业技能，尽可能
地完成一杯共同分享的好茶。合艺，即达到艺术性的标准，好的技法不仅
沏泡一杯接近完美的茶汤，还要体现技法的优美，这个优美包括了选择合
适而美好的器具、环境，还包括茶艺师气韵生动的表现。

（三）气韵生动

气韵生动是茶艺技法炉火纯青的表现。茶技的艺术性进步经历三个步
骤：一是熟能生巧，通过反复训练，把沏茶的程序动作了然于心，一气呵
成，自然手法流畅、灵巧；二是以巧合韵，灵巧的手法可以达到顾盼流
连、抑扬顿挫，追求节奏感、律动感，在茶席中用茶艺师的技法演奏出美
轮美奂的旋律；三是气韵生动，因为挚爱，一切技巧、法则的运用带给茶

---

① 冈仓天心：《说茶》，百花文艺出版社 2003 年版，第 5 页。

艺辉光熠熠的效果，虽然还是技法，但人们看到的是茶艺师散落在茶席中内在神气和韵味，一种洋溢鲜活生命的状态，茶技成为了艺术。气韵生动是茶艺师技法锻造的最高追求。

品茶是茶艺师因为爱茶、欣赏茶、珍惜生活而练习出"特别的感觉"，这种感觉与茶叶审评技术有关，更关联到了生活的意境和品位，以人文入茶境。会品茶是茶艺师提高自己技能的必要内容，茶艺师的品茶要学会兼听而不执著，理解他人的态度和视度，丰富自己的人生阅历，才能达到气韵生动。

（四）一期一会

一期一会指人的一生仅有的一次相会，当珍惜珍重，强调如何有意义地度过此时此刻这一瞬间。该词作为茶道用语来源于日本，井伊直弼在其书《茶汤一会集》中，多次使用"一期一会"这个词来阐述茶道心："茶会也可为'一期一会'之缘也。即便主客多次相会也罢，但也许再无相会之时，为此作为主人应尽心招待客人而不可有半点马虎，而作为客人也要理会主人之心意，并应将主人的一片心意铭记于心中，因此主客皆应以诚相待。此乃为'一期一会'也。"① "一期一会"提醒人们要珍惜人生不能重复的每个瞬间，并为人生中可能仅有的一次相会，付出全部的心力。茶艺是一种聚会，它可以是一个人与茶的聚会，更是一群人以饮茶为借由的聚会，来表达相互的关爱和共同志趣。

---

① 张建立：《日本茶道浅析》，《日本学刊》2004 年第 5 期。

第五章　茶艺流程与方法

茶艺是仪式化的产物，它能赋予人一种可以辨别的身份和属于这一群体或集体的特殊精神风貌和气质，这种设别来源于仪式化过程中不断强化的行为特征的规定性。茶艺流程是以时间轴进行的茶艺行为描述，它强调以其简洁而显著性的表达来吸引更多的人纳入该文化的范畴。以"器为心"的主线，归纳了五类主泡器，在现代中国常用的以杯、壶、盖碗三类作主泡器较多，因此，对茶艺流程与方法的论述，分为直杯沏茶法、盖碗沏茶法、小壶沏茶法的体系。

茶艺的设计和实施，必须按以下内容来思考和行动：一是需要研究主泡器的性能、特点和人文感受，通过最大限度地发挥主泡器的潜能，来实现茶汤质量和茶艺风格；二是需要了解茶叶的特性，选择合理的沏泡技术来全面展现茶叶的优势；三是基于以上两个方面的研究，选择、设计满足茶叶和主泡器两者的特征并使其得以较好发挥的茶艺程序，通过茶艺师气韵生动的技术发挥获得饮茶艺术的享受。

第一节　直杯沏茶法

现代茶艺中以"杯"为主泡器最为常见，其中的代表之一是玻璃杯。玻璃可塑性大，配合精湛的手工技术，可以设计制造出各种形态茶具，能满足不同茶艺风格的要求。以下主要叙述以玻璃杯为主泡器的直杯沏茶法。

一、主泡器特征与适用

玻璃是一种透明的、硬度高、不透气的硅酸盐类物料，玻璃与茶不产生任何化学反应，也不对茶渗入任何新的成分，所以玻璃茶具泡出的茶既能保存茶的原有成分，又能保持茶的原汁原味，是比较普及的现代茶具。

　　界定玻璃杯主泡器是：容量在 150ml 以上、300ml 以下，无盖，玻璃直杯既是主泡器，又是饮杯。按照茶艺对主泡器的选择规则，首先要分析玻璃杯主泡器的主要特点，分析这些特点是否符合茶品的性能，并通过扬长避短的技法设计来完成茶艺的流程。

　　特点一：玻璃杯主泡器透明，可视度、观赏性强。

　　适宜于主泡器的这一特征，一般选用色、形均美的茶品，能在玻璃杯里充分展示。比如龙井茶，一芽一叶，如兰花翩翩起舞，如生命之芽联想浮起；比如针形茶，根根翠芽，亭亭玉立，佳茗如佳人；比如花草茶，姹紫嫣红，争奇斗艳。

　　特点二：玻璃杯主泡器敞口，散热快，不会闷伤茶汤。

　　这一特征，有利于沏泡较嫩的茶品，并且以欣赏它清雅的滋味和香气为主。比如西湖龙井茶"甘香如兰，幽而不冽，啜之淡然，似乎无味。饮过之后，觉有一种太和之气，弥沦齿颊之间，此无味之味，乃至味也"（清·许次纾）；比如碧螺春，十分细嫩，用上投法来沏泡，非敞口玻璃杯无法体会它的精妙。

　　特点三：简洁，方便，呈现茶的全部品质。

　　作为兼用品饮器，玻璃杯主泡器在茶艺程序中同时完成沏茶与品茶的功能，以方便的突出特点广泛应用在生活之中，相应地，茶艺程序设计也比较简洁。玻璃杯对茶叶沏泡过程中从形状及滋味不做任何掩饰的呈现，也得到茶艺师的青睐。

　　特点四：美观，可塑性大。

　　玻璃器皿加工工艺成熟，形式多样，镶嵌等工艺多变，给茶具组合和茶艺内容带来丰富性，尤其是花草茶茶艺的茶具选择极有优势。现代茶艺宣传茶叶文化、茶叶品牌内涵，往往通过茶具的创新性设计和利用来表现，玻璃茶具在色彩、图案、器形、结构、大小变化等方面都有较灵活的适应性。

　　特点五：直白、硬朗、通透而略有苍白感。

　　这是玻璃杯主泡器的缺点。单口、无盖使主泡器的主要功能过于集中，略显得功能性开发的成熟度欠缺，茶艺程序操作单一性的重复，茶艺风格较难把握。

　　特点六：浮叶，给啜饮带来困难。

　　这是玻璃杯主泡器同时作为兼用品饮器的最大缺陷。无盖的结构不能撇去叶茶开汤后浮在汤面上的叶子，给品饮带来汤、叶分离的难度。特别对于不常饮茶的区域，人们是把浮叶和汤一起吃下去，还是不雅地吐出叶子，的确成为一个问题。

茶艺流程设计的扬长避短，首先要解决玻璃杯主泡器的这两个主要缺点。对于茶具简洁、茶汤形成一览无余，实现茶艺的变化与韵致，主要在于茶艺师。茶艺师要把日常生活中常用的茶具和饮用方法作为一门艺术展示给众人，需要特别突出沏茶过程中茶艺师的气质、气韵和营造的气氛，以这样的茶气和场景来感染、感动和感化人们，是显示茶艺师内修工夫的一门茶艺。还有，由于沏茶和品茶都在玻璃杯中完成，往往在品茶时，叶底还在汤面上漂浮着。解决这一问题，有两个方案：一是选用茶叶，一般说，干燥的、内质厚实的茶比较容易下沉。在水的作用下形成悬浮状态，在茶汤中翩翩起舞，即使是下沉了，轻轻一晃，叶底还能在杯中跃跃欲试，极为柔曼。这样的茶不仅是优质的茶品，也是符合用玻璃杯沏的茶品。二是对有叶底浮在汤面上的茶，也不能等过了品饮的好时机，须以品茶心情来化解难题。我们经常做这样的联想：轻轻吹起汤面，"吹皱了一池春水"；或者，"心为茶莽剧"，吹嘘对茶汤。这样的景象，再有浮叶，不会为难，反而有些情趣。

因此，对于最适合于玻璃杯沏法的茶，有了基本的轮廓：1. 兼具色、香、味、形的茶品，这"形"不仅是干茶的形，还强调叶底的形。2. 十分细嫩的茶品。3. 特别在色、形上见长的茶品。龙井茶首推为玻璃杯沏茶法；碧螺春用玻璃杯上投法的沏泡为最佳；花草茶舒展在玻璃杯中得天独厚，与绿茶用的玻璃杯有所不同。以此三者作为典型代表，可推至其他类似的茶品用直杯沏茶法，以下来简单介绍它们的沏泡程序。

二、龙井茶直杯沏茶法

龙井，既是茶品名，又是茶种名、茶加工法、地名、井名、寺名，"六名合一"，"龙井茶、虎跑水"被称为杭州双绝。

（一）龙井茶的品质特征

龙井茶品质超群，茶形扁平、光滑、挺直，形如碗钉，色泽绿中显黄嫩，如同新春嫩柳。汤色清澈碧亮，香馥如兰而不俗。滋味鲜醇甘爽，回味留韵。龙井茶以"色绿、香郁、味醇、形美"四绝著称。龙井茶产地分布在浙江西湖产区、钱塘产区、越州产区，其中产于杭州西湖群山之中的"西湖龙井"是龙井茶中的精品，历史上向有狮、龙、云、虎四个品类之分，新中国成立后因有狮子山、龙井、云栖、虎跑、梅家坞等产地而名之"狮、龙、云、虎、梅"，其中以狮峰龙井排在第一。狮峰龙井色绿显黄，呈糙米色，芳香幽细，香气高锐持久，滋味鲜醇。随着名优茶工程的推广，生产和品牌管理能力的提升，把基础好的茶都按特级、高级的工艺采摘制作，龙井茶基本上成为西湖龙井的简称。"西湖龙井"一般定义为龙井茶中的名优茶，品质略差的就称之为龙井优质茶或大众茶。

　　龙井茶的采摘技术相当考究。通常以清明前采制的龙井茶品质最佳，称明前茶，谷雨前采制的品质尚好，称雨前茶。龙井茶的采摘十分强调细嫩和完整。只采一个嫩芽的称"莲心"；采一芽一叶，叶似旗，芽似枪，称"旗枪"；采一芽二叶初展的，叶形卷如雀舌，称"雀舌"。通常制造1公斤特级龙井茶，需要采摘7万—8万个细嫩芽叶，其采摘标准是完整的一芽一叶，芽长于叶，芽叶全长约1.5厘米。

　　手工龙井茶的炒制全凭一双手在一口光滑的特制铁锅中不断变换手法而成。炒制的手式有抖、搭、搨、捺、甩、抓、推、扣、压、磨"十大手法"，根据鲜叶大小、老嫩程度和锅中茶坯的成型程度，来变换手法，炒出色、香、味、形俱佳的龙井茶。龙井茶的炒制分青锅、回潮、辉锅三道工序。青锅，即杀青和初步造型的过程，历时12—15分钟；回潮，起锅后薄摊，摊凉后筛分，摊凉回潮时间为40—60分钟；辉锅，其目的是进一步整型和炒干，需炒制20—25分钟，炒至茸毛脱落，扁平光直，茶香透出，折之即断，即可起锅。随着现代科技的进步，机制龙井也越来越普遍。

　　（二）沏茶法技术要领

　　1. 气韵与礼仪

　　直杯沏茶法因为器具的简洁，更要求茶艺师内敛而高超的技能，以气韵生动的展示，来品味龙井茶茶艺"无味之味乃至味"的风尚。气韵生动一方面是基本程序的训练，熟能生巧，巧生气韵；另一方面是茶艺师人文素养的积淀，有美的意识与体会。

　　气韵生动的第一步就是礼仪的实践，这一点在龙井茶茶艺中来体现是极为恰当的，在茶艺"归位、规范、恭敬"的动作要求中，认真体会"茶之心、人之情"的礼仪表达，是对简洁、淡雅而高尚的龙井茶直杯沏茶法的最好诠释。在龙井茶直杯沏茶法中，围绕"淡雅"的核心要求，非特殊原因，不点香，不插香味重的花，素手净面，茶艺的其他要素如风格、色彩、茶点等也须合适、和谐。

2. 凤凰三点头

在龙井茶直杯沏茶法中，核心的技术训练是"凤凰三点头"，这是每一位习茶者首先要掌握的一门基本技术。"凤凰三点头"综合了气的吐纳、茶具的把握、水流的控制、身形的端正等茶艺基本要求，因此，经常由此来判断茶艺师的基本素质。

"凤凰三点头"是高冲水的用语，在茶叶浸润后，将提梁壶或执壶里的水，有节奏地三上三落，冲入茶杯，完成沏茶的过程和技术。其动作要领为：

（1）以提梁壶为例，握壶的手法有：直握法，手心向下，食指点梁；立握法，虎口向上，大拇指节有力；提握法，手掌向上。建议女性用直握法，男性用立握法。

（2）提起壶后，壶的中轴线与肩膀平。

（3）手腕与手肘配合，完成三上三落，头与肩膀始终端正、平稳、自然。

（4）冲点过程中，水注不可间歇，不可落在杯外，收断水干脆，无余沥。

（5）一般要求水注高度有"一上"在七寸以上，所谓"七寸注水不泛花"。

（6）完成后，杯中水的高度在七八成。有若干杯同时冲点，水的高度应相等。

（7）注意气息的控制，开始冲点前深深换一口气，气蕴胸腔，在冲点过程的起落中，呼吸也随之起落，直至结束整个动作，缓缓放松。

"凤凰三点头"在直杯沏茶法中有多重意义：一是宜水温。高冲水，降低了开水的温度，能满足龙井茶适宜的水温条件。二是宜浸润。三上三落，使入杯水柱的冲力发生变化，有利于茶叶的翻腾浸润。三是宜礼仪。民俗中表示三叩首的礼节。四是宜艺美。美观，动作有气度、有韵律，水声的变化还能引发人们的想象力。

（三）基本程序

1. 备具：茶盘内分置茶储、茶荷、茶匙组、玻璃杯、茶巾、汤瓶、水盂。

2. 出具：以右手在前的出场线路为例。双手端茶盘组合，左手手掌托住茶盘，右手扶茶盘边侧，茶盘底位在胸前位置。90°转，正对茶桌中心，距离茶桌边沿1—2拳的位置，举高茶盘以示敬意，至茶盘内茶具最高点不超过眉头，稍顿，缓缓放下，茶盘前边的三分之一部分至茶桌上稳定后，两手轻轻推进，至距离桌沿一块茶巾的位置，完成。返回取汤瓶和水盂，右手持汤瓶，汤瓶位置在腹前，左手取水盂，水盂位置在身侧，左手垂直而下。同上走到桌前，汤瓶前推以作示意，水盂直接放下。

3. 列具：出具后，茶储、茶荷、茶匙组移出茶盘，列上位；玻璃杯成列置茶盘内，汤瓶与茶盘齐，皆居中位；茶巾、水盂列下位。上位的茶具按从高而低器形取出，一般先匙组、后茶储、再后茶荷，茶荷居中。审视完成后，行中礼，表示准备工作完成，开始沏泡。

4. 赏茶：右手取茶储，左手接，右手将盖取下放在汤瓶正后，左手端持茶储于胸前。右手在匙组中取出茶匙，立于茶储正前，端视，表示景仰。三次手势转换，茶匙呈取茶势，同时左手茶储与茶匙呈水平倾斜，拨茶入茶荷，拨入量大于或等于用茶量。复原成茶匙前茶储后的状态，各回其位。右手取茶荷，左手托，赏茶。置原位。

5. 温杯：提起汤瓶，用回旋法注入玻璃杯1/3的水量，从左向右、从高向低注完全部用杯。右手五指握杯身，离杯口1/3以下，左手食指和拇指持杯身下沿，其余手指托杯底，倾斜杯身，使水在杯口以下周旋，至一圈半，倾倒入水盂，女性双手，男性单手。从左向右、从高向低逐一取杯、温杯。

6. 置茶：同赏茶手势，逐一从茶荷拨茶入玻璃杯，注意茶量。如遇有茶梗、黄叶等留在茶荷里，茶叶量有余也留在茶荷里，完成后右手接过茶荷放在汤瓶的正后方。

7. 浸润：提起汤瓶，用回旋法依次注入玻璃杯1/4的水量。逐一取杯，水平轻摇，此时也可闻浸润香，十分芬芳。

8. 高冲：提起汤瓶，用"凤凰三点头"的手法依次冲点，各至玻璃杯的七八分满，水平一致。

9. 奉茶：若茶杯分得较开，重心面积大，可把茶杯稍稍靠拢。将茶巾置入茶盘底边，两手从边侧握住茶盘轻轻向后移，至1/3茶盘边沿在茶桌外，左手托住，继续移出至左手能完全托起，右手扶茶盘，走向品茗者。先行鞠躬礼，前行半步，右手以从右而左、从下而上的顺序端起茶杯，放稳在品茗者位置，再后退半步，行手势礼："请品茶!"一般来说，端茶不行礼，行礼不端茶，分步骤完成。若品茶者在茶桌前，可直接在茶盘上取杯奉茶。

10. 品茶：在最后一杯茶给了茶友后，第一位与最后一位包括中间茶友相互示意，开始品茶，按一看、二闻、三品步骤，在品了第一口后，要露出满意而欣赏的神情向茶艺师行礼示意，茶艺师回礼。

11. 续水：一般在茶水三分之一杯时须续水，用凤凰小点头手法，以此示礼。

12. 收具：先收茶桌上的茶具。按器形从低到高的次序，收茶荷、茶储、茶匙组放于茶盘左前，收汤瓶放于茶盘右端，用茶巾拭擦茶桌有痕迹处，右手持茶巾与左手捧起水盂，放在茶盘左下方。按照前面的方法移出茶盘，撤场。若水盂太大，不能放入茶盘，分两次，可与茶巾一起取回。依据具体情况，在茶艺结束后，用茶盘收回品茶者的茶杯。茶艺结束，向茶友行礼，表示感谢。

（四）欣赏要领

茶艺是由茶艺师和品茶者共同完成的艺术，龙井茶以及其他类茶品利用玻璃杯沏茶法，因为主泡器透明、全角度展示的特征，能带给人较高品质的欣赏空间，有三个主要过程：

1. 欣赏干茶。观看茶叶形态，或条，或扁，或螺，或针，欣赏其制作工艺；察看茶叶色泽，或碧绿，或黄绿，或多毫；干嗅茶中香气，或奶油香，或板栗香，或锅炒香，充分领略茶的地域性的天然风韵。

2. 欣赏茶舞。玻璃杯沏泡绿茶，可以观察茶在汤中的缓慢舒展、游动、变幻过程。在高冲水后，茶叶有先有后徐徐下沉，有的直线下沉，有的辗转徘徊，有的似乎拖着曳地长裙飘向杯底；干茶吸收水分，逐渐展开芽叶，显出一芽一叶、二叶，单芽、单叶的生叶本色，芽似枪剑叶如旗；汤面水汽夹着茶香缕缕上升，如云蒸霞蔚，趁热嗅闻茶汤香气，令人心旷神怡；观察茶汤颜色，或黄绿碧清，或乳白微绿，或淡绿微黄，隔杯对着阳光透视，还可见到汤中有细细茸毫沉浮游动，闪闪发光。

3. 欣赏茶汤。待茶汤凉至适口，小口品啜茶汤滋味，缓慢吞咽，让茶汤与舌头味蕾充分接触，细细领略茶的风韵，舌鼻并用，嫩茶嫩香，沁人心脾，此谓一回茶，着重品尝茶的头开鲜味与茶香。饮至杯中茶汤尚余

1/3 水量时，再续水，谓之二回茶，二回茶汤正浓，饮后舌本回甘，余味无穷，齿颊留香，身心舒畅。饮之三回，茶味已淡，却是回味绵长不已。

三、碧螺春直杯沏茶法

碧螺春茶是中国的名茶珍品，产于江苏吴县太湖洞庭山，又称洞庭碧螺春，它以"形美、色艳、香浓、味醇"四绝闻名中外。

（一）碧螺春茶的品质特征。

碧螺春的品质特点是：条索纤细，卷曲成螺，满身披毫，银白隐翠，香气浓郁，滋味鲜醇甘厚，汤色碧绿清澈，叶底嫩绿明亮。有"一嫩（芽叶）三鲜（色、香、味）"之称。当地茶农对碧螺春的描述为："铜丝条，螺旋形，浑身毛，花香果味，鲜爽生津。"碧螺春产区是中国著名的茶、果间作区，茶树、果树枝丫相连，根脉相通，茶吸果香，花窨茶味，形成了碧螺春花香果味的天然品质。

碧螺春采摘有三大特点：一是摘得早，二是采得嫩，三是拣得净。通常采一芽一叶初展，芽长 1.6—2.0 厘米，炒制 500 克高级碧螺春约需要采 7 万颗芽头。细嫩的芽叶，含有丰富的氨基酸和茶多酚。碧螺春炒制的主要工序为：杀青、揉捻、搓团显毫、烘干。连续操作，起锅即成。

（二）基本程序

碧螺春茶艺基本同龙井茶的程序，只是碧螺春要求的水温更低，在 70℃—80℃，茶艺中常用上投法沏泡。

上投法沏泡碧螺春，其余程序与龙井茶同，只是在温杯后，先汤瓶冲点至玻璃杯七分满，再从茶荷中取碧螺春茶适量拨入玻璃杯。

碧螺春极具观赏性。当碧螺春茶投入杯中，茶即沉底，瞬时产生"白云翻滚，雪花飞舞"的景象，清香袭人。茶在杯中，观其形，可欣赏到"雪浪喷珠"、"春染杯底"、"绿满晶宫"的三种奇观。品其味，一饮色淡、幽香、鲜雅；二饮翠绿、芬芳、味醇；三饮碧清、香郁、回甘，其贵如珍，不可多得。

四、花草茶直杯沏茶法

花草茶指的是将植物之根、茎、叶、花或皮等部分加以煎煮或沏泡，而产生芳香味道的草本饮料。在生活中的花草产品可以说是琳琅满目，基本上分为单品花草茶和复方花草茶。顾名思义，前者是用一种植物来沏泡,后者是多种植物构成的产品。

（一）花草茶的品饮功能

饮用花草茶主要是满足消费者的两大功能需求：

第一个功能是花草茶的疗效,花草茶是一种天然饮品,含有丰富维生素,而且不含咖啡因与人造色素,它不但可以解渴,不同的花草茶还具有美容、舒缓压力、镇静神经等不同的功效。花草茶的花草药效最早来源于明朝李时珍的《本草纲目》,其内容以药草为主,包含了1898种药物。现代营养学家也认为,常喝花草茶,可调节神经,促进新陈代谢,提高机体免疫力,其中许多鲜花可有效地淡化脸上的斑点,抑制脸上的暗疮,延缓皮肤衰老。在花草茶中,果茶因为含有丰富的维生素而口感清新怡神,老少皆宜,对于增强活力、抵抗力和预防疾病具有一定作用。根据不同的配比,花草茶可以同时兼顾提神醒脑、美体瘦身、保健养生等多种功效,这是复方花草茶的优势所在。复合花草的配伍也不要太杂,尽量不要超过3—4种,选用常作为饮用的植物较为稳妥,最好能得到中医师的指导,特别是那些身有疾患的人更应该慎重。

第二个功能是花草茶亲近大自然纯朴气息的文化寄寓。唐代诗人白居易曾赞誉："耐寒惟有东篱菊,金粟初开晓更清"、"酒能祛百虑,菊解制颓龄",讲的是菊花茶；曹丕《与钟繇九日送菊书》云："辅体延年,莫斯（指菊）之贵。谨奉一束,以助彭祖之术。"服食菊花成六朝风气。菊花入茶的功效不仅在强身,还有志趣高洁的寓意,而诗篇之高远寓意,亦皆由菊引发。茉莉花向来被称为"人间第一香",在中国的花草茶里,茉莉花茶素有"可闻春天的气味"的美誉,宋代诗人许景迁的《茉莉花》："自是天上冰雪种,占尽人间富贵香。不烦鼻观偷馥郁,解使心俱清凉。"叶廷圭也有诗句赞美茉莉花茶,"露华选出通身白,沉水熏成换骨香"、"虽无艳态惊群目,幸有清香压九秋。"说的就是茉莉花茶浓郁的香味。在文化的渲染下,大众对花草的接受度是有增无减。同时,花草茶颜色鲜亮、造型丰富,用玫瑰、桂花、菊花、薰衣草、金银花等花草来泡茶,调配出自己心仪的口味,看着色彩缤纷的花朵在水中沉沉浮浮,别有一番情趣。花草茶的美丽呈现也是许多时尚人士对其钟爱的因素之一。

（二）花草茶的沏泡程序

沏泡花草茶方法与前面龙井茶相似,200ml的玻璃杯置一茶匙的花草茶,约3克,加入90℃—100℃的热水,沏泡两至三分钟即可。也可根据口味的不同加入适量的蜜糖或冰糖等。花草茶的汤色多轻薄淡雅，斟在透明的玻璃杯中尤其澄亮，映衬着氤氲的袅袅热香，欣赏着花草舒展之美丽姿态，格外引人遐思。

茶艺的主泡器要凸显花草茶浮潜伸舒、鲜活如生的视觉享受，因此通常选用的玻璃杯，或者是大口径短壁或者是西式高脚杯，提供花草舒展的空间，营造花草茶浪漫、时尚、热情的趣味。

花草茶茶艺主要的风格特征是浪漫、美丽，因此，茶艺师首先要了解花草茶的材料特征，比如植物的色彩，根、茎、叶、果、花的形状及叶底表现，植物开汤的滋味等，从色、香、味、形的综合比较来选择主泡器、品饮器及其他器具，来进一步发挥花草茶的优势。玻璃杯主泡器透明纯净、造型丰富、风格多样等特征是花草茶茶艺的首选，依据同样的特征分析，花草茶主泡器的选择还有玻璃壶、玻璃盖碗及白瓷广口壶。

其他茶类如白茶、黄茶等，也有用直杯沏茶法来执行茶艺的。白茶中的白毫银针十分适宜用玻璃杯沏茶法沏泡，在70℃高冲水后，茶芽开始浮于水面，在汤水的浸润下，茶芽逐渐舒展开来，吸收了水分后沉入杯底，此时茶芽条条挺立，娇绿可爱，碧波曼舞，唯有玻璃杯沏茶法欣赏得最为真切。十分钟后，开始慢慢品饮。

色美、形美的茶品均可采用玻璃杯沏茶法茶艺，但形、色不美的茶品是绝对不能用玻璃杯沏泡的，古语"食不正则不食"，茶也一样；有的干茶形美而叶底不美，也是不能用玻璃杯沏茶法。用玻璃杯沏茶法的茶品一般都娇嫩、幽香，为了真切地欣赏到它们的自然神采，杜绝周边有其他香郁的花品、香品、饰品等，避免妨碍茶品自然品质的展示和发挥。

以杯为主泡器，其材料除了玻璃杯，在茶艺中使用比较广泛的还有瓷杯，针对玻璃杯不保温，以及全程透明导致对茶品的极度挑剔，茶艺师们还爱好使用大口径短壁的精致瓷杯，它在某种程度上弥补了玻璃杯沏茶的一些不足。瓷杯保温性比玻璃杯强，使一些茶叶的鲜爽滋味和嫩香持久性增强；杯内侧纯白、广口壁短、瓷品的精致等特性满足了一些茶品的欣赏要求；欣赏角度从玻璃杯的全方位转成由上而下的视角、更偏向于饮茶者个人的欣赏，使茶艺有了另一番情趣。毛峰茶、条形茶、花草茶等，用瓷杯沏泡都是不错的做法。

第二节　盖碗沏茶法

盖碗是一种上有盖、下有托，中有碗的茶具，又称"三才碗"，盖为天、托为地、碗为人，暗含天地人和之意。历来饮茶须用好器，在唐代，碗形的饮茶专用盏逐渐普及，随之又发明了盏托；宋代盏托的使用已相当普及，多为漆制品；明代后又在盏上加盖，才形成了一盏、一盖、一碟式的三合一茶盏——盖碗。盖碗的杯托，相传为唐四川节度使崔宁之女所造。据说在唐代宗宝应年间，成都府尹崔宁，爱好饮茶，他的女儿也有同好，而且聪颖异常。因为茶盏倒入茶汤以后，端起来喝茶时很烫手，让人感到很不方便，崔小姐就想出了一个办法：用一小碟垫托在盏下。这个办法好是好，可是每到刚要喝时，杯子却会滑动倾倒。崔小姐就又想一法，把蜡烤软，在碟中做成一个茶盏底大小的圆环，用以固定茶盏。这样饮茶时，茶盏既不会倾倒，又不致烫手。后来又让漆工把这个圆环做成了漆制品，称为"盏托"。这种一盏一托式的茶盏，既实用，又增添了茶盏的装饰效果，给人以庄重之感，遂世代流传至今。

盖碗自明清以来流行，其碗身呈喇叭口，浅底、圈足；盖径一般都小于碗口径，扣于碗口，少数盖径大于碗口的，俗称"天盖地"式。胎质有瓷胎和紫砂陶胎，常见有青花、粉彩、珐琅彩及其他单色釉等品种。盖碗也有玻璃、竹木、石玉、金属等材料制成的，现代名优茶对外形的追求，使玻璃材质的盖碗在当下流行起来。盖碗茶具天地人和的寓意，饮茶表现了一种宇宙观，因而得到饮茶人的特别喜好。鲁迅先生在《喝茶》一文中曾这样写道："喝好茶，是要用盖碗的。于是用盖碗。果然，泡了之后，色清而味甘，微香而小苦，确是好茶叶。"鲁迅先生比较赞赏盖碗沏茶法。以前茶馆老板招待贵客、清雅的客人，也往往选择盖碗来沏一杯好茶。

一、主泡器特征及适用

盖碗在现代茶艺中主要有三种用途：一种是盖碗同时是主泡器和品饮器；第二种是盖碗只用作主泡器，类似于小壶分茶；第三种是盖碗只用作品饮器，沿袭其古时的茶盏用途。本节主要讲述盖碗用作主泡器的前两种用途。

（一）盖碗作主泡器的特征

以盖碗作主泡器，其"三位一体"的结构有五大特点的功能优势：一是盖碗杯身上大下小，注水方便，易于让茶叶沉淀于底，添水时茶叶翻滚，易于沏出茶汁。二是盖碗杯盖隆起，盖沿小于杯口，不易滑跌，还便于凝聚茶香；杯盖可用来遮挡浮茶，饮茶时不必揭盖，只需半张半合，茶叶既不入口，茶汤又可徐徐沁出，不使浮叶沾唇，还避免了壶堵杯吐之烦；杯盖还增强了盖碗的保温性，有利于发挥茶性。三是有了杯托不会烫手，只需端着杯托就可稳定重心；杯托有凹心，万一注水过多或偶有倾斜，凹心可将溢水收容，也防止溢水打湿衣服。因而在客来敬茶的礼仪上，以盖碗茶敬客更具敬意。四是盖碗使用瓷质、玻璃材料等。烧制温度高，致密性强，不串味，不吸味，使用、清洗、保养方便。五是盖碗的杯盖还有调节茶汤浓度的作用，若要茶汤浓些，可用茶盖在水面轻轻刮一刮，使整碗茶水上下翻转，轻刮则淡，重刮则浓，也是一种常用的方法。

（二）盖碗主泡器适宜的茶

利用盖碗的以上特征，以盖碗为主泡器的茶艺对茶叶选择就有了一定的依据。

1. 适宜香高的茶。盖碗杯盖有凝聚茶香的作用，因此，盖碗通常用来沏泡花茶。

2. 适宜中嫩绿茶。细嫩绿茶用玻璃杯沏泡，中嫩的绿茶要求的温度和持久程度比玻璃杯沏泡要高些，用瓷质盖碗沏泡更有利于茶性的发挥。

3. 适宜单芽茶。单芽茶的加工制作，其主要目的更侧重于赏形，芽茶的沏泡温度太高会破坏叶绿素，芽茶不经过揉捻，温度太低又使芽茶难以沏出，因此需要适宜的沏泡温度。一方面，要求有更长时间的保温性，盖碗符合这样的需要；另一方面，为满足单芽茶的赏形要求，故而常用玻璃质盖碗，盖碗杯身短，也使针形茶在杯中的姿态更完美、丰满、茂密。

4. 适宜味、香兼备的茶。这里发挥的是盖碗具有的小壶功能。比较盖碗与紫砂小壶主泡器的区别，前者沏茶如镜子，茶叶的滋味香味毫无保留全部呈现；后者如调音台，滤去一些滋味香味，使口味更完美。有些饮者更欣赏茶叶原本的风格品味，所以盖碗主泡器的小壶沏茶法也很受欢迎，特别是用来沏泡乌龙茶。但由于盖碗（瓷质）传热比紫砂快，也没有"把"的利用，使用起来会比用紫砂壶沏茶难度大些。

5. 适宜仪式化的茶礼。从直筒杯到盖碗，因为增加了盖，使主泡器的角色既大众又显得曲折成熟一些，比之壶，没有后者难以驾驭的自由个性，所以，盖碗沏茶法经常用于具有一定仪式感的民俗茶生活部分，显示出既隆重又普适的情感寄托要求。

盖碗主泡器介于杯和壶之间，它的兼用性更强些，在茶艺上，也彰显了它独特的个性。龙井茶选用玻璃杯主泡器和盖碗主泡器的比较，审美与感受是不一样的：龙井绿茶沏于盖碗（瓷质）中，杯如玉，茶如翡翠，白与绿颜色分明，和谐幽雅；而玻璃杯的无色，被周围的散光和其他深色物体干扰，竟不如盖碗的品茶效果。盖碗杯自成小世界，从杯底到杯沿，圆弧状将光线收拢到一起，聚焦到杯底，让欣赏者集中注意力赏茶。欣赏直杯沏茶法的艺术难度较高，它要求茶人有较高的素养达到"无味之味、乃至味也"的思想境界；盖碗给人的感觉则是精致的、灵秀的，于是盖碗为主泡器的茶艺也带上了这样的意境。

二、花茶盖碗沏茶法

花茶是用茶叶和香花进行拼和窨制，使茶叶吸收花香而制成的香茶，亦称"熏花茶"。窨制花茶的茶坯主要是绿茶中的烘青，也有少量的炒青和部分细嫩绿茶，红茶和乌龙茶窨制成花茶的数量不多。花茶的名称有按香花名称的，如茉莉花茶、桂花茶、玫瑰花茶；有把花名和茶名连在一起称呼的，如茉莉烘青、珠兰大方、玫瑰红茶、茉莉水仙等。各种花茶独具特色，但总的品质均要求香气鲜灵浓郁，滋味浓醇鲜爽，汤色明亮。

（一）花茶的品质特征

花茶融茶味之美、鲜花之香于一体，茶叶滋味为茶汤的味本，花香为茶汤滋味的精神。茶味与花香巧妙地融合，构成茶汤适口、芬芳的韵味，两者相得益彰。品饮花茶，先看茶坯质地，好茶才有适口的茶味，窨入一定花量，配以精湛的加工技术，才有好的香气。花茶中蕴涵的香气如何，有三项质量指标：一是香气的鲜灵度，即香气的新鲜灵活程度，与香气的陈闷不爽相对立；二是香气的浓度，即香气的浓厚深浅程度，与香气淡薄浮浅相对立，一般经过三次窨花，花香才能充分吸入茶身内部，香气较为浓厚耐久；三是香气的纯度，即香气纯正不杂，与茶味融合协调的程度，与杂味、怪气、香气闷浊相对立。

一般来说，花茶干茶中是没有香花花干的，有时为了"锦上添花"而加入窨制的花干，这种人为地加入花干是没有香气的，因此不能看花干多少而论花茶香气、质量的高低。花干色泽白净、明亮，为好花干的标志，黄褐深暗，为花干质差的表征。

（二）基本程序与规则

沏泡花茶的主泡器选择，主要是能维护香气不致无效散失。有些花茶茶坯特别细嫩，茶坯本身具有欣赏价值，因而还有显示茶坯特质美的要求。所以，花茶一般用瓷质盖碗沏泡，特高级名花茶要用玻璃盖碗沏泡。这里，我们介绍瓷质或玻璃盖碗沏泡高档花茶的程序与规则，主要有12个步骤。

1. 备具：原玻璃杯位置放置盖碗，盖碗杯盖反盖在杯口，其余如龙井茶玻璃杯沏茶法。

2. 出具：同龙井茶直杯沏茶法。

3. 列具：在整理茶盘内盖碗时，要遵循"五则"的基本原则，比如，要仔细考虑到盖碗杯盖可能放置的位置，留有余地，并符合审美要求。其余同龙井茶玻璃杯沏茶法。

4. 赏茶：若是高档细嫩茶或茶坯，有赏干茶的价值，应该有此程序；若干茶的审美特征不明显，也可省略。

5. 温杯：提起汤瓶，用回旋法沿翻盖注水周旋两圈，逐一完成各盖碗后，正位放下汤瓶，从茶匙组中取出茶针，放正位后用茶针压盖碗翻盖，左手拇指、中指、食指提盖钮，逐一翻正杯盖。茶针用毕，以茶巾拭擦茶针湿处，茶巾位置应双层一侧朝沏茶师，擦拭茶针时略掀起叠层即可。正位后茶针放回匙筒。右手三指拈紧杯托一侧取盖碗，正位，左手虎口张开拇指与食指握住杯身，无名指与中指托住杯托，左手接稳后，右手三指换位拈紧杯盖盖钮，手腕转动，使水充分热盏，两圈半。平移至水盂上方，右手杯盖在下略有上仰，左手杯身、托在上，与沏茶师肩膀垂直倾斜，水从杯口流出激拂杯盖流向水盂，犹如水在山涧里的传响。还原，左手换右手拈住杯托放置在原来位置，逐一完成各个盖碗的温杯。

6. 置茶：同龙井茶直杯沏茶法。盖碗的容量比玻璃杯大致要小一些，所以，需要根据茶类的茶水比规定，选择放置适量的茶。

7. 浸润：提起汤瓶，用回旋法依次注入盖碗杯1/4的水量。逐一盖上杯盖。用右手三指取杯，左手三指接杯，右手换捏杯盖钮，手腕水平轻摇两圈半，停在正位，此时也可闻浸润香，十分芬芳。放回原位，掀开杯盖。逐一完成各盖碗的浸润。

8. 高冲：提起汤瓶，用"凤凰三点头"的手法依次冲点，各至盖杯的七八分满，水平一致。也可用"高山流水"法冲点，即提起汤瓶拉高至离杯口七寸左右，直至注水至盖杯的七八分满。逐一盖上杯盖，以防香气散失。

9. 奉茶：同龙井茶玻璃杯沏茶法。

10. 品茶：在最后一杯茶给了茶友后，第一位与最后一位包括中间茶友相互示意，开始品茶，盖碗花茶是先闻后看再品：揭开杯盖一侧，鼻闻汤中氤氲上升的香气，微微晃动做深呼吸，充分领略愉悦香气，此称为"鼻品"；半开立起杯盖，观察茶在汤中上下飘舞、沉浮，以及茶叶徐徐开展、复原叶形，渗出茶汁汤色的变幻过程，堪称艺术享受，此称为"目品"；右手拿杯盖轻轻拨动杯中浮面茶叶、花干，不使其饮入口，小口啜品茶汤，在口中稍事停留，以口吸气、鼻呼气相配合的动作，使茶汤在舌面上往返流动一两次，充分与味蕾接触，品尝茶味和汤中香气后再咽下，如是一两次，才能尝到名贵花茶的真香实味。正如宋人范仲淹茶歌里说："茶味兮轻醍醐"、"茶香兮薄兰芷"，综合欣赏花茶特有的茶味、香韵，此称为"口品"。民间有"一口为喝，三口为品"之说，细细品啜，才能出味。

11. 续水：在茶水三分之一杯时须续水。

12. 收具：同龙井茶玻璃杯沏茶法。

三、铁观音茶盖碗沏茶法

铁观音茶，产于福建省泉州市安溪县，发明于 1725—1735 年，属于半发酵乌龙茶类。铁观音独具"观音韵"，其品质特征：茶条卷曲，肥壮圆结，沉重匀整，色泽砂绿，整体形状似"蜻蜓头、螺旋体、青蛙腿"。冲泡后汤色金黄浓艳似琥珀，有天然馥郁的兰花香，滋味醇厚甘鲜，回甘悠久。铁观音茶香高而持久，以"七泡有余香"著称。铁观音茶是目前中国乌龙茶闽南、闽北、广东、台湾四大重要产区的典型代表之一，历史长，产量多，品质好，闻名海内外。

铁观音茶采摘成熟新梢的 2—3 叶，俗称"开面采"，是指叶片已全部展开，形成驻芽时采摘。采来的鲜叶力求新鲜完整，然后进行凉青、晒青和摇青（做青），直到自然花香释放，香气浓郁时进行炒青、揉捻和包揉，使茶叶蜷缩成颗粒后进行文火焙干。制成毛茶后，再经筛分、风选、拣剔、匀堆、包装制成商品茶。

（一）铁观音茶与盖碗的特征

铁观音茶基本分为两大类型：闽南传统型铁观音茶，其品质特征是：外形紧结重实，色泽乌褐油润，香气较清高，滋味醇厚甘甜，汤色金黄清澈，叶底金黄明亮。随着消费者对清香型乌龙茶的喜好，铁观音茶的加工结合了台式乌龙茶制法，形成了清香型铁观音，它的品质特征是：外形圆结重实，色泽翠绿油润，香气清高持久，汤色淡黄清澈，滋味清醇鲜爽，叶底淡黄软亮。现在市场上比较多的是清香型铁观音，由于发酵程度比传统铁观音要低，滋味和汤色更强调清香、清醇和清澈，以盖碗作为"壶"的主泡器，在铁观音茶艺中被广泛使用。

"盖碗"作为"壶"的主泡器使用，其优点有：可直接观察茶汤，易于掌握浓度；可以直接欣赏泡开后的叶底；出水快、去渣清洗等比壶来得方便。用盖碗冲泡乌龙茶，便于观色闻香，所以专业茶师都偏爱用盖碗壶泡法。盖碗作为主泡器，搭配盅、杯成了另一种形式的茶器组合。

（二）基本程序与规则

盖碗为瓷器，不吸味，不添味，作壶用冲点的茶汤滋味、香气更真实，得到一些茶人的偏爱。初用盖碗时，冲点时温度高，容易烫手，杯中茶汤倒之不尽，会使茶汤显老，比较难以掌握，茶艺师首先要熟悉运用盖碗，在此基础上再进行盖碗壶沏茶法的学习与练习。其基本程序如下：

1. 烫杯——白鹤沐浴

首先是候汤，水温以"一沸水"（即刚滚开水）为宜。水烧开时，把盖碗、茶杯烫淋一遍，满足卫生和提高茶具温度的要求。乌龙茶沏茶适宜的水温在95℃—100℃。

2. 投茶——乌龙入宫

可以先赏干茶，然后把乌龙茶放入盖碗里。用茶量视盖碗容量，掌握茶水比1：30的用量，若盖碗容量是150ml的，用茶量5克左右。投茶量也可根据个人爱好而灵活掌握。

3. 冲茶——悬壶高冲

提起开水壶，自高处往盖碗口边冲入，使碗里茶叶在杯中旋转，促使茶叶露香。

4. 刮沫——春风拂面

用杯盖轻轻刮去浮在杯面的泡沫，使茶叶清新洁净。习俗中有洗茶的程序，但针对清香型乌龙茶，干茶相对松解，一般也可不洗茶，不浪费头道茶的清香鲜爽。

5. 出汤——玉液回公

立即加盖，浸泡1—2分钟后，用拇、中两指紧夹盖碗，食指压住碗盖，把盖碗中的茶汤倒进公道杯中，使茶汤浓淡均匀。乌龙茶浸泡时间掌握是十分关键的，时间太短，色香味出不来；太长，会产生苦涩味，决定浸泡时间的，有茶叶老嫩、紧松、含水量以及气温等因素，需要习茶者多练习后得出。第一道时间是最短的，以后的几道茶慢慢增加浸泡的时间，若沏泡7道，通过控制浸泡时间，使第7道的茶汤浓度与第1道的基本保持一致。

6. 点茶——普洒甘露

将公道杯中茶汤公平均匀地斟入并列的小茶杯里。斟茶时应低行，以免散香失味。奉茶，供嘉宾品鉴。

7. 品茶——品啜音韵

茶水一经斟入杯里，应趁热细吸，以免影响色香味。啜饮时，可观赏茶汤的色泽并闻杯盖上留香，后尝其味，边啜边赏，饮量虽不多，但能齿颊留香，喉底回甘，神清气爽，心旷神怡。

冲第二遍茶时，比第一道茶浸泡时间略长些后斟茶。若客人有变换，或饮杯是交叉使用的，仍要用开水烫杯。接下去冲第三遍、第四遍，沏茶品饮程序基本一样，只是泡茶的时间逐道加长些。一般三道后香气特征会渐弱些，但好的铁观音，冲泡七八遍仍有余香。

据翁辉东《潮州茶经·功夫茶》及陈香白《功夫茶与潮州朱泥壶》中叙述："盖瓯，形如仰钟，上有瓯盖，下有茶垫。盖瓯本为宦家供客自斟之器，因有出水快、去渣易之优点，潮人也乐意采用，尤其是遇到客多稍忙的场合，往往用它代茶壶。但因盖瓯口阔，不能留香，故属权宜用之，不视为常规。即便如此，其纳茶之法，仍与壶同，不能马虎从事。"盖碗也适合其他品类乌龙茶的沏泡，如潮州工夫茶等。同样，铁观音也可以用紫砂壶等主泡器沏泡。

四、盖碗沏茶法的普遍性

盖碗不似小壶，要保养，要配置一系列茶具，喝一口茶，太费"工夫"；也不似直筒杯，太过简单，一览无余，作为待客之礼，略显淡薄。

作为小壶与直杯的中间体，盖碗很容易受到青睐。盖碗在生活中适用的面较广，可充当主泡器，可成为兼用的品饮杯，盖碗还在具有仪式感的民俗生活中被广泛使用。瓷质盖碗兼用主泡器和品饮器，常用来沏泡花茶、红茶及中嫩绿茶；注重外形的单芽茶常用玻璃材质的盖碗，发挥其兼用的功能来实现茶艺的过程。盖碗具有小壶沏茶法的功能，常用来沏泡乌龙茶、红茶、普洱等汤叶分离品饮的茶类，它对茶品个性不加任何掩饰的特性，受到茶人的偏爱。

（一）单芽茶的玻璃盖碗沏茶法

单芽茶或针形茶一般采初萌壮芽或一芽一叶初展，相对带叶茶，针形茶虽嫩，但揉捻程度不如带叶茶，在适温的水开汤后，与水的接触面小，浸润较慢，赏茶与饮茶的适宜时间不能有理想的时间分割。所以，用玻璃盖碗沏泡单芽茶，其茶性的发挥会优于玻璃杯沏泡法：一则盖碗主泡器有加盖保温的作用，帮助了单芽茶的浸润；二则盖碗杯身相对较短，茶汤温度较均匀，叶底不易倒伏；三则玻璃盖碗透视性好，能全面欣赏茶叶的茶舞姿态，从汤面下沉的叶底与杯底直立的叶底很容易连接起来，如森林般葱郁，又缠绵袅娜，观赏性更强。

单芽茶玻璃盖碗沏茶法的基本程序与花茶盖碗沏茶法相同，特别要注意盖碗的杯盖在品茶开始后要适时打开，以防茶汤出现焖熟味。玻璃盖碗沏茶法更强调赏茶的形、色，因而茶艺师的气质比较接近直杯沏茶法的精神面貌，空灵内秀。

（二）成都盖碗茶

盖碗茶是成都市的"正宗川味"特产。凌晨早起清肺润喉一碗茶，酒后饭余除腻消食一碗茶，劳心劳力解乏提神一碗茶，亲朋好友聚会聊天一碗茶，邻里纠纷消释前嫌一碗茶，已经是古往今来成都人的传统习俗。

成都的盖碗茶，从茶具配置到服务格调都引人入胜。用铜茶壶、锡杯托、景德镇的瓷碗泡成的茶，色香味形俱配套，饮后口角噙香，而且还可观赏到一招冲泡绝技。大凡盖碗茶的茶馆中，堂倌边唱喏边流星般转走，右手握长嘴铜茶壶，左手卡住锡托垫和白瓷碗，左手一扬，"哗"的一声，一串茶垫脱手飞出，茶垫刚停稳，"咔咔咔"，碗碗放入了茶垫，捡起茶壶，蜻蜓点水，一圈茶碗，碗碗鲜水掺得冒尖，却无半点溅出碗外。这种冲泡盖碗茶的绝招，往往使人又惊又喜，成为一种美的艺术享受。

（三）宁夏八宝盖碗茶

八宝盖碗茶是宁夏回族群众男女老幼普遍饮用的一种茶。盖碗，又称三泡台，每到炎热的夏天，喝盖碗茶比吃西瓜还要解渴。到了冬天，回族群众早晨起来，围坐于火炉旁，烤上几片馍馍，或吃点馓子，总要"刮"几盅盖碗茶。

回族的盖碗茶属调饮茶，以茶叶作茶基，另外加上配料，配料不一，名目繁多。先根据不同的季节选用不同的茶叶，夏天以茉莉花为主，冬天以陕青茶为主，也有用"碧螺春""毛峰""毛尖""龙井"等茶作茶基。再选配不同的配料，如清热泻火可用冰糖窝窝茶，胃寒的人可用红糖砖茶，消食的人可用白糖清茶。需要保健可常用"八宝茶"，即除了放茶外，还放白糖、红糖、红枣、核桃仁、桂圆肉、芝麻、葡萄干、枸杞等。还有饮用"三香茶"的（茶叶、冰糖、桂圆肉）；有的饮"白四品"的（陕青茶、白糖、柿饼、红枣）等。回族泡盖碗茶先用滚烫的开水烫碗，然后放入茶叶和各种配料，冲入开水，加盖，开汤时间一般为2—3分钟。回族人把饮茶作为待客的佳品，在走亲访友、订婚时，还喜欢送茶礼。

第三节　小壶沏茶法

小壶，有把、有嘴、深腹、敛口，多为圆形，也有方形、椭圆等形制，是一种供泡茶和斟茶用的器皿。小壶是茶具的一个重要组成部分，有单作主泡器的，也有直接用壶来独自酌饮的，兼用了主泡器和品饮器。小壶由壶盖、壶身、壶底、圈足四部分组成，壶盖有孔、钮、座、盖等细部。壶身有口、延（唇墙）、嘴、流、腹、肩、把（柄、扳）等部分。泡茶时，选用茶壶的大小依饮茶人数多少而定，因此，也有称为二人壶、四人壶、六人壶的，指的就是茶壶的大小。茶壶的制作材料很多，有紫砂、陶、瓷、金属、玻璃、竹木以及新材料等。

以壶为主泡器的茶艺基本分为两种：一种是瀹茶法，是以茶壶开汤分饮，有用小壶，也用茶娘壶，即使可分尽茶汤，也可使叶底浸渍在汤中，随饮随斟。瀹茶法的品饮器通常使用较大一些的杯子，对茶汤浓度要求稍淡些。瀹茶法在生活中较为常见，用作茶艺时也有很好的表现，比如瓷壶、玻璃壶因为质地硬朗，常用来沏泡绿茶、红茶等清香、清醇的茶品；金属材质的银壶优雅、国际化程度高，常用来沏泡红茶及他国风味的茶品，铜壶耐火，适宜煮茶之用，是民俗茶艺中常出现的主角等。

另一种是酾茶法，小壶小杯，具有"热、急、匀、尽"的特征和手法："热"，茶艺过程中通篇求滚热，水沸、器烫、茶酽、香聚、人暖，唯恐凉淡；"急"强调过程节点的精确控制，快而不乱，紧凑而有节奏地完成沏茶过程；"匀"，斟茶时保持各个饮杯均匀承茶，小壶主泡器出汤过程中前段较淡、后段较浓，斟茶时通常用来回匀茶的方法，俗称"关公巡城"，只有这样，才能使各杯茶汤均匀，体现茶人平等尊重的原则；"尽"，即斟茶后不让汤水留在壶中，茶艺师会滴尽壶内的最后一滴茶汤，俗称"韩信点兵"。茶叶中的单宁溶解于水，要保持茶汤苦涩的程度，方法之一是控制茶叶接触水的时间，所以酾茶法"尽"的特征是沏出好茶的关键要素。酾茶法与瀹茶法之间最大的区别是"急"，酾茶法非"急"不可，"急"能保持茶汤的品质，沏茶品饮都在一个节奏中完成，而瀹茶法则可急可缓，随饮随斟。

　　酾茶法是乌龙茶产区极为盛行的沏茶品饮方法。从茶壶主泡器的质地分类看，目前使用较多的是紫砂陶壶，紫砂壶不仅能较好发挥主泡器的功能，还有收藏的作用，深得茶人喜爱。以下先重点讲述紫砂小壶沏茶的酾茶法，再介绍红茶、绿茶、普洱茶等经常使用的瀹茶法。

一、主泡器特征及适用

　　紫砂是陶土的一个种类，主产地宜兴。紫砂陶土制成的紫砂壶，无论是黄、红、棕、黑、绿以及本色，在其表面皆隐含着若有似无的紫光，使其具有质朴高雅的质感；紫砂成品具有特殊的粒子感，即使土质练得很细，在细腻的外表下，仍然看得见漂亮立体的粒子感，故称为"紫砂"。紫砂清明古雅，质地坚细，色泽沉静，制品外部不施釉，有自然平和的质感。

　　紫砂材质具有气孔的特殊结构，使它有良好的透气性，茶水放在紫砂壶内，可几日而不馊。它还有吐纳的特性，所以茶人要将养壶作为日常之事。

　　（一）壶的特点和优势

　　1. 壶口盖、流嘴、把体的功能区分，具备了较为成熟的主泡器功能设计。茶壶除了材质外，壶的把、盖、底、形等部位特征不同，其种类也十分复杂。除了壶的造型、色彩、材质外，壶把的设计是最具有典型性的。沏茶小壶常用的把有：侧把壶，壶把呈耳状，在壶嘴对面，是小壶沏茶法茶艺中最为常见和常用的；提梁壶：壶把在壶盖上方呈虹状，小壶提梁不多见，不便于开盖注水，即使有见提系的，也用在中壶为多，主要沏泡红茶、普洱等茶品。飞天壶，壶把在壶身一侧上方、呈彩带飞舞，这类壶艺术特征强烈，对茶席的整体要求较高，反而不常见于茶艺之中。握把壶，又称横把壶，壶把如握柄，与壶身成直角，握把小壶的使用会突出内敛含蓄茶艺风格。无把壶，无握把，壶的颈肩作为手持握的部位。

2. 紫砂壶特殊的材质结构，能更好地发挥茶性。紫砂壶良好的透气性，以及壶口和盖严合，使茶汤在紫砂壶中能有较长时间的保留而不变味；紫砂壶耐高温，又传热性低，不烫手，特别适宜用高温度水沏泡的茶品；紫砂壶具有特殊的气孔结构，不仅使茶味更加圆润醇厚，在茶汤的作用下，也使紫砂壶展示出独特的风韵。紫砂壶沏茶既不夺茶真香，又无熟汤气，能较长时间保持茶叶的色、香、味，因而给乌龙茶及其他酽茶的茶艺提供了条件。

3. 紫砂壶酾茶法有深厚的地方基础，茶艺形式较为完备。紫砂壶酾茶法在福建、广东、台湾等乌龙茶产区广泛使用，是当地人饮茶的基本工具和流程，并称之为"工夫茶"。比如在闽南、潮州一带，喜爱用朱泥小壶，大红泥材质，胎质细薄，色泽鲜丽娇嫩。造型简朴，雅致脱俗，巧而不纤。小壶身，工艺讲究协调平衡，泡茶时小壶浮在茶池水平面上，又称水平壶。清中期俞蛟的《梦庵杂著·潮嘉风月记》中曾写道："工夫茶，烹治之法，本诸陆羽茶经，而器具更为精致。……壶出宜兴者最佳，圆体扁腹，努嘴曲柄，大者可受半升许（450ml）。壶、盘与杯，旧而佳者，贵如拱璧，寻常舟中不易得也。"朱泥壶器具精巧，在泡茶中冲泡热水后，壶身的色泽会产生更鲜红的感觉，大大丰富与提升了人们的审美情趣。紫砂壶清明古雅，质地坚细，色泽沉静，具有极高的审美价值。紫砂小壶适合于茶汤滋味浓醇、茶香馥郁的茶品，所谓"嫩茶杯泡，老茶壶泡"，得到较大范围的使用，成为茶人们的钟爱。

（二）小壶的利用

紫砂小壶贵于"小、浅、齐、老"，小壶利用的一般200ml为多（4人壶），"三山齐"的小壶有利于茶艺师握壶时把持平衡，小壶沏茶法对水温的要求高，在沏茶过程中茶艺师如何握壶也是很有讲究的。以侧把壶为例，基本握法是，茶艺师用中指（无名指辅之）和大拇指形成对夹垂直贴握把侧，食指抵住盖钮，手腕用力控制壶的重心和运壶方向。

茶艺师握持小壶不当，会给茶艺的过程带来困扰，常见的几个问题有：

1. 手指勾绕壶把。中指勾住壶把后，再利用食指抵住壶盖的活动空间不大，食指指肉容易烫伤，手腕也用不上力量。但对于容量大的执壶，一般都使用四指勾绕、拇指夹握的方法，可以更好地平衡水壶。

2. 中指贴近壶体。初学者指力不够，在中指与拇指对夹贴握时希望找到另一个平衡点，即壶体，来分解重力，由于小壶沏茶法的水温很高，极容易将贴近壶体的指肉部分烫伤。

3. 摁住壶孔。有些小壶将壶的出气孔安置在盖钮顶，初学者在用食指抵住壶盖时，希望找到不甚烫手的盖钮部位，因此往往也把壶孔给摁住了，壶处于一个完全密封的状态，壶内的汤水就倒不出来了。茶艺师要避开壶孔的部分。

茶艺师在沏茶前一定要熟悉壶的结构，比如容量，要满足饮者均有茶的基本要求，有时客人较多，也不能一味增大壶的容量，有些茶只有用小壶来沏才有好的滋味，所以，可以备两三把壶，同时沏泡。壶的流嘴决定了出水的速度和形状，流与壶体对接部分是否有网孔是茶艺师来判断置茶方法的依据，壶盖的沿是否有足够的宽度来阻止运壶过程中盖的掉落等，都是茶艺师仔细观察了解茶壶利用的内容。茶艺师利用小壶的材质、加工工艺的不同特性来选择适合的茶叶，能更好地凸显茶品的风味，比如壶音频率较高的茶壶，适配冲泡重香气的茶叶，如清香型乌龙及红茶、绿茶等；壶音稍低者较宜选择重滋味的茶，如岩茶、单枞及重发酵重焙火的乌龙。

二、酾茶法：乌龙茶

（一）乌龙茶的品质特征

乌龙茶的品质特点是，既具有绿茶的清香和花香，又具有红茶醇厚的滋味。基本分为四大产区类型：闽北乌龙、闽南乌龙、广东乌龙和台湾乌龙，这些产区的乌龙茶，制法及产品各具特色，其中最大的区别在于发酵率的高低，按传统生产方法，闽北乌龙茶发酵率为70%—80%，广东乌龙茶发酵率为50%，台湾乌龙茶发酵率为20%—30%，闽南乌龙制法差异较大，大致在30%—60%之间。

闽北乌龙的代表是武夷岩茶，福建乌龙茶中的极品，岩岩有茶，非岩不茶，岩茶品质具有独特的岩骨花香的岩韵风格，其香气馥郁，胜似兰花而深沉持久，"锐则浓长，清则幽远"，滋味浓醇清活，生津回甘，虽浓饮而不见苦涩，茶条壮结、匀整，色泽青褐润亮呈"宝光"，叶面呈蛙皮状沙粒白点，俗称"蛤蟆背"，沏汤后叶底"绿叶镶红边"，呈三分红七分绿。武夷岩茶"臻山川精英秀气所钟，品具岩骨花香之胜"（徐燉），品质超群，名冠天下。茶品有武夷四大名丛：大红袍、铁罗汉、白鸡冠、水金龟；武夷肉桂等。

闽南乌龙的代表是安溪铁观音，铁观音茶条卷曲、壮结、沉重，呈青蒂绿腹蜻蜓头状，色泽鲜润，砂绿显，红点明，叶表带白霜，汤色金黄，浓艳清澈，叶底肥厚明亮，具绸面光泽，茶汤醇厚甘鲜，入口回甘带蜜味，香气馥郁持久，有"七沏有余香"之誉。铁观音有"美如观音重如铁"之称。

广东乌龙的代表是凤凰单枞，潮州产地的极品乌龙茶。凤凰水仙按成品品质依次分为凤凰单枞、凤凰浪菜和凤凰水仙三个品级，凤凰单枞有"形美、色翠、香郁、味甘"之誉。凤凰单枞茶的香型差异大，主要有蜜兰香、芝兰香、桂花香、玉兰香等，主香味突出，花香兼备。凤凰单枞茶条索紧结重实，色泽黄褐呈鳝鱼皮色，油润有光，汤色黄亮清澈，沿碗壁显金黄色彩圈，具有独特之天然花香，兼具独特的山韵蜜味。口感醇爽，回甘力强，香味持久，耐泡，饮毕闻杯，余香留底。

台湾乌龙茶种类很多，按加工方式的不同，分为四大类：条形包种茶、半球形包种茶、台湾乌龙和白毫乌龙。条形包种茶以文山包种为代表，发酵10%—20%，外形自然卷曲呈条索状，色泽深绿，具有清新花香。半球形包种茶的代表有冻顶乌龙、高山乌龙等，发酵程度30%—40%，外形卷曲呈半球形，色泽墨绿油润，汤色黄绿，有花香略带焦糖香，滋味甘醇浓厚。台湾乌龙又称台湾铁观音茶，制法与福建铁观音相似，发酵度为50%左右，代表茶品有木栅铁观音、石门铁观音、金萱等。白毫乌龙指发酵程度重的青茶类，达到70%左右，干茶外形大都是自然弯曲或半球形，东方美人、香槟乌龙等都是它的代表茶品。包种茶是台湾的特产，也是台湾的主要茶类，占台湾青茶的80%，19世纪70年代开始生产，一百多年来一直兴盛不衰。所以，我们一般所称的台湾乌龙茶其实大都是包种茶。

现当代，在一些非乌龙茶产区也纷纷研制乌龙茶的加工工艺（比如绿改乌）及乌龙茶树的种植，取得了一些效果，使乌龙茶的产地特征和茶叶加工技术更加多样和丰富。

乌龙茶的沏法因地区差异和茶具不同，沏泡方法也不尽相同，就地区而言，有台湾工夫茶茶艺、福建工夫茶茶艺、潮州工夫茶茶艺；就以紫砂壶为主茶具的沏法，有壶盅双杯法、壶盅单杯法和壶杯沏茶法之分。至于乌龙茶茶艺称为"工夫茶"，有不同说法，一是因为乌龙茶的制作工序复杂，制茶时颇费工夫；二是乌龙茶须细啜慢饮，沏泡时颇费工夫；三是乌龙茶最难沏出高水平的，沏茶最讲究要有"真工夫"。从形式上看，人们有时也把学会沏乌龙茶，算作是真懂了茶艺。

（二）"烹茶四宝"酾茶法

"烹茶四宝"法流行于闽南、广东潮汕等地，"四宝"是指乌龙茶沏泡的核心工具：潮汕风炉（生火器具）、玉书碨（煮水壶）、孟臣罐（沏茶小壶）、若深瓯（品茗小杯），后来在此基础上发展为从火炉、木炭、风扇，到茶洗、茶壶、茶杯、冲罐等，大大小小十余种，逐渐演变为福建、广东等地仪式感强烈的沏茶饮茶方式，又称"传统工夫茶"法。

"烹茶四宝"酾茶法，所用茶叶一般只用半发酵的乌龙茶一类，因此，工夫茶的成型期应在茶叶的半发酵制作方式形成之后。庄任在《乌龙茶的发展历史与品饮艺术》① 一文中，根据清康熙五十六年（1717）王草堂的《茶说》、释超全的《武夷茶歌》和阮晏的《安溪茶歌》，推断乌龙茶创始于17世纪中后期，即明代中后期，适于乌龙茶的工夫茶品饮方式也随之兴起，首先行于武夷，再及于闽南、潮州。工夫茶艺在广东福建流传过程中，与当地的精致习性结合，小壶、小杯，并与崇商的习性结合，沏茶品著成为商业过程的一个重要部分和纽带，从而使工夫茶艺的中心和程式逐渐固定下来。

"烹茶四宝"的4件核心器具从功能上是由火具、水具、主泡器、品饮器组成：潮汕风炉，火炉子，一只缩小了的粗陶炭炉，专作加热之用；玉书碨，水注子，一把缩小的瓦陶壶，高柄长嘴，架在风炉之上，专作烧水之用，也有称"砂铫"；孟臣罐，主泡器，一把比普通茶壶小一些的紫砂壶，专作沏茶之用，"孟臣罐"为惠孟臣作品，江苏宜兴人，清朝制壶名家；若琛瓯，品饮器，只有半个乒乓球大小的杯子，通常3—5只不等，专供饮茶之用，"若琛杯"为若琛作品，清初江西景德镇制杯名家。这四件器具齐备，就可以沏泡品饮一杯好茶了。

“烹茶四宝”酾茶法因为器具简洁，它对“工夫”的要求更高。随着人们生活水平的提高，追求生活精致化，饮茶器具的功能分化更显成熟，人们对茶具和饮茶程序提出了越来越细致的要求，大致形成了目前的基本沏泡流程，影响着当地的生活方式。“烹茶四宝”酾茶法的主要流程有：选茶、备席、治器、纳茶、冲茶、刮沫、淋壶、烫杯、酾茶等。

1. 选茶。根据各人的品味，选好合适的乌龙茶。烹茶四宝法一般选用较注重岩韵、音韵、醇香的茶。

2. 备席。备好一套专门用来沏泡的茶具，除烹茶四宝外，一般还应有茶盘（或茶海）、茶匙组、茶荷（或茶储）、杯垫、茶盅、茶巾等配具，所有的器具都应是洁净的，对主泡器小壶的选择是茶席中最为重要的，有“四字诀”的标准，称之为“小、浅、齐、老”，即要求沏茶壶“宜小不宜大，宜浅不宜深”以显“工夫”，还要讲究小壶制作工艺的“三山齐”；相对应的，茶杯选择也有四字诀：“小、浅、薄、白”，“小”一啜而尽，“浅”水不留底，色“白”如玉以衬托茶汤之色，质“薄”如纸以使其能起香。

3. 熁盏。也称烫淋，古时有生火、掏火、煽炉、候水、淋杯等内容，现代的“潮汕风炉”基本用电炉代替，所以古法的“生火、掏火、煽炉”等动作都并入“候水”了，等候砂铫（玉书煨、水壶）中的水飕飕作响之后，声音突然变小时，成就了“鱼眼水”，即将砂铫提起，淋壶淋杯（也称烫壶烫杯），加热沏茶所用的器具。然后将砂铫置炉上，进入了沏茶的“计时”程序。与直杯沏茶法不同，酾茶法的节奏控制和时间点的把握是十分紧要的，即酾茶法的“急”字诀，起点就是“鱼眼水”的形成，此后的动作强调一气呵成，称之为“计时”程序。

4. 置茶。又称纳茶，传统置茶法是：打开茶叶，倒在一张洁白的纸上，分别粗细，将最粗的放在壶底和滴嘴处，再将细末放在中层，又再将粗叶放在上面，因为细末是最浓的，多了茶味容易发苦，同时也容易塞住壶嘴，故由此分别粗细放好，就可以使茶色均匀，茶味逐渐发挥。现代的小壶在壶体与流的交界部分有了较好的工艺，茶叶加工业更为精细，所以，不少茶人就直接用茶则量茶入壶了。置茶量按乌龙茶的茶水比要求来定，从茶壶容量看，半球形或球形的干茶每泡茶放置壶容量的 1/3 左右，条形及松散型的干茶每泡茶放置壶容量的 2/3 左右。开汤后叶底展开大概占小壶的八九分满，视饮者的浓淡偏好可略多或略少。

5. 冲茶。揭开茶壶盖，将滚汤沿壶口壶边冲入，切忌直冲壶心，否则谓之冲破"茶胆"，使茶味苦涩。冲时提壶要高，谓"高冲低斟"，高冲使开水有力地冲击茶叶，使茶的香味更快挥发。

6. 醒茶。冲茶时，冲入的沸水要满出茶壶，溢出壶口，使茶叶浮起，然后用壶盖轻轻刮去浮在茶汤表面的浮沫，称之为"刮沫"。也有第一次冲茶后，立即将水倒去，俗称"醒茶"或"洗茶"，主要作用是把茶叶表面尘污洗去。这些手法的作用是相似的，都是为了唤醒茶叶原本的静止状态，使茶之真味得以发展，达到第一道茶的完美滋味和香气。刮沫后即盖好壶盖，再以开水淋于壶上。淋壶有三个作用：一是使热气内外夹攻，迫使茶香迅速挥发；二是小停片刻，等候壶身水分全干，即"茶热焕发"；三是冲去壶外茶沫。如有洗茶的过程，把洗茶茶汤用以淋杯，有助茶香沁杯。

7. 酾茶。又称斟茶，待壶中之水静置 1 分钟左右（又称候汤，候汤时间视具体情况而定），茶之精美真味已沥泡出来，这时用拇、食、中三指操作，食指轻压壶盖，中、拇指紧夹壶的把手，开始斟茶，斟茶时按酾茶的四字口诀："热、急、匀、尽"来操作，并要求"高冲低斟"：斟茶时手法要低，以防香味散失，泡沫四起，对客人不尊敬。

8. 品茶。一般用右手食指和拇指夹住茶杯杯沿，中指抵住杯底，先看汤色，再闻其香，尔后啜饮，饮毕，还可闻杯底香，再一次领略茶香魅力。如此品茶，不但满口生香，而且韵味十足，真切地领会到品乌龙茶的妙处。

第二道茶以后，醒茶的步骤略去，每一泡茶的候汤时间确定及茶汤滋味的均衡控制，是对茶艺师技能的考验。乌龙茶酾茶法，壶小，茶的用量大，加之乌龙茶本身亦较耐沥，因此，一般可沥泡 3—4 次，好的乌龙茶也有沥泡 6—7 次的，能保持基本一致的滋味，又称"七泡有余香"。

（三）"壶盅双杯"酾茶法

"壶盅双杯"酾茶法也多用于乌龙茶的沥泡，此沥茶法由台湾兴起，目前茶人多用此法，壶盅双杯，指主泡壶、公道盅、品茗杯、闻香杯。"壶盅双杯"酾茶法增加了闻香杯和匀杯（公道盅），使茶艺程序产生了变化，表现出饮茶功能分解合理，过程规则突出显著，艺术观赏性较强，得到茶人们的推崇。

　　我们来分析闻香杯和匀杯在茶艺中的用途。第一是闻香杯，与品茗杯成套，容量与品茗杯同，杯身较深，杯口较品茗杯小，闻香杯只用于闻香，不能品饮。传统工夫茶法对茶香的利用，一是闻茶汤的香气，二是闻饮杯啜饮汤尽后的杯底香。闻香杯将乌龙茶"香"的特征给予充分发挥，并作为沏茶法的重要内容，专门设计专用茶具来承担这一任务，是茶艺成熟度的表现。第二是匀杯，又称公道盅，其容量与主壶相同或略大，风格、材质可以从壶或品茗杯，也有茶人用玻璃盅，来显示茶汤颜色。烹茶四宝醵茶法四口诀："热、急、匀、尽"中"匀"的实现，主要借助了经验的"关公巡城、韩信点兵"手法。匀杯的加入，将茶汤全部注入茶盅中再进行分茶，从茶具设计上避免了分茶不匀的情况。

　　壶盅双杯醵茶法的流程基本同烹茶四宝醵茶法，从环节上看基本也是"选茶、备席、燔盏、置茶、冲茶、醒茶、斟茶、品茶"等环节，但因为有主茶具的不同，程序上也有所差别。在醵茶法中，以贯彻"热、急、匀、尽"的宗旨，茶艺师经常用双手同时操作来完成沏茶。为增添沏茶的文化趣味，用一些描述性、拟人化词语来比喻茶艺的过程，也是讲解壶盅双杯法流程的一种方法。

　　1. 静候佳音。这一环节要完成选茶、备席、备具、候水等内容。确定了茶叶、茶具、用水、用火、场所，洁净所有器具后，茶艺师执行以下动作：

　　（1）先端出烧水器，放在茶桌的右侧中位偏前，加上水，开始烧水，在等候期间，准备其他茶具的出场与布置。

　　（2）主泡器小壶、盅、品茗杯和闻香杯置于双层茶盘上，壶与盅一水平，壶右盅左，流朝左，品茗杯于中水平线，闻香杯于前水平线，双手均端双层茶盘的边沿，放在茶桌的纵轴上，横里边靠近桌沿。

　　（3）奉茶盘置茶储、茶荷、匙组、杯托、茶巾、茶滤，端出，放至茶桌左侧，取出茶储、茶匙组置奉茶盘的前方，茶巾置于烧水器的后方，茶滤置茶盅的左侧，——将杯托排列于奉茶盘内。

　　（4）双手同时进行，将原覆于茶盘的品茗杯和闻香杯翻起，先翻起品茗杯，再翻起闻香杯。闻香杯一般较高些，有些还口大底小，不好平衡，后翻闻香杯不易碰倒。

　　（5）赏茶，聆听"鱼眼水"初沸声音的变化，等候"计时程序"来临。

2. 鸿雁传信。水初沸后，用热水冲淋茶盘上的壶、盅、杯，提高泡茶器具的温度，将茶席预热起来。比起传统酾茶法，过程要多加公道盅和闻香杯的淋烫。

（1）烫壶淋杯。左手打开壶盖，右手提水瓶（砂铫），注水满小壶2/3的量，水瓶复位，同时左手将壶盖盖上。右手拇指、中指握住壶把，食指抵近钮基，注意不要堵住气孔，手腕转动两圈，然后提起小壶，手腕与手臂呈90°，注水入茶盅，提起茶盅手腕转动两圈后，以行水法注入闻香杯。

（2）飞鱼扶摇。双手手掌向上，从外向内分别握起闻香杯，反掌注水入品茗杯，借腕力在品茗杯中转动闻香杯一圈，垂直向上拎起闻香杯，动作急促而有节奏。

（3）狮子滚球。双手从外向内相向握起品茗杯，各自注水入相邻的品茗杯，此时食指拇指握杯身、中指或无名指抵住杯底或杯足，前者作动力、后者与下方的品茗杯作支撑，将握着的品茗杯滚动起来（狮子滚球），然后垂直提起品茗杯，手背相对倾倒品茗杯1—2秒，复位。最后第二个品茗杯单手进行狮子滚球的动作，最后一个可直接将杯中之水倾倒。

3. 叶嘉入宫，即置茶，壶盅双杯法较多用茶则置茶。

4. 高山流水，即冲茶，同烹茶四宝法。

5. 晨露初醒，即醒茶，一种是高冲水注满小壶溢出片刻来醒茶，将溢出的水沫轻轻刮去的手法称为"春风拂面"；另一种是右手冲水、左手握盖加满水后，立即将壶内茶汤全部倾倒在公道盅，公道盅醒茶茶汤分别注入闻香杯和品茗杯"飞鱼扶摇"，狮子滚球可以略去，直接用茶夹倒尽杯中水。后者使用的人较多，处理闻香杯和品茗杯的过程，也可以在候汤间隙中完成。

6. 茶热焕发，又称孟臣浴淋。醒茶后进入了正式的头道茶汤沏泡，为了提高壶温，在沸水高冲入壶、盖上壶盖后，往往再用沸水浇淋主壶，在内外热气的作用下，壶面会逐渐蒸干。

7. 玉壶出汤，即斟茶，包括了从主壶到公道盅、到闻香杯、到品茗杯的过程。

（1）凡尘三叩。把握候汤时间后，左手将茶滤置于公道盅上，右手执主壶垂直立起，在较低的位置将茶汤注入茶盅，为了滴尽最后一滴茶汤，用力将主壶上下运动三个来回，直至无茶汤滴出，复位。

（2）金风玉露。将茶盅的茶汤一一斟入闻香杯，斟茶时要注意动作"稳、准、收"，尽量避免有滴沥的情况，将品茗杯覆盖在闻香杯上，可谓"金风玉露一相逢，便胜却人间无数"，手掌向上，右手食指中指夹握闻香杯、拇指扣住品茗杯底，手掌翻转，左手接品茗杯身，右手收起扶持，置杯托一侧。逐一实施之。乌龙茶三道以后香气渐淡，茶汤就直接分斟在品茗杯了。

（3）敬奉佳茗。茶艺师留一杯自己鉴品，端起奉茶盘，以恭敬之礼仪将茶汤奉送给嘉宾，注意杯托一侧的品茗—闻香套杯应列置在嘉宾的右侧。

8. 茶香三昧，即品香、品茶、品艺，闻香杯的加入使乌龙茶香气特色的诠释有了专门的载体，是茶艺"四规"中"物尽其用"的体现。

（1）红袖添香。左手扶品茗杯，右手拇指、食指、中指握闻香杯，边轻轻转动边向上提起，将闻香杯握在两手中央，轻轻搓动，嗅闻从杯口溢出的茶香。将闻香杯置于杯托左侧。

（2）三龙护鼎。右手拇指、食指握杯身，中指托杯底，端起品茗杯，察看汤色，然后虎口向内，分三口啜饮：第一口注意力在唇口游倏，品其鲜爽；第二口注意力在口腔充盈，品其滋味；第三口注意力在喉底静候，品其回甘。

（3）叙茶收席。续水斟茶，共叙情谊，主客皆礼，回味不尽，有始有终，恭敬收席。

三、瀹茶法：红茶、普洱茶

瀹茶法有两种方式：一种是茶叶浸渍开汤，是指茶叶开汤浸泡在壶中，与醿茶法不同，它不急于立即"尽汤"，更接近于玻璃杯主泡器的品饮习惯，喝上一半添些水。另一种是茶叶烹煮开汤，是在茶、水、火的共同作用下开汤，开汤后持续保持火力，达到茶汤滋味的完美呈现。

红茶瀹茶法用浸渍开汤的较多，而普洱茶、花草茶等更喜欢用烹煮的方式。瀹茶法的主泡器材质较为丰富，玻璃、瓷质、金属、陶土等都可以选用，器形花色也不拘一格，来配合不同的茶艺主题。

（一）红茶瀹茶法

红茶分为工夫红茶、小种红茶、红碎茶。红茶饮用广泛，这与红茶的品质特点有关。一般来说，红茶有以下的几种饮用方式：从花色品种分，工夫红茶和小种红茶都有较为整齐的干茶外形，沏泡程序较为讲究，而红碎茶一般作袋泡茶，浸出快，所以前者为工夫饮法，后者为快速饮法。按调味方式分，红茶以纯品开汤，特别是工夫饮法，称为清饮法；红茶还有较好的兼容性，经常会与果品、饮品混合调制，就形成了与清饮法相对的调饮法。按茶汤浸出方式，有常规的沏泡法和需要火加热的煮饮法之分。条形红茶，一般可沏泡 2—3 次；红碎茶，通常只沏泡一次。虽然条形红茶的干茶有较高的欣赏价值，因为全发酵工艺的缘故，红茶叶底往往不作观赏，因此红茶使用壶泡法是最为有利的。

以下我们讲述工夫的、清饮的红茶瀹饮法茶艺程序。

1. 备席。红茶的风格差异较大，有中国传统式的，也有西式或现代的，红茶在世界传播范围广，茶艺的表现方式差异大，布置茶席时应首先确定主泡器的风格，比如传统式的一般主泡器选择紫砂壶，现代式的可选择瓷器、金银器等，主泡器的确定也就给整个茶席有了风格的定位。红茶瀹饮法的品饮杯比酾茶法的饮杯要大一些，红茶茶汤红艳明亮，欣赏度高，饮杯应能很好地反映红茶茶汤的这一特点，所以选择白瓷或反光度好的材料较多。红茶瀹饮法茶具主要有：主泡壶、饮杯、茶荷、茶匙、匙枕、水注、烧水器、连托茶滤、茶巾、茶盘、水盂。若用双层茶盘，水盂可以略去；若品饮杯较小，需要配上杯托；若匀分茶汤有困难，加上公道盅，连托茶滤改为茶滤即可。选好茶叶，备好水，所有器具洁净，列具方式同前。

2. 熁盏。水沸，即可离火。温壶温杯、淋烫有托茶滤，提高主茶具的温度，有利于茶滋味的焕发。若用公道盅，热水流动可按主泡壶、公道盅（含茶滤）、饮杯、水盂线路仔细行走，茶盘内不可有溢水，茶艺技法相似于直杯沏茶法；若用双层茶盘，则动作可以大些。

3. 置茶。赏茶后，按红茶的茶水比 1：50 要求量茶入壶。与酾茶法不同，瀹茶法注水一般为主泡器的八分满，若用到较大的主泡器也有五分满的，所以，茶量要根据水的比例而不是壶的容量。

4. 高冲。用高山流水的方式冲入 90℃—95℃水至壶，红茶一般无醒茶或洗茶的程序，若非需要不可，高冲水后立即将茶汤沥去，重新开汤。

5. 候汤。经过 2—3 分钟后，红茶滋味最佳。

6. 斟茶。右手提起茶壶、左手提着连托茶滤，自左向右一一分茶，再从右向左均匀茶汤，尽量使每杯茶汤的滋味浓度相同。连托茶滤的作用是在斟茶时，茶滤挡住叶渣、连托承接滴水，是红茶分茶较为适用的工具。有公道盅时，斟茶分茶更为方便。壶内茶汤可以滴尽，也可留有少许，来提高后几道的茶汤浓度及沏泡次数。

7. 品茶。一看二闻三品，红茶中的名品祁门红茶清香持久，汤色诱人，选用合适的品饮杯更能衬托茶汤的美艳，滋味鲜醇酣厚，回味甘醇清爽。

8. 礼毕。添茶续水，共叙情谊，礼陈再三，恭敬收席。红茶调饮法在生活中也是极为广泛的，有直杯法，也有瀹茶法。英式红茶已然成为一种流行文化，成为调饮法茶艺的重要依据之一。英式红茶有它独特的、精美的茶具。茶具多用陶瓷做成，茶具上绘有英国植物与花卉的图案。茶具除了美观之外，还很坚固，很有收藏价值。整套的茶具一般包括茶杯、茶壶、滤勺、广口奶精瓶、砂糖壶、茶铃、茶巾、保温棉罩、茶储、热水壶、托盘。传统的英式下午茶西点，会在三层篮上放满精美的佐茶点心，有三道精美的茶点：最下层一般为条型三明治；第二层则放英式圆形松饼搭配果酱或奶油；最上方一层放置时节性的水果塔，食用时，由下而上按序取用。英式红茶有它规定的礼仪要求，这种文化成为当时象征某种身份的代表。

红茶调饮法具有浪漫风格，它将红茶与果品、花品、奶制品等调和配置，满足茶品色泽滋味的温暖、香甜等美好要求，并以现代茶具进行诠释，讲究茶食与之滋味风格的和谐，获得年轻人和女性的喜爱。

（二）普洱茶瀹茶法

普洱茶是黑茶的典型品类，是在西双版纳以"六大茶山"为主生产的大叶种茶为原料制成的青毛茶，以及由青毛茶压制成各种规格的紧压茶，自古以来因在普洱集散而得名。普洱茶分为前加工和后加工，在前加工过程中，普洱茶采用了绿茶或黑茶经蒸压而成，其中采用绿茶方式蒸压的普洱茶，还不能直接拿来饮用，必须经过后加工。后加工过程，主要是仓储，仓储的时间从二三年到二三十年不等，在这一过程中完成了普洱茶的转化（后发酵），形成了产品和商品。普洱茶的历史可以追溯到东汉时期，民间有"武侯遗种"的说法，距今已有 1700 多年的历史。普洱茶类型很多，如普洱方茶、普洱沱茶、七子饼茶、藏销紧压茶、圆茶、竹筒茶、拼装散茶等，在长期的生产制作和销售过程中，普洱茶的花色品种不断更新，形成自己特有的产品系列。

普洱茶加工工序一般都要经过杀青、揉捻、干燥、渥堆等几道工序。鲜采的茶叶，经杀青、揉捻、干燥之后，成为普洱毛青。这时的毛青，韵味浓峻、锐烈而欠章理。毛茶制作后，因其后续工序的不同分为"熟茶"和"生茶"。经过渥堆转熟的，就成为"熟茶"，贮放 3—5 年，待其味质稳净，便可货卖。"生茶"是指毛茶不经过渥堆工序，完全靠自然转化而成为熟茶。自然转熟的进程相当缓慢，至少需要 5—8 年，完全稳熟后的生茶，其陈香中仍然存留活泼生动的韵致，且时间越长，其内香及活力越发显露和稳健，由此形成普洱茶"做新茶卖旧茶"的传统。

普洱茶有不同的分类方式，比如依制法分类，有生茶和熟茶。依存放方式分类，有干仓普洱，指存放于通风、干燥及清洁的仓库，使茶叶自然发酵，大致陈化 10—20 年为佳；湿仓普洱，指放置于较潮湿的地方，如地下室、地窖，以加快其发酵速度，品质较差。依外形分类，饼茶：扁平圆盘状，其中七子饼每块净重 375 克，每七个为一筒，每筒重 2500 克，故名七子饼。沱茶：形状跟饭碗一般大小，每个净重 100 克、250 克，迷你小沱茶每个净重 2—5 克。砖茶：长方形或正方形，250 克—1000 克居多，制成这种形状主要是为了便于运送。金瓜贡茶：压制成大小不等的半瓜形，从 100 克到数百斤都有。千两茶：压制成大小不等的紧压条型，每条茶条重量都比较重，最小的条茶都有 100 斤左右，故名"千两茶"。散茶：制茶过程中未经过紧压成型，茶叶状为散条形的普洱茶为散茶，分为用整张茶叶制成的索条粗壮肥大的叶片茶，也有用芽尖部分制成的细小条状的芽尖茶。

普洱茶瀹茶法：

1. 主泡器：宜选腹大的壶，因为普洱茶的浓度高，用腹大的壶可避免茶汤过浓，壶的材质基本以紫砂陶为主，也有用金属壶烹煮的，比之紫砂壶耐热性强。

2. 置茶：选茶备茶，最好将茶砖、茶饼拨开后暴露于空气中两个星期左右，再用来瀹泡味道更好。普洱茶置茶量按茶水比的规则要求。

3. 瀹茶：先冲过一次热水来对普洱茶进行醒茶，这一道程序除了可以唤醒茶叶沉睡十余年的味道之外，还能将茶叶中的杂质一并洗净。醒茶速度要快，只要能将茶叶表面尘埃滤去即可。第一道茶浓淡的选择依照个人喜好来决定，茶艺师也可将第一道和第二道同时置入公道杯，从经验看比较好控制茶汤浓度。烹煮的普洱茶越到后几道，甜香味越佳，这也是茶艺师偏好用烹煮瀹茶法沦泡普洱茶的原因所在。

4. 品饮。举杯鼻前，趁热闻香，可感受陈味芳香如泉涌般扑鼻而来。普洱茶须用心品茗，啜饮入口，始得其真韵，虽茶汤入口略感苦涩，但待茶汤于喉舌间略作停留时，即可感受茶汤穿透牙缝、沁渗齿龈，并由舌根产生甘津送回舌面，此时满口芳香，甘露生津，令人神清气爽，持久不散不渴，称之为"回韵"。

品鉴普洱茶：

1. 从香气辨别。普洱茶的香气是比较特殊的，熟茶经过渥堆，从型茶表面可以闻出一股熟茶味，仓储后，熟茶味会慢慢转化为熟味香，但只有优质的普洱生茶存放多年后，在品鉴型茶或茶汤时，才能体会到一股"陈香"，陈香是最好的普洱茶茶香。熟茶味、熟味和陈香是最直接而有效分辨优质普洱茶的方法之一。

2. 从汤色辨别。由生茶转化而来的普洱茶茶汤是栗红色，接近重火乌龙茶汤色，即使是二三十年的生茶，它的茶汤颜色只略比年份低的普洱茶汤深一些。而熟茶的茶汤颜色是暗栗色，甚至接近黑色。

3. 从叶底辨别。干仓的普洱生茶叶底呈栗色至深栗色，和台湾的东方美人茶叶底颜色很相似。叶条质地饱满柔软，充满新鲜感。普洱熟茶的叶底多半呈现暗栗或黑色，叶条质地干瘦老硬。如果是发酵较重的，会有明显炭化，像被烈火烧烤过。有些较老的叶子，叶面破裂，叶脉一根根分离，有如将干叶子长期沦在水中那种碎烂的样子。但是，有些熟茶若渥堆时间不长，发酵程度不重，叶底也会非常接近生茶叶底。反之，也有些生茶在制作程序中，譬如茶青揉捻后，无法立即干燥，延误了较长时间，叶底也会呈现深褐色，汤色也会比较浓而暗，跟轻度发酵渥堆过的熟茶是一样的。

好的普洱茶可以具有许多细腻微妙的香气物质，在香型上主要分为：兰香、枣香、荷香、樟香。普洱茶的好坏也不能完全以年代来评比，好的普洱茶喝了喉头生津，喝了才知。普洱茶常有甜、香、苦、涩、酸、水等以上数种的味道，甜、香为上品，苦、涩为中品，酸、水为下品，这些味道可能单独存在某一种普洱茶中，也可能同时有多种味道共存。

第六章　茶艺历史沿革

　　茶艺是一种生活方式，是在一定的历史时期与社会条件下，人们对于渗透在日常生活中的饮茶内容表达出的活动形式与行为特征，因此，茶艺以饮茶法存在于日常生活中，一定会受到各个时代不同的技术和思潮对它的影响，构成不同时代茶艺的形式特征，也通过饮茶法折射出时代的面貌；同时，日常生活缄默而固执的惯性，使饮茶法虽然有各时代的特征，从本质上看又几乎是一脉相承的，这一点，使饮茶法作为日常生活的研究历久弥新。中国是世界上最早使用茶的民族，是世界茶文化研究的基石，中国茶艺的发展有漫长的历史。厘清中国茶艺的嬗变，可以昭体而晓变，对于世界饮茶文化的基型，有了概括的认识，对于现代茶艺文化的来龙去脉，有正本清源的效果。

　　茶艺由茶、水、器、火、境五个元素组成，考察历代的饮茶法，从这五个元素的作用变迁来分析，基本能够获得较为清晰的理解。

　　第一是"茶"。茶叶作为植物的科属种本质特性是不变的，但在不同朝代的加工技术条件的提供和当时消费意识的引导，茶品的差异性还是较为显著的。一是茶叶外形，历史上出现了饼茶、团茶、末茶、叶茶等，茶叶外形来源于不同的加工方式，也决定了茶叶内质的差异性；二是茶叶滋味，在加工过程中是否以茶叶单独的滋味（形态）存在，自古以来一直就有两种选择，一种是茶叶产品即是其本身单纯而真实的滋味，称之为"真茶"，另一种是调和其他植物或香味、滋味等来形成茶叶加工产品，称之为"调和茶"；三是茶汤滋味，在社会风尚的影响下，茶虽为饮，但也一直兼容着两大功能：药用和食用，偏好药用理想的，追求健康，以真茶纯饮，这样的饮用方式称"清饮"；侧重于食用，也即实用，以滋味的追求，杂合了丰富的物质内容，称之为"调饮"。

　　第二是"水"和"火"。从历史上看，水、火的元素有两种利用。一是水火选择，比如选择天然水还是加工水、柴烧火还是电热火等，源于当时的社会条件，总体来说，社会越进步，选择的空间就越大。二是茶叶开汤的加热方式，即水受热离开火后浇覆在茶上，水和茶共同在火上直接加热，历代以来基本上没有脱离这两种加热方式，前者统称为"泡（瀹、点、沏）"茶，后者统称为"煮（煎）"茶。

第三是"器"。器是各朝代饮茶方法差异的主要标志物，是研究不同时代饮茶法的重要文物，具有最丰富的文化意义，复原前朝代的茶艺，主要是对当时当地饮茶之器的理解和使用方法的掌握。"形而上者谓之道、形而下者谓之器"，器道同理，它是探究不同饮茶法的基本路径。

主泡器的选择是茶艺技法与流程的决定因素之一，也是研究各历史时期不同饮茶方式的主要依据。除了现代饮茶法主流的"直杯、盖碗、小壶"主泡器外，在中国历史上占据相当长时间的，则以"镬、碗"两类主泡器为代表。以镬为主泡器的茶艺，表明茶汤在火的直接加热下的形成，比较小壶煮茶法，它还必须有"瓢"的工具，来代替小壶的壶嘴功能，因而在古文献中提到的"瓢匏、牺杓"都比较讲究和地位尊贵。以"碗"为主泡器的茶艺发源于食之碗，故茶汤以吃的方式为多，为了促使茶、水在敞口的碗中融为一体而便于一饮而尽，必须借助"筅"工具，通过茶筅的打击来充分融合茶与水，达到茶汤的完美呈现。

第四是"境"。境由心生，天人合一，饮茶之境虽因各朝代主流思潮的影响而产生一定的差异性，社会分层的存在，使饮茶情趣而衍生的审美意象，兼容了饮茶人群不同人文趣向的不同文化选择，或密或疏地存在于各个朝代。

从历史沿革来了解茶艺五个元素的变迁，了解各朝各代饮茶法形成的始末，将帮助我们真正了解更完备的茶艺内容。我们以断代叙述，将五个元素的变迁，组合在以茶艺流程叙述的"茶品制作"、"茶汤制备"、"饮茶方式"三大部分之中，逐一分析历代的饮茶法主流及其变革，大致经历了茗茶法、煎茶法、点茶法、末茶法、沏茶法五个阶段。

第一节　唐代以前的饮茶：茗茶法

虽然中国饮茶可以上推到神农，也可以上溯至三代，但是史料稽考不易，目前较为保守的说法是始于秦汉，因此本书的唐代以前大体指汉魏六朝及隋朝。在这八百多年里，现存的茶文化史料相当有限，但是饮茶的方法已经相当多元化了，我们甚至可以说，后代的饮茶雏形大抵赅备①。

一、概说

唐代以前的茶品，可能有叶茶、饼茶和调和饼茶同时并存；茶汤制作以茗茶法为主；品饮方式则是品茗、茶果、分茶、茗茶等四大类型兼之。

茗茶法：以真茶杂和其他食物共同熟煮或浸泡。也就是说，在唐以前，其加热方式不仅有"茶、水、火"共同熟煮的"煮"茶方式，也有"火"加热"水"后的浸泡"茶"的"泡"茶方式。而饮茶方式则以调饮为其主要特征，这是茶汤由食物的"汤""羹"过渡，生活中会习惯杂合其他食物来制备茶汤作饮。

二、茶、茗茶、无酒茶

中国最早的字书是《尔雅》，大约成书于秦汉之际，在卷九里曾提及"槚，苦荼"。唐代以前的"茶"字均假借"荼"字，这说明了在秦汉时代，茶是一种味苦植物。

唐以前的茶品制作方式及类型，按晋郭义恭《广志》（成书于公元370年左右）对饮茶法的记载，把茶分成三类，他说："茶丛生。直煮饮为茗茶，茱萸橄子之属。膏煎之，或以茱萸煮脯冒汁为之，曰茶。有赤色者，亦米和膏煎，曰无酒茶。"即，当时有"茗茶"、"茶"、"无酒茶"之称。

第一类的"茗茶"指纯茶，不杂和他物，晋代的刘琨称之为"真茶"，"直"别本一作"真"字，也就是"真茶"的省文。"煮"字指煮茶，大致是采摘的真茶一般用来直接煮饮，当时称这样的茶和茶汤为"茗茶"、"真茶"。

第二类的"茶"是指在茶里加入了茱萸、橄子之类，算是调和茶了。制作方法有两种，一是调和茱萸、橄子，煎煮成为膏状，这就是煎煮茗茶；二是把煮好的茱萸汁冒在茶里。这个"冒"字应该就是"茗"字的谐音字或别字，这就是调和茗茶。这两种方式都叫做"茶"，大致是当时的主流饮茶方式。这里没有提及"茶"是叶茶还是饼茶，因为叶茶性能不稳定，且芽叶较小，需要施以一定的加工方式来实现茶品的有效保存，

---

① 张宏庸：《茶艺》，台湾幼狮文化事业出版社1987年版。

按当时的生产条件，做成饼茶的可能性较高，在其他文献中也能证明这一点。

第三类的叫做"无酒茶"，在茶品制作时如果调和米膏，再做成茶干，由于米的发酵作用，颜色就会是赤色的，茶品还会有酒味，因此叫做"无酒茶"。三国时期张揖《广雅》中的记载，也大致与《广志》记载的相似。因此，"无酒茶"是一种调和饼茶。有调和饼茶的记载，也证明当时饼茶已作为通常物出现。根据以后的文献提及，米渍可能是用来去除茶饼（茶叶）的涩味，若此，也有理由认为，在当时加工方式较为粗糙的条件下，用米渍去涩，与当今通过发酵方式来发挥茶叶各种物质的滋味，转化茶多酚涩味的加工方式的出发点是相似的，因此，这一类茶也可能是当时加工条件下的真茶（发酵茶）饼，但这只能是猜测。目前一致的说法还是认为无酒茶是调和饼茶。

三、茶汤制备的特征

从上述来看，唐代以前的茶品大致分为三类：真茶、茶、调和饼茶。除了真茶清饮的茶汤制备方式，茶与调合饼茶都采用了调饮，构成当时的主流饮茶法："茗茶法"。茗茶法的茶汤制备使用了两种加热方式：一种是杂合其他食物煮饮；另一种是将其他食物煮汤后浇冒在茶里。

依据晋代郭璞注《尔雅》："槚，苦荼。树小如栀子，冬生叶，可煮作羹饮。今呼早采者为荼，晚取者为茗，一名荈，蜀人名之苦荼。"茶在当时有几种称呼：槚、荼、茗、荈、荼等，苦是茶的基本滋味特征。茶汤制备一般采用煮的方式，如同羹饮。张揖《广雅》叙说得更详细些："荆巴间采茶作饼，咸以米膏出之，若饮先炙令色赤，捣末置瓷器中，以汤浇覆之，用葱姜茗之。其饮醒酒，令人不眠。"湖北四川一带的人，如果要喝茶，先得把茶饼烤成红色，再捣成茶末，将茶末放在瓷器里，用汤浇盖饮用；或者也可以茶末杂和葱姜等食物，放在一起煮。这说明了茶汤制备的方式有两种，一种用煮的方式，另一种用泡（冒）的方式。

在唐代以前真茶煮制清饮的现象已经存在，最为典型的是晋代杜育《荈赋》中的记载。晋代杜育的《荈赋》中如此记载："灵山惟岳，奇产所钟，厥生荈草，弥谷被岗，承丰壤之滋润，受甘灵之霄降，月惟初秋，农功少休，偶结同旅，是采是求。水则岷方之注，挹彼清流。器择陶简，出自东隅，酌之以匏，取式公刘，惟兹初成，沫沈华浮，焕如积雪，晔若春敷。"这是文人雅士在茶山采制茗茶，即席煮饮的描绘。最后四句诗说明，当茶汤制作好了，茶汤中颗粒较粗的茶末下沉，较细的茶末精华浮在瓢面。匏面光彩如白皑皑的积雪，明亮得有如春熙阳光。这应该可以确定是真茶煎煮清饮的方式，而非上述的苇茶或庵茶，因为如果是苇茶，由于加料，绝没有所谓沫沈华浮的现象，如果是庵茶法，也绝不可能有如焕若晔的茶汤效果。此外，据沫沈华浮等现象来看，所用的茗茶当是真茶，而非调和茶。这可说是当时文人对当时饮茶方式的一种反动，因为不论苇茶、调和茶，都是有损原味的。但这种文人的反动，只能进一步说明这样的茶品、茶汤和饮茶方式都是非主流的，只有极少数人响应。

总体来看，煮茶是当时饮茶法的主流，传到唐代经过陆羽的适度改良，成为唐代茶汤制备的代表。而泡茶的方式到了唐代陆羽以否定的态度称为庵茶，一方面肯定了当时民俗中有此方式的存在，另一方面也说明这种茶汤制备的方式似乎不太成熟，还不能经受那一时代文化的洗涤和剖析。

唐代以前的茶汤制备，大量采用着煮茶和泡茶两种加热方式。茶汤制备的材料，社会上的普遍观念是需要加调和物或杂和其他食物的，这一点成为苇茶法的典型特征。唐代饮茶法与前朝的区别，正是陆羽等著书立言的重要基础。

四、饮茶方式功能兼备

唐代以前的饮茶方式，从文化阶层来看，有文人雅士如《荈赋》中描述的清雅风格，百姓生活以茶为羹的朴实民俗，以及社会交往群体聚集的普遍态度。饮茶在待客及群体聚会中所发挥的饮茶社会功能，因为其普遍性而受到关注。唐代以前大致出现了"品茗会"、"分茶宴"、"茶果宴"三种方式的饮茶聚会。另外，饮茶作为功能性的作用"药用健体"，一直是促使人们更普遍用茶的内在动力，这一点在唐代以前就已基本形成。

（一）以茶聚会

1. 雅——品茗会。真茶清饮，体会茶、茶人、茶境的美感，一群志同道合者的雅集聚会。最为典型的品茗会，是《荈赋》文人雅士集会，享受自然风景，品赏真茶情趣。

2. 广——分茶宴。是较为正式的菜肴与茶水相互配合的茶宴，也可以说是茶酒宴，一般会有一些仪式上的要求，来区别普通的羹饮酒饭。根据汉代王褒《僮约》中的记载，当时四川人已经有了完整的待客茶宴。请客人到家中用饭，先得提壶酤酒、汲水做汤、拔蒜做菜、断苏切脯、筑肉臛芋、脍鱼炮鳖，享用美酒菜蔬、兽肉海珍之后，主人再端出配备完善的茶器烹茶待客。品茶后，再以固定的容器收拾茶具。以茶配合饮食，这是相当完整的分茶宴基型。从所记载的状况来看，分茶宴的情况和北魏杨衒之《洛阳伽蓝记》"菰稗为饭，茗饮作浆，呷啜莼羹，唼嗍蟹黄"的习俗相当类似，可知两汉以来分茶饮用的普及。

3. 廉——茶果宴。以茶果、茶食、茶点配合茶饮，作为待客的正式宴席，旨在倡导以茶养廉。南北朝的宋朝时，何法盛在《晋中兴书》里，记载了一则茶果宴的故事。东晋陆纳当吴兴太守时，相当节俭，客人来时仅以茶果待客，而不用酒宴或分茶宴，甚至卫将军谢安造访，也不例外，陆纳的侄子叫陆俶，他怪纳怠慢了，私下准备了十数人的盛馔，以供谢安和他的从人食用，当谢安离去后，纳打了俶四十大板，说道："汝既不能光益叔父，奈何秽吾素业。"此外，桓温在宴饮时，也只备茶果，可见六朝时茶果宴颇为盛行。究其原因，或许是晋室南渡，当朝要员以身作则，厉行节俭，一改奢豪的酒宴或分茶宴为俭朴的茶果宴。此风相沿，齐武帝在遗诏中，也还以俭德为美，要求他死后，子孙以茶果来祭奠："我灵座上慎勿以牲为祭，但设饼果、茶饮、干饭、酒脯而已。"

（二）以茶利用

1. 饮茶。若我们把清饮真茶作为饮茶的本宗，在唐代以前民间的民俗饮料多为芼茶法，很少品饮真茶。饮茶虽存在于一些文人的生活方式之中，正如杜育《荈赋》中记载的内容，但社会普遍的饮茶概念并未得到统一。

2. 食茶。"食饮同宗"，茶在作为饮料之前，它是被食而用之的。语言学者研究认为：在原始人的语素中，"茶"的发音意为"一切可以用来吃的植物"。我们的祖先从野生大茶树上砍下枝条，采集嫩梢，先是生嚼，后来加水煮成羹汤，服而食之。在唐代以前的饮茶方式中，仍较多地保留了"食饮同宗"的习惯，芼茶法采用较多的其他食物杂合烹调以作饮，主要体现的是"食茶"的内容。

3. 药茶。中国的药茶观念大致在南北朝形成。在此之前有不少作品提及茶的广义药效，例如《广雅》与《秦子》提及茶的醒酒功能，《博物志》与《桐君录》提及茶有"令人少眠"的功能，刘琨说茶可祛除体中烦闷，但是真正提及茶的药用功能的，可能是梁朝陶弘景的《新录》，他提及"茗茶轻身换骨。昔丹丘子、黄山君服之"。把茶当作服食养生之药，于是开创了中国药茶的新境界。茗茶不局限于俗饮，也渗入了本草的范围。唐代以后的茶药方，多得不得了，当是肇基于此时。

古人有"药食同源"之说，人们在长期食用茶的过程中，熟悉了它的药用功能。可见茶的药用阶段与食用阶段是交织在一起的，只不过，人们把茶从其他的食品中分离出来，是从熟悉到它的药用价值开始的。所以最早记载饮茶的既不是"诸子之言"，也不是史书，而是本草一类的"药书"，例如《神农本草》《食论》《本草拾遗》《本草纲目》等书中均有关于"茶"之条目。饮茶健体，使饮茶不仅存于文人雅趣、民俗果腹之用，还成为人类追求体质健康长寿之寄托的饮品，这一点至今仍是推崇茶叶为饮的核心物质价值。

茶经历了从食用、药用到饮用的演变，三者之间有先后承启的关系，但是又不可能进行绝对划分，往往是交错在一起的。哪怕是到了我们今天，茶以品饮为主，同时也是一种保健药品，云南的基诺族至今仍把茶叶凉拌了当菜吃。

五、结语

综观唐代以前的饮茶，可以有这样一些结论：唐以前的茶品制法主要是饼茶，饼茶可以是真茶，也可能是调和茶。唐代以前盛行荂茶法，也就是以真茶杂和其他食物共同熟煮或沏泡。唐代以前的茶汤制法主要采用煮茶，也有泡（冒、瘀）茶。唐代以前，还没有专门的煮饮茶器具，茶器与食器往往混用，煮饮茶器具主要有锅、釜、鼎、碗、瓢等。

分茶宴早在汉代就有记载，后代相当盛行，接着是晋代文人的品茗会及文人的茶果宴。分茶宴、品茗会、茶果宴这三种以茶聚会的方式，对比今天的茶会核心内容，仍不离其左右。唐代以前以茶聚会的形式，为以后的茶会类型奠定了基本框架。

唐代以前饮茶方式多为荂茶法，更接近于食茶，而品饮真茶只存在于少数人之中。饮茶健康的药茶观念在此时期已经完备，对后代的影响深远。由于现存的茶文化史料相当有限，今人尚不能清楚地认知唐代以前的茶艺。

第二节　唐代饮茶：煎茶法

　　唐代是中国茶文化体系得以确立的时代，代表人物陆羽的著作《茶经》一出，定局了中国茶文化的基本轮廓。后人不仅从中理解了茶叶或饮茶学问，更为重要的是陆羽创造了一种文化形式，使中国传统文化能建构在一种具体的物质形态上来表述。

　　《茶经》初稿完成于唐代宗永泰元年（765），又经修订，于德宗建中元年（780）定稿。煎茶法是指陆羽改革后创新的一种饮茶方法，《茶经》的诞生使煎茶法的地位得以确立并传播普及，导致了"自从陆羽生人间、人间相学事新茶"比屋之饮的社会风尚。其后，裴汶撰《茶述》，张又新撰《煎茶水记》，温庭筠撰《采茶录》，皎然、卢仝作茶歌，推波助澜，使中国煎茶文化日益成熟。

一、背景

　　唐初，社会大量存在着各种饮茶方式。《唐本草》："苦茶主下气，消宿食，作饮加茱萸葱姜等良。"提及了茶的保健效果，作饮采用的是茗茶法。《食疗本草》更进一步说："茗叶利大肠，去热解痰，煮取汁，用煮粥良。"至于《本草拾遗》则说："茗，苦搽；寒，破热气，除瘴气，利大小肠，食宜热，冷即聚痰。搽是茗嫩叶，捣成饼，并得火良；久食，令人瘦，去人脂，使人不睡。"这种饮茶法和前代相去不远，且更多在医书上得以记载。

　　到了唐代中叶，茶品及其制作的描述较为清晰。陆羽《茶经·六之饮》综录了当时的社会茶叶制作的状况。唐代的茗茶主要有四种：觕茶、散茶、末茶、饼茶。觕茶即盘茶，大概是相当笨重的大块茶饼，《茶经·二之具》里说到峡中有一百二十斤重的上穿应该就是这种觕茶（现在云南四川等地也有千两茶等大块紧压茶）。散茶是把茶烘焙干了收用的叶茶，但是使用时必先磨成粉末。末茶是把散茶敲碎的饼茶磨成粉末。饼茶原来是荆巴间的制茶法，如果采的是老叶，制好的茶饼就得用米渍去涩，比觕茶制作要略精细些。陆羽总结当时制茶的方式是"乃斫、乃熬、乃炀、乃舂，贮于瓶缶之中"。制成茶品共有四道工序：斫是把茶树叶砍下来，鲜叶蒸熬后制饼（或散叶），将饼茶（或散叶）烤松，把茶块磨碎成末状，然后把茶末放在瓶缶之中贮存以备用。

当时的茶汤制备及饮用方式，经陆羽的规范性记录后，也得到体现。在《茶经·六之饮》中提到，社会流行将茶末"以汤沃焉，谓之痷茶。或用葱姜棘橘皮茱萸薄荷之等，煮之百沸。或扬令滑，或煮去沫，斯沟间之弃水耳，而习俗不已"。茶末加水开汤浸渍，陆羽特别用病字框的"痷茶"一词指示，表明了不赞同的态度。而对当时在煮茶中加入许多佐料不停的煎煮、不停扬动茶粥的煮茗茶法，陆羽更认为是饮用阴沟弃水的语言来抨击。不管如何，按当时的习俗，的确存在着痷茶法、煮茗茶法两种茶汤制备的方式。

陆羽既对对传统习俗的不满，就将煮茗茶法加以改良，成为他的煎茶法。由于陆羽既能开发新茶品，又能研究出完整的一套煎茶法，更能制作出成套茶器来执行他的煎茶法，甚至著书立说推展茗饮，在当时有很大的影响，也因此把中国饮茶法从俗饮的层次，提升为生活艺术的层次。

二、唐代饼茶制作

陆羽煎茶法的茶品，较前朝对鲜叶的要求更高，这个是煎茶法与茗茶法在茶品选择上的最大区别；然后分阶段仔细加工成饼茶，较前朝的斫、熬、炀、舂4个步骤，增加到采、蒸、捣、拍、焙、穿、封7个步骤，再制作成末茶备用。因此，其茶品的制作更优选、更精细。在陆羽时代，对工具的重视和创新是一大特点，进一步奠定了煎茶法作为一种文化产物的地位。在茶品制作的流程中，陆羽在《茶经》中单列一章"二之具"，罗列和精确地描述了19个工具，体现"工欲善其事，必先利其器"的文化意识。

（一）茶品制作工具

工具与制造工艺有着密切的关系，通过这些采茶、制茶工具可以看出，唐代的饼茶生产已具有了一定的规模。据《茶经》"《二之具》《三之造》"所述，"自采至于封，七经目"，即采、蒸、捣、拍、焙、穿、封，至此完成了唐代茶叶产品的制作：饼茶的制备。其涉及的工具按"七经目"的程序，大致分为五个部分：

1. 采茶工具

唐代手工采茶，采茶的用具就是一只盛鲜叶的竹篮，叫籝。采茶工或手提背负，或系在腰间，在不同高度与密度的茶树丛中劳作。籝的容量大致五升至三斗不等，选择籝的大小是考虑到采茶时要尽可能减少鲜叶受到紧压，保证芽叶质量，同时也兼顾劳动效率。

2. 蒸茶工具

按《茶经》所述，共有五种："灶"，没有烟囱凸起通风的灶，在用松柴作燃料时，限制其通风，可以保持燃烧热量；一个有唇口、可以在蒸茶的过程中添加水的锅，叫"釜"，木制或瓦质的圆筒形的蒸笼，叫作"甑"；"箅"，竹制的篮子状的蒸隔，蒸茶的过程中可以将鲜叶在直筒形甑内提上提下；还有一个辅助用具，一根有三个丫杈的木枝，用来拨散已蒸鲜叶的结块，解块散热，部分水分汽化，减少了汁液的流失。

唐代采用蒸青方式制茶，最重要的是"高温短时"，因此陆羽采用尽可能把蒸具密闭起来的方法，以提高蒸汽压来解决迅速提高蒸汽温度的问题。

3. 成型工具

唐代茶叶外形是饼状，是压制而成的，因此，陆羽提到的成型工具共有6种：捣碎蒸叶的"杵"和"臼"，拍压茶碎做出饼茶外形花色的"规"、"承"、"襜"，以及用来摊晾湿饼用的方形篾排"芘莉"。

4. 干燥工具

饼茶在芘莉上基本成型后，就进入了干燥阶段。首先用"棨"、即锥刀，在茶饼中心穿洞，仿了铜钱的模式。然后用"扑"，一个类似鞭子的竹竿，有一定的长度和柔软度，将穿了洞的饼茶串起，移至烘焙茶饼的地点，松去茶饼。茶饼进入烘焙工序，它由"焙"、"贯"、"棚"三件组成。焙是一个挖地而成的方形火灶，在地上垒砌短墙架起两层木结构的棚，用以支撑穿茶烘烤的竹贯，茶半干时，贯置在下棚；茶全干时，贯升至上棚。

依照陆羽对焙的外形尺寸描述，烘焙饼茶的量较大，烘焙工场大概是一个集中加工地，需要有若干个蒸茶工序来满足"焙"的生产效率，这也进一步说明了唐代茶饼生产的规模。

5. 计数和封藏工具

同样是仿铜钱计数方式，茶饼也以"穿"来计量，用以交换。陆羽提到江东和峡中"穿"的重量差异很大，可能与两地茶叶的种植、采摘、加工、成型等差异性有关。茶饼的日常保存，用"育"，一个竹木烘箱，以煨火或小火的方式，保持茶饼的干燥。

（二）茶品制作工序

陆羽仔细说明了当时茶叶从采摘到成品，需要经过的"采之、蒸之、捣之、拍之、焙之、穿之、封之"等七个工序和要求，并通过对制茶工具的详细描述，更加清楚了唐代饼茶成品的制作工艺。

陆羽对前朝茶品制作的改革，除了强调茶品制作流程与步骤外，对鲜叶的采摘也提出了较高的要求，这一点保证了成品茶的原料质量。茶饼品质的鉴别是陆羽重点叙述的另一方面，他将茶品分为八等，提出鉴别是否是好茶，不能光看饼茶外表，而是要全面地了解鲜叶质量、加工过程，才可以判断茶品质量。这一唯实的方法论给后人留下了宝贵的财富。

前朝在茶品加工中包括了末茶部分，陆羽则用个两个章节《茶经·二之具》《茶经·三之造》，来叙述自采摘至保存的茶品制作工序，但并未提及末茶部分。末茶的流程在《茶经·四之器》《茶经·五之煮》的煎茶过程中来说明，表示出陆羽将这部分内容归责于茶艺师的工作。由此得出，一方面陆羽对煎茶法茶艺的专业性提出了更高要求，另一方面也说明了当时茶叶生产能力和消费水平提升，促成了社会分工的形成，茶饼的规模生产已作为独立的产品或商品进行流通；煎茶法则呈现出一种新的生活方式，并赋予其独有的生产工具和方法。

三、陆羽茶汤

茶品制作完成后，到了饮茶的重要环节：茶汤制备的过程。对于传统用痷茶法或煮茗茶法，陆羽扬弃了痷茶法，最主要的原因应该在于痷茶法所做出的茶汤不够细腻。当时的工具无法把茶磨得更细，所以就容易粝口。陆羽也扬弃了煮茗茶法，主要原因恐怕是因为那是一种通俗饮料，难登大雅之堂。陆羽创造的煎茶法，接近于杜育《荈赋》描述的品真茶法，但比前朝更加精细、规范，更重要的它不再仅是少数人的乐趣，而是普及成为了社会风尚。

陆羽《茶经》上中下三篇，以单列中篇《四之器》，来详细列出茶汤制备所用到的器具，在这"二十四器"中，很大部分由陆羽首先研制和使用，并强调"在城邑之中，二十四器阙一，则茶废矣"。自此，茶艺器具的专用性开始系统地呈现，这也成为唐代作为茶艺起源的重要因素和标志。

煎茶法的茶汤制备，结合陆羽《茶经·四之器》《茶经·五之煮》的内容，大致可分为生火、备茶、用水、候汤、酌茶、理器等6个程序，共用到茶器具 24 件。

（一）生火

生火用到的器具大致有 4 件：

"风炉"，铜铁制成形状似鼎，是生火的主要器具，也是反映陆羽文化思想的主要物质载体，"灰承"是置于风炉底部，用于承受炉灰的铁盘，可视与风炉同为一件；

"筥"，盛炭的竹箱，制作的边缘要光滑；

"炭挝"，用来锤解大块的炭；

"火筴"，夹炭的工具，同生活中的一般用具。

生火的燃料最好用炭，其次是硬柴，才能在煎茶过程中达到"活火快煎"的火候要求。一些沾染了膻腻的和含油脂较多的柴薪，以及朽坏的木料都不能用，当时已认识到茶叶吸附性很强，会使茶汤吸附上"劳薪之味"。

（二）备茶

备茶用到的器具大致有 4 件：

"夹"，烤茶时夹茶饼用，小青竹制成，有助茶香。

"纸囊"，用以贮放烤好的茶饼，用白而厚的剡藤纸双层封制，使茶香不致散失。

"碾"，碾磨烤好的茶饼、茶碎，它是一个套组，分别是碾、堕、拂末。碾，最好用橘木制成，其次用梨、桑、桐等木料，形状内圆顺外方正，内圆顺便于碾磨茶碎的滑溜，外方正能使碾在劳作时较为稳固；堕，即碾轮，带轴圆形滚轮，尺寸与碾的圆弧吻合；拂末，用于拂拨碾中的茶末，羽毛制成。

"罗合"，备茶的最后一个环节和容器，它包括三个器具：罗、合、"则"。罗是罗筛，竹圈纱网，漏过网眼的视为茶末合格；合，放置茶末用，可用竹或木制成，并涂上油漆，它要求一是有盖，二是要光滑，不能沾黏茶末；"则"，即茶勺，又称作量器，用来大致计量茶水比中茶末的量，制作材料有海生物的壳，或金属、竹木等制成匙、箕等状，"则"日常都放置在"合"内，因此与罗合同为一件。

备茶的过程从器具的用途上大致也可了解。在风炉生上火后，用"夹"夹着茶饼，靠近较为稳定的火头烘烤，时时翻转，等茶饼表面烤出像蛤蟆背的气泡状时，离开火 5 寸，待气泡松弛下来，再接近火头重复烤若干次，至水汽蒸完为止。新鲜晒干的，则简单一些，烤至茶饼软化即可。

烤茶的过程是必要的，它是茶叶碾磨成末的必要前提，使得本来连壮士都不能捣烂的茶芽，经过这样彻底的烘烤，变得十分松软，稍稍用力即可成茶末。茶饼烤好后立即装入"纸囊"，剡藤纸以薄、轻、韧、细、白著称，它既可贮留香气、散热，又能阻挡空气中的水汽，使茶饼冷却后还依旧保留其品质。冷却后的茶饼更加松软，正好进入了碾磨的过程。将茶放入碾中，用堕细研，等研好了，用拂末清出，碾磨后的茶末标准是如细米粒，唐代煎茶法选用的茶末并非越细越好。经过罗筛后将选好的茶末置入"合"内，备茶的过程就完成了。

（三）用水

用水的器具只有 2 件：

"水方"，木制的盛放清水容器，可盛水一斗，煎茶过程的用水基本取之于水方。

"漉水囊"，取水时用来过滤水质，是唐代"禅家六物"之一，其制成由铜丝圈架、竹篾网兜、绿绢包裹，在携带时外面还套一个"绿油囊"，即绿色的油布袋，保持清洁、干燥。

陆羽深知煎茶用水的重要性，也很善于辨别水质。在《五之煮》中提炼出煎茶用水的结论："其水，用山水上、江水中、井水下"，指出了选用山水、江水、井水的方法。最好的用水是含有二氧化碳的乳泉水，以及被砂石充分过滤后的石池泉水。用江水必须要远离人烟的地方取之；要用井水则是日常生活中用的最频繁的活水。

（四）候汤

候汤包括了煮水、调盐、投茶、育华 4 个步骤，它涉及的用具共有 5 件：

"镇"，煎茶专用的锅，陆羽提议是用铁制，经久耐用，当时也有用瓷、石、银等材料制成。镇，内壁光滑、外壁沙涩，有双耳，唇延阔，锅底直径大，是一个便于提拿、吸热快而均匀、不带锅盖的煎茶专用主泡器。

"交床"，放置镇的搁架，十字交叉作架，上搁板挖其中心，能支撑镇身。

"竹筴"，木制身、两头裹银、一尺长、筷子状搅拌器皿，搅动汤心有助于沫饽发生。

"鹾簋"，放盐的器皿，瓷质；内置"揭"，即盐勺。

"熟盂"，贮盛熟汤用，煎茶过程中用到2次，一次盛放二沸水，一次盛放"隽永"。

在煎茶法中，炙茶罗末的过程在前，镀置于交床之上，炙茶完成，风炉才用作镀的候汤之用。先是煮水，一锅煮水一升，在无盖的镀中观察水烧开的程度。当开始出现鱼眼般的气泡，微微有声时，称之为一沸水，此时放入适量的盐，可尝味（调盐）。水继续加热，至镀的边缘像泉涌连珠时，为二沸水（继续沸腾，如波浪般翻滚时称为三沸水，三沸水太老不可食），此时要舀出一瓢水，放置在熟盂中，再用竹筴在二沸水中绕圈搅动，用"则"量茶末从旋涡中心投下（投茶），一升水置茶。此时已成茶汤，活火快煎，至沸腾如狂奔的波涛，泡沫飞溅时，用刚才置于熟盂的二沸水重新加入镀中止沸，孕育汤花（育华）。至此，美妙的茶汤已形成。

（五）酌茶

酌茶，也称分茶，用到的器具共4件：

"瓢"，又叫牺杓，用于舀水、舀茶汤等。用葫芦剖开制成，也有用梨木做成的。

"碗"，唐代煎茶法的品饮器，在镀中煎好的茶汤用瓢分在碗中品饮。碗的材质以越窑瓷最好，因为饼茶经炙烤等过程后茶汤大致接近黄褐色或红白色，虽当时流行的邢窑瓷以白雪著称，却映衬得茶汤更显红色；而用越瓷色青如玉，用来盛茶汤反而显得青清可人。越瓷茶碗上口唇不卷边，底呈浅弧形，容量不到半升。

"畚"，放置茶碗用器，用白蒲卷编而成，可容10只茶碗，也可用筥的容器装碗，碗与碗之间夹以双副剡纸减震。

"滓方"，用以盛放废弃的茶末、汤水，如经罗筛、碾磨仍不合格的茶末、杂质，尝咸味余下的汤，黑云母般的水膜弃汤，以及分茶后余留在锅底的茶滓等。

育汤花后，茶汤又开始沸腾时，撇去浮在沫饽上像黑云母似的水膜，因为它的滋味不纯正。至此，酌茶开始，酌茶的要旨是每碗茶汤的沫饽也要分均匀，沫饽是汤的精华，华薄的叫沫，厚的叫饽。先舀出第一瓢汤花，称之为隽永，是最好的，放在熟盂中，以备止沸及育华之用，或者在饮茶人数多出一个时以隽永奉之。此后舀出第一、第二、第三碗茶汤，其滋味香气也依次下降些，到第四、第五碗则不是极渴就不要喝了，因为重浊凝其下，精英浮其上。

　　一炉一镀，一般煮水一升，可分酌 3—5 碗，供 3—7 人的品饮，若有 10 人饮茶，则需要用两个炉来煎煮酌茶。茶要趁热连沫饽、茶汤、茶末一起品饮，冷了就不好喝了。喜好茶汤滋味鲜爽浓强的人，一则茶末煮三碗，这一滋味体现得最好，其次是煮五碗。所以，当客人 5 人以下的，就煮三碗浓茶，大家分酌品鉴；当客人 6 人时，还是煎浓茶，另一碗以隽永补上；当客人有 7 位的，一锅煎五碗的茶量，虽滋味略淡些，也是不错的。煎茶时一定不可放太多的水，茶汤滋味太淡，就什么味道也没有了。

　　（六）理器

　　理器是指整理、清洁器具的器皿，共有 5 件：

　　"札"，用于洗刷茶器，以棕榈皮和竹木捆扎，形似一支大毛笔。

　　"涤方"，木制容器，用来盛放洗涤后的水。

　　"巾"，吸水性好的一种粗绸布，用于擦拭各种器皿，两块备用。

　　"具列"，陈列和放置器具的茶台或茶架，可折叠闭合，黄黑色的竹木制品。

　　"都篮"，能装入以上所有器具的容器，竹篾制成，长 2.4 尺、宽 2 尺、高 1.5 尺，都篮脚圈宽 1 尺、高 2 寸，整体玲珑坚固。

　　规范的茶艺讲究有始有终，前面的程序一步步展开物品，最后的程序还要将这些器具一件件整理干净。"札""涤方""巾"都是清洁用具，现在的茶艺器具中还一直保留。依据具列的外形描述，有 3 尺长、2 尺宽，在其上方将主要器具陈列并进行操作，也是比较宽敞的；高度仅 6 寸，以席地操作，这个高度也是合适的。从都篮的尺寸看，24 件器具都比较精致，悉数装入还能使都篮看起来玲珑有致，可家藏一副。从生火备茶到饮啜完毕，所有器具清洁归位，才是整个茶艺的完成。

　　煎茶法制备茶汤的 24 件器具，是陆羽的精心创制和规定，也标志着煎茶法茶艺的成熟。

　　煎茶法制备的茶汤，色相香美，陆羽明确了茶的本质滋味：啜苦咽甘，否则不能称之为茶味。煎茶法的茶汤制备有九大难点：第一，造，茶饼选用的鲜叶和加工有保障；第二，别，茶艺师会鉴别茶饼；第三，器，煎茶器具整齐清洁；第四，火，生火的燃料要好；第五，水，会品鉴、选择适宜煎茶之水；第六，炙，炙烤茶饼通透松软；第七，末，不能把茶饼碾磨成粉末；第八，煮，竹筴环击汤心不能骤快骤慢；第九，饮，四季中只在夏天饮茶的不能称之为茶人。

四、人文的饮茶方式

唐代的饮茶方式除了前朝已形成的饮茶聚会、以茶利用的形式外，更注重茶人的身心体验，陆羽《茶经》将此体验一一给予论述，从对茶汤的完美要求、茶境的重视、茶德的贯穿始终，来表现出饮茶法的根本要旨："美物"、"美意"、"美德"。

（一）茶味至胜：美物

陆羽煎茶法，最大的特点是对茶汤的滋味及过程要求精细、高标准，它要求茶艺师具有较全面的能力。比如，末茶准备不像前朝磨好后放在瓶中贮存待用，而是茶艺师在茶汤煎煮前制作，现做现用，这样保证了末茶的香气、滋味、色泽都能达到最好的程度。现场制备茶末、一炉一茶的过程，使炙烤几个（一个）茶饼来末茶的量也成为"煎茶一锅分几碗"的一个决定因素，明白在这一点上与现代饮茶分茶方式的差异性，大致能解开我们研读《茶经》时的困惑。煎茶法对茶味要求精细，不仅严格规定了煎茶法每一道工序的器具、材料利用及每一个动作要领，还延伸至茶叶的种植、采摘、加工和保存，造就了茶汤从形式到内容的完美，从而吸引了更多的人来学习煎茶法而成"比屋之饮"。

撰于 8 世纪末的《封氏闻见记》卷六饮茶条载："楚人陆鸿渐为茶论，说茶之功效，并煎茶炙茶之法，造茶具二十四事，以都统笼贮之。元近倾慕，好事者家藏一副。有常伯熊者，又因鸿渐之论广润色之，于量茶道大行，王公朝士无不饮者，御史大夫李季聊宜慰江南，至临淮县馆，或言伯熊善饮茶者，李公请为之。伯熊著黄被衫乌纱帽，手执茶器，口通茶名，区分指点，左右刮目。……"常伯熊，生平事迹不详，约为陆羽同时人。他对《茶经》进行了润色，娴熟茶艺，专事表演性的煎茶法演示，在当时也有一定的追摹者和影响力。皎然、斐汶、张又新、刘禹锡、白居易、李约、卢仝、钱起、杜牧、温庭筠、皮日休、齐己等人对煎茶法茶艺均有贡献。

（二）茶境至上：美意

陆羽煎茶法对器具的要求是极为苛刻的，但在《茶经》"九之略"章中，茶饼加工的工具，"于野寺山园丛手而掇"，其中的"棨、扑、焙、贯、棚、穿、育"等七种工具都可略去不用；煎煮茶汤的器具，"若松间石上可坐，则具列废。用槁薪、鼎䥐之属，则风炉、灰承、炭挝、火筴、交床等废。若瞰泉临涧，则水方、涤方、漉水囊废。若5人以下，茶可末而精者，则罗废。若援藟跻岩，引絙入洞，于山口炙而末之，或纸包、盒贮，则碾、拂末等废。既瓢、碗、筴、札、熟盂、鹾簋悉以一筥盛之，则都篮废"。由此可看出，作者对现采、现煮、现饮的癖爱，指向在松间石上、泉边涧侧，甚至山岩风口作为茶境选择的赞成，同时也反映了陆羽提倡饮茶规范化的实质所在。

唐代饮茶，对环境的选择更加注重，多选在林间石上、泉边溪畔、竹树之下清静、幽雅的自然环境中，或在道观僧寮、书院会馆、厅堂书斋，四壁常悬挂条幅。吕温《三月三日花宴》序云："三月三日，上巳禊饮之日，诸子议以茶酌而代焉。乃拨花砌，爱诞阴，清风逐人，日色留兴。卧借青霭，坐攀花枝，闻莺近席羽未飞，红蕊拂衣而不散。……"莺飞花拂，清风丽日，环境清幽。钱起《与赵莒茶宴》诗云："竹下忘言对紫茶，全胜羽客醉流霞。尘习洗尽兴难尽，一树蝉声片影斜。"翠竹摇曳，树影横斜，环境清雅。

唐代的饮茶方式逐渐从解渴或果腹的生活必需品中脱离了出来，文人雅士或"柴门反关无俗客，纱帽笼头自煎吃"，或"野泉烟火白云间，坐饮香茶爱此山"，在饮茶中寻求愉悦之美感享受，以茶抒情扩怀，借景移情喻志，充溢着美学的意境。

（三）茶德至本：美德

饮茶之所以成为高雅深沉的文化，与它特别是自唐代以来，将饮茶作为一种道德修养是密切相关的，在陆羽《茶经》中的表现尤为显著。"一之源"载："茶之为物，味至寒，为饮最宜。精行俭德之人，若热渴凝闷、脑疼目涩、四肢烦、百节不舒聊四五啜，与醍醐甘露抗衡也。"饮茶利于"精行俭德"，使人强身健体、锻炼志向、陶冶情操。《茶经》"四之器"，其风炉的设计就应用了儒家的《易经》的"八卦"和阴阳家的"五行"思想。风炉上铸有"坎上巽下离于中"，"体均五行去百疾"的字样。镀的设计为："方其耳，以正令也；广其缘，以务远也；长其脐，以守中也。"正令、务远、守中，反映了儒家的"中正"的思想。《茶经》不仅阐发饮茶的养生功用，已将饮茶提升到精神文化层次，旨在培养俭德、正令、务远、守中。陆羽借助《茶经》还表达了"天下兴亡匹夫有责"的愿望，在"风炉"上强调刻上"伊公羹、陆氏茶"，比喻"伊尹相汤""治大国如烹小鲜"，以茶兴邦治国之心昭然。

诗僧皎然，年长陆羽，与陆羽结成忘年交。皎然精于茶道，作茶诗二十多首。其《饮茶歌诮崔石使君》诗有："一饮涤昏寐，情思朗爽满天地；再饮清我神，忽如飞雨洒轻尘；三饮便得道，何须苦心破烦恼。……熟知茶道全尔真，唯有丹丘得如此。"皎然认为饮茶不仅能涤昏、清神，更是修道的门径，三饮便可得道全真。

玉川子卢仝《走笔谢孟谏议寄新茶》诗中写道："一碗喉吻润，两碗破孤闷。三碗搜枯肠，唯有文字五千卷。四碗发清汗，平生不平事，尽问毛孔散。五碗肌骨清，六碗通仙灵。七碗吃不得也，唯觉两腋习习清风生。""文字五千卷"，是指老子五千言《道德经》。三碗茶，唯存道德，此与皎然的"三饮便得道"意同。四碗茶，是非恩怨烟消云散。五碗肌骨清，六碗通仙灵，七碗羽化登仙。"七碗茶"流传千古。

钱起《与赵莒茶宴》诗写主客相对饮茶，言忘而道存，洗尽尘心，远胜炼丹服药。斐汶《茶述》记载："茶，起于东晋，盛于今朝。其性精清，其味淡洁，其用涤烦，其功效和。参百品而不混，越众饮而独高。"茶，性清味淡，涤烦致和，和而不同，品格独高。

自中唐以来，已经认识到茶的清、淡的品性和涤昏、致和、全真的功用。饮茶能使人养生、怡情、修性、得道，茶人们还借助饮茶活动来表达自身经世济国之愿望或无奈，借助饮茶活动从不同的角度来叙说自己的志向。陆羽《茶经》，斐汶《茶述》，皎然"三饮"，卢仝"七碗"，高扬茶之精神，把饮茶从日常物质生活提升到精神文化层次。

五、结语

《茶经》问世，对中国的茶叶学、茶文化学，乃至整个中国饮食文化都产生了巨大影响。这种作用，在唐代深为人们所瞩目，《新唐书》说："羽嗜茶，著《经》三篇，言茶之源、之法、之具尤备，天下益知饮茶矣。时鬻茶者至陶羽形置炀突间，祀为茶神。"宋人陈师道为《茶经》作序道："夫茶之著书，自羽始。其用于世，亦自羽始。羽诚有功于茶者也！上自宫省，下迨邑里，外及戎夷蛮狄，宾祝燕享，预陈于前。山泽以成市，商贾以起家，又有功于人者也。"陆羽著的《茶经》不仅集文化之大成，推动普及了当时社会的饮茶风尚，为后人留下宝贵的文化遗产，同时对当时茶叶经济的发展也起到了很好的作用。陆羽《茶经》是对整个中唐以前唐代茶文化发展的总结。陆羽之后，唐人又发展了《茶经》的思想，如苏廙曾著的《十六汤品》、张又新的《煎茶水记》、刘贞亮总结的茶之"十德"等，都具有深刻的意义。

唐朝是中国茶文化史上一个划时代的时期，唐代的煎茶法也大致反映出以下几个特征：

1. 作为一个新生事物，煎茶法摒弃了茗茶法类似食用的生活方式，而主动靠近药用服食的当时社会显学。这一特征，不仅表现在陆羽《茶经》文章的体例循《本草纲目》，以及其内容也多次提及与草木药相关的文字，还表现在唐人对饮茶之功的宣扬，基本也遵循"养生"、"祛病"、"羽化成仙"的古代医药学理念。这样的靠近，一方面使饮茶的生活方式纳入了社会主流以及学术主流，另一方面也促使了饮茶健康及药茶理论的普及，如陆羽《茶经》"七之事"中收录了"枕中方"、"孺子方"药茶方子等。时至今日，饮茶"药理健康"的概念依旧是推广饮茶文化的不老法宝。

2. 唐代煎茶法首次建立了具备一整套专用茶具的茶艺规范流程，以风炉、镀、勺、越窑青瓷茶碗等为典型茶具，分工更加明确。文人意识成为主流，茶人们更加关注饮茶给予的美物、美意、美德的体验，使一件生活琐事升华为一种唐代精致文化的代表。

3. 唐代以前所产生的各种饮茶法，在唐代并未间断，如薛能有茶诗云："盐损添常戒，姜宜煮更夸。"陆羽也陈述了当时民间茗茶、痷茶饮茶方式等，可以说明当时有着多种饮茶方式共存的形态。即使在陆羽煎茶法中，也投盐调味，宋代的《物类相感志》说："茶和姜盐，不苦而甜。"可能唐代蒸压茶饼不适合口味，利用投盐能减轻苦涩而达到增甜的目的。

4. 陆羽《茶经》确立其稳固的地位，在茶经中覆盖的内容成为茶文化、茶艺的研究体系与核心。因此，从事饮茶法的研究或利用，不能仅限于滋味外形的品评，"嚼味嗅香，非别也"，或者是"手执茶器，口通茶名，区分指点，左右刮目"的形式，而是应将其放置在涵盖茶叶学、民俗学、地理学、经济学、工艺学、美学等综合文化体系之中，以"精行俭德"的治学方式，来取出精华的一瓢饮。

第三节 宋代饮茶：点茶法

点茶法源于煎茶法，是对煎茶法的改革。煎茶是在镂（铛、铫）中进行的，待水初沸时下茶末，二沸时茶煎成，用瓢舀到茶碗中饮用，从加热方式看，唐代沿袭前朝利用了"煮茶"技术。发展到后唐及宋以来，茶人们试图更换另一种加热方式，既然煎茶是以茶入沸水（水沸后下茶），且煎茶时间较短（二沸即起锅），那么沸水入茶，即利用"泡茶"技术也应该可行，于是发明了点茶法。

加热方式的技术革新是点茶法和煎茶法最根本的改变，由此也带来了茶艺结构中其他要素的变化。比如，宋代称为团茶的茶叶加工方式势必有变化，制作时须将茶碾成极细的茶粉，来适宜于点茶温度不及煎茶的技术指标。点茶水温是渐低的，点茶法的流程中要先将茶盏烤热（熁盏令热）来保持温度。点茶时先注汤少许，调成浓稠状（调膏），原先煎茶的竹夹演化为茶笕，改在盏中搅拌，称"击拂"。为便于注水，还发明了高肩长流的烧水器——汤瓶。

点茶法起始时间。最早出现点茶法的记载是五代的苏廙，他的《仙芽传》是一部有关茶的专书，是书今佚，但是其中的《十六汤品》里就对如何点茶有着相当清楚的记载，仍保存至今。但苏廙的生平考证不能明确统一，因此还不能确定点茶法产生的年代。从法门寺出土的宫廷茶具来看，其中的琉璃茶碗适于点茶，茶罗的网眼极小，应为制茶粉用，按陆羽《茶经》，煎茶用末不能用茶粉，由此推测点茶法萌芽于晚唐时期。五代宋初人陶谷《茗荈录》中有属于点茶的"生成盏"、"茶百戏"条，故点茶法起始不晚于北宋初年。

最早具体描述点茶法茶艺的是北宋蔡襄的《茶录》。蔡襄乃福建人，又在福建为官督造北苑小龙团贡茶。宋代茶书，大多数是写建安北苑龙凤团茶造法及饮法的，因此，点茶法有推测说始于建安民间。毋庸置疑，五代及宋以后，虽陆羽《茶经》一再刊印，《四库全书》等几十种本子均有收录，其学术地位越加重视和巩固，但点茶法带来的技术革新，使陆羽煎茶法形式在现实生活中基本上消失了。

点茶法在北宋初期的大力推展下，使得团茶日趋精雅繁复，传播的社会层面和地域也大大超过唐代，上至宫廷权贵阶层茶艺无与伦比的精致奢侈，下至市民斗茶之风盛极，饮茶的艺术形式多样化、生活化、仪式化。如果说宋以前的饮茶文化依托了食文化、药文化体系，那么宋代点茶法洋溢出的社会风尚，可以让我们看到，饮茶文化以标榜独立的文化意志和形式，占据了意识形态的最高地。这一茶文化的独立性后代都一直未能逾越。

一、宋代团茶制作

历代以来，茶叶主产地的变迁也是极为显著的，这也是各朝代选择茶叶加工及茶汤制备方式的一个参照要素。唐以前的茶叶出产区以四川蒙顶茶为第一，重点在四川流域，乔木为多，采摘相对粗放，因此采用芼茶法是合适的；唐代以江南阳羡茶为代表，关注的主产区转入江南，芽叶相对鲜嫩，煎茶法的饼茶加工和饮茶方式较为适宜；五代宋代则以岭南建安茶为代表，茶叶重镇进入岭南，其茶力较江南茶厚足些，因此主要采用了团茶的加工方式。

在宋代，也有散茶的存在，当时称之为"草茶"，主产区大致在江浙一带，著名的有江西修水的"双井"、浙江绍兴的"日铸"。当时贡茶以团茶为极品，草茶则以雅士及茶农百姓品饮，虽也有一二两上贡的，但并不占主流。以下重点介绍团茶的制造方法。

宋代团茶，又称"片茶""銙茶""饼茶"，其制法宋文献较多，记载也较为翔实，比如赵汝砺著《北苑别录》中，详细记录了御园、开焙、采茶、拣茶、蒸芽、榨茶、研茶、造茶、过黄、纲次等内容，说明了茶园区域、贡茶制作过程及团茶等级等指标，如实记载了以建茶为代表的宋代制茶工艺。以文献看，宋制团茶主要有七道工序：采茶、拣茶、蒸茶、榨茶、研茶、造茶、过黄。

1. 采茶。宋代以惊蛰为候，晴日凝露采之，时节较为严苛。认为日出之后，肥润的茶芽便为日光所薄，膏腴为之所耗，茶受水则不鲜明。采茶须用指甲，不可用于指，用甲则速断不柔，用指则有汗渍和温度，影响茶的品质。

2. 拣芽。拣茶是前代所无的，首创了以鲜叶分拣的茶叶分级法。宋代贡茶有各种品级，所以先将各种不同茶芽采下，事后再分成不同品级，制成各品贡茶，清代以来的分级拼推法可上溯至此。

3. 蒸茶。唐代鲜叶入釜蒸青，宋代鲜叶则先再次洗涤，然后入釜，蒸得适中，过熟色黄而味淡，不熟色青，打出的茶末易沉。

4. 榨茶。唐代阳羡茶是草茶，劲力较薄，怕去膏；宋代建安茶是木茶，力极厚，去膏不尽，茶味不美反苦。榨茶先用小榨去水分，再用大榨出其膏，到了半夜，取出揉匀，再入大榨翻榨。到了天明取出，拍净揉匀，榨好了茶再研茶。

5. 研茶。唐代制茶用杵臼将茶捣为泥末就可以了；宋代制茶用柯为杵，以瓦为盆，分团酌水，以研磨茶末，直到水干茶熟为止，所以自古以来叫做"研膏茶"，而且研茶不止一次，得反复研茶。茶愈佳，研茶次数愈多，胜雪白茶，研茶达十六次。研茶得至水干茶熟才行，水不干茶就不熟，茶不熟，水面不匀，点茶时茶末易沉，因此，研茶必须特别用力，得壮汉操作才可。

6. 造茶。研好茶放入模里制茶，唐代以规制茶，宋代以绔圈造茶，茶初出研盆，用手拍荡使之匀称，用力搓揉，使之形成细腻的光泽，然后入圈制绔。绔的形状有方的，有花的，有大龙，有小龙，品色不同，名目各异。这和唐代相似。

7. 过黄，即焙茶。唐代将茶贯串烘焙，茶饼上有穿洞的痕迹，不够雅致。宋茶做成团茶以后，不用贯串，先用烈火焙干，再用沸汤浇淋，反复三次，再用火烘焙一晚。隔日用温焙，温焙得用温火，过热的焙火会把茶面泡坏，且焙时不可有烟，否则烟熏会使茶香尽失。温焙的天数随绔的厚薄而不同，厚的多到十五天，少的也得五六天。温焙后，取出过汤出色，再置于密室中，用扇扇干，团茶自然颜色光亮莹洁。

由此看来，宋茶对团茶的制作要复杂多了，其中榨茶、研茶是前代所无，而在焙茶时的过黄也和唐代的焙茶大不相同。有一种极品宫廷用茶称为"银丝水芽"，采摘新抽茶枝上的嫩芽尖，"取心一缕"成方寸新绔的小茶饼，又称"龙团胜雪"，每绔"计工值四万"，专供皇帝享用。除"龙团胜雪"外，专供皇帝享用的还有一种极品："白芽"，即用"崖林之间，偶然生出，虽非人力所能至……所造止于二三绔而已"的"白茶"制得。制团茶法如此繁复、劳民，为后代在茶品制作的改良提供了契机。

二、点茶法的茶汤制备

由于茶汤加热方式的改变，点茶法与煎茶法呈现出较大的差异性。表现茶艺特征的主要茶具也有较大不同，宋代点茶法的代表茶具为汤瓶、茶笾、茶盏，主泡器是茶盏，崇尚天目油滴盏、建州兔毫盏。宋茶尚白，建窑主黑色，相得益彰。在陆羽《茶经》建立的茶文化体系影响下，宋及以后各朝代的茶艺流程，均突出了对茶、水、器、火、境的表述和对茶艺师的重视，其结构是基本相同的。宋代点茶法可概括为 7 个程序：备器、选水、末茶、候汤、熁盏、点茶、分茶。

（一）备器

《茶录》、《茶论》、《茶谱》等书对点茶用器都有记录。宋元之际的审安老人作《茶具图赞》，对点茶道主要的十二件茶器列出名、字、号，并附图及赞。归纳起来点茶道的主要茶器有：茶炉、汤瓶、砧椎、茶钤、茶碾、茶磨、茶罗、茶匙、茶笕、茶盏等。

（二）选水

宋代选水大致承继唐人观点。在《大观茶论》"水"篇重点强调："水以清轻甘洁为美，轻甘乃水之自然，独为难得。古人品水，虽曰中泠、惠山为上，然人相去之远近，似不常得，但当取山泉之清洁者。其次，则井水之常汲者为可用。若江河之水，则鱼鳖之腥、泥泞之汗，虽轻甘无取。"宋徽宗主张水以清轻甘洁为美，并修正了陆羽的用水法。

（三）末茶

宋代的团茶得碾成末茶，因此和唐代一样有炙茶、碾茶和罗茶三项，大抵同于唐代。但团茶的加工方式不同于唐饼，经过翻榨和研茶，茶叶已接近成为较细的颗粒，虽压制成片，其解块磨末要容易很多。

1. 炙茶。宋代当年新茶不用炙，仅陈茶先以沸汤渍之，脱去外表膏油一两层，再用铁钤夹茶，微火炙干即可。炙茶会使茶色变深，这也是宋茶少用炙茶的原因之一。

2. 碾茶。宋茶磨末使用砧椎、茶碾、茶磨等器具。团茶较少用炙茶的程序，团饼的蓬松度不够，因此一般用砧椎敲碎，再投入碾磨。茶碾改用银、熟铁等金属材质，末茶颗粒要求较唐代细微很多，这样有助于点茶的水乳交融。除了茶碾之外，也有用茶磨磨茶，茶磨特好青礞石，后来也有用玉制的。从《茶具图赞》看来，可能磨碾并用，那么磨出来的茶末更细微。

3. 罗茶。碾好的茶同样要经过筛滤。唐代罗茶选用的筛目较大，它的标准是米粒大小。宋罗选用的网特重蜀东川鹅溪画绢，面紧、目极小，要经此罗筛后的茶粉才合标准，实质上是粉尘状。

（四）候汤

宋代点茶法，在造茶、碾茶的过程中已尽蓄茶性，茶遇汤则茶味尽发，故用嫩汤，因此选用背二涉三，也就是二沸以后，快到三沸时的水温度最宜。蔡襄《茶录》"候汤"条载："候汤最难，未熟则沫浮，过熟则茶沉。前世谓之蟹眼者，过熟汤也。沉瓶中煮之不可辨，故曰候汤最难。"蔡襄认为蟹眼汤已是过熟，且煮水用汤瓶，气泡难辨，故候汤最难。赵佶《大观茶论》"水"条记："凡用汤以鱼目蟹眼连绎迸跃为度，过老则以少新水投之，就火顷刻而后用。"赵佶认为水烧至鱼目蟹眼连绎迸跃为度。蔡襄认为蟹眼已过熟，而赵佶认为鱼目蟹眼连绎迸跃为度。汤的老嫩视茶而论，茶嫩则以蔡说为是，茶老则以赵说为是。

（五）熁盏

熁盏，预热茶盏，又称"温盏""烫盏"，就是用温水烫淋点茶用的茶碗，使它温度升高，否则注汤时会由于温度不够，使茶末下沉，茶性不发。这是宋代的发明之处，后来明清的沏茶法，都沿用了温盏或温壶。

（六）点茶

点茶的主泡器是茶碗，宋代点茶主泡器分两种，一种是小碗（茶盏）点茶，另一种是大碗（茶钵）。茶盏点茶后直接饮用或斗茶；茶钵点茶后以勺分茶在茶盏中饮用，或欣赏汤面乳花的"水丹青"；茶盏点茶也可由几个盏花组成，构成一组亦真亦幻的"水丹青"、"茶百戏"。从《茶录》和《大观茶论》看，蔡襄点茶用茶盏，宋徽宗赵佶点茶用茶钵。

汤瓶是点茶法区别于煎茶法的标志性茶具。审安老人在《茶具图赞》中称汤瓶为"汤提点"，赞其"养浩然之气，发沸腾之声，中执中之能，辅成汤之德"；蔡襄认为汤瓶"要小者，易候汤，又点茶，注汤有准"；赵佶强调汤瓶有利注汤的关键部位是"独瓶之口觜（同嘴）而已。觜之口差大而宛直，则注汤力紧而不散。觜之末欲圆小而峻削，则用汤有节而不滴沥。盖汤力紧则发速有节，不滴沥，则茶面不破"。汤瓶的嘴上下口径要有相差，出水口要圆小峻削，才能注汤有力、干净、助粥面起。清晰地说明了汤瓶作为专用茶具的功能性要求，当时汤瓶有金银材质的，也有用瓷、铁、石制成的。

茶筅是点茶的另一件重要器具。茶粉和二沸水在茶碗中并不能形成美妙的茶汤，它还需要借助另一件茶具：茶筅（茶匙），有茶筅的击拂才能达到水乳交融的茶汤。赵佶对茶筅的要求是："茶筅以箸竹老者为之，身欲厚重，笐欲疏劲，本欲壮而末必眇，当如剑脊之状。盖身厚重，则操之有力而易于运用；笐疏劲如剑脊，则击拂虽过而浮沫不生"，茶笐以老竹制得，笐身厚重、笐条疏劲才可有助于茶乳形成。茶笐原又名"分须茶匙"，蔡襄年代比赵佶要早，他用茶匙作茶笐，一样用来打茶来形成茶汤汹涌之态。

点茶的大致流程如下：

1. 钞茶。钞茶即"抄茶""置茶"，钞茶的量得按茶碗大小决定，大致一个现存的建窑茶盏，四分水量，用茶粉一钱匕就够了，比起唐代煮一升水用方寸匕看来，用量似乎少得多了，这可能是团茶茶性易发的缘故吧。

2. 调膏。茶盏中加好了适量的茶粉，持汤瓶中的二沸水注汤调膏，注水量不可太多，只要能把茶末调匀就行了。赵佶对调膏过程十分重视，认为一碗茶点得好，起因在于调膏，他列举了两种错误的调膏手法，谓之"静面点"和"一发点"，前者手重笐轻，后者手笐俱重，都不能使茶汤立，易云脚散。调膏过程应手轻笐重，以立茶之根本。

3. 击拂。汤瓶注水、茶笐击拂，是点茶的主程序。调膏后，沿着碗边注汤，利用技巧握笐在盏中"环回击拂"或"周环旋复"。蔡襄小碗点茶注汤、击拂一次完成。赵佶大碗点茶加水十次、击拂十次，每次要求不一。

4. 茶乳。经过击拂，使得茶末和水相互混合成为乳状茶液，表面呈现极小的白色沏沫，宛如白花布满碗面，盏内水乳交融，称为"乳面聚"。若茶量偏少或技术不达，沫饽容易显出离散的痕迹，如堆在碗边的茶乳花云散去一样，称为"云脚散"。点得好的茶乳应是"云脚粥面"："乳雾汹涌，溢盏而起"，若此时轻轻晃动茶碗，乳花竟是凝固不动的，称之为"咬盏"。茶末质量好、颗粒愈小，茶乳愈不易显水痕；击拂愈有之，茶乳愈易咬盏，这才是最好的茶。

宋代的茶汤尚白，沫饽更显雪白，其品第依次为纯白、青白、灰白、黄白等。除了榨膏、研茶的工艺所致外，主要就是黑色茶碗和白色茶乳相反衬，使得茶乳更是鲜白。

（七）分茶

陆羽煎茶法就有分茶（酌茶）的过程，宋代分茶将此技艺更加精细和艺术化了。从陶谷《荈茗录》"生成盏"和"茶百戏"条可知，点一盏茶盏面成一句诗，"并点四瓯，共一绝句"，"使汤纹水脉成物象者，禽兽虫鱼花草之属，纤巧如画"，这样的画面可能在茶钵中更容易察辨，巨瓯茶钵点茶、以瓢勺分茶，宋代在皇宫及文人聚会中是十分盛行的。

分茶的主要茶具是勺（杓）。蔡襄小碗点茶不用分；赵佶茶钵点茶，以瓢勺分茶是一个重要技巧和观赏要点。瓢勺的大小，恰好为一盏茶的容量，舀一杓一盏茶。太大、太小都不合要求，"过一盏则必归其余，不及则必取其不足，倾勺烦数，茶必冰矣"，杓比盏大，多余的茶汤要倒回茶瓯，杓比盏小，至少两次才舀好，这样反复多次，容易使茶瓯中的茶汤冷却。

在大茶碗中点茶再分到小茶盏中饮用，宋徽宗《大观茶论》"点"条记茶成"宜均其轻清浮合者饮之"，均分茶汤而饮。宋释惠洪《空印以新茶见饷》诗中有："要看雪乳急停筅，旋碾玉尘深注汤。今日城中虽独试，明年林下定分尝。"宋代张扩《均茶》诗有："蜜云惊散阿香雪，坐客分尝雪一杯。"分尝一杯，也就是"均茶"，与《大观茶论》"均其轻清浮合者饮之"一致。南宋刘松年《撵茶图》、河北室化辽宁《茶道图》中，桌上均有一大茶瓯，瓯中置杓，旁边一人持汤瓶做注点状。

三、游戏的饮茶方式

从唐代陆羽《茶经》奠定了中国饮茶法以来，经过三四百年的发展，到了宋代，虽同样是讲究的茶汤，同样以茶聚会、以茶利用，同样茶理深沉、茶意优美，却呈现出风采绝伦的饮茶方式，可谓"天下之士，励志清白，竞为闲暇修索之玩，莫不碎玉锵金，啜英咀华，较筐箧之精，争鉴裁之别"，皇室、缙绅、韦布莫不以饮茶为荣，庙堂、城市、乡野均尚饮茶之风，饮茶方式从前朝的内省简素走向了充满挑战的"以艺茶游戏、举一国攻茶"，具体表现为"竞技"、"绮艺"、"盛尚"等三方面特征。

（一）竞技

宋代"斗茶"是竞技的主要表现方式之一。以品为主的唐代煎茶，发展为宋代的斗茶，完全是艺术性的品茶，自由浪漫、充满想象力的斗茶方式，使宋代的茶品、器具、茶人修养等都达到了一个较高的艺术境界，给人带来精神上的愉悦。

斗茶，在五代时可能已经出现，最先在福建建安一代流行，苏辙

《和子瞻煎茶》诗："君不见，闽中茶品天下高，倾身事茶不知劳"，说的就是该地的斗茶。北宋中期，斗茶已逐渐向北方传播开来，众人"争新斗试夸击拂"（晁补之）。蔡襄著《茶录》提到斗茶的茶品、工具、方法等，"建安斗试，以水痕先者为负，耐久者为胜，故较胜负之说，曰相去一水两水"，起到了推波助澜的作用。北宋中期以后，斗茶风靡全国，至北宋末年宋徽宗著《大观茶论》，斗茶之风登峰造极。

斗茶，首先斗技术，茶品加工及备末的技术、选水候汤的技术、调膏击拂的技术等，也是斗艺术，茶碗的艺术性、汤花的艺术性、技术操作的艺术性等。决定斗茶胜负的标准，主要看四个方面：

一是汤色尚白。由于宋代茶品加工的特殊工艺，使茶水及汤花的颜色偏浅，特别是汤花的颜色，一般标准是以纯白为上，青白、灰白、黄白则等而下之。色纯白，表明茶质鲜嫩，蒸时火候恰到好处，色发青，表明蒸时火候不足；色泛灰，是蒸时火候太老；色泛黄，则采摘不及时；色泛红，是炒焙火候过了头。

二是汤花咬盏。汤花即点茶后在汤面上均匀泛起的沫饽花。如果茶末研碾细腻，点汤、击拂恰到好处，汤花匀细，有若"冷粥面"，就可以紧咬盏沿，久聚不散。这种最佳效果，名曰"咬盏"。反之，汤花泛起，不能咬盏，会很快散开。汤花一散，汤与盏相接的地方就会露出"水痕"。水痕出现早者为负，晚者为胜。因此，水痕出现的早晚，就成为决定汤花优劣的依据，即所谓的"相去一水两水"。

三是茶味甘滑。斗茶者还要品茶汤，要做到味、香、色三者俱佳，才算是斗茶的最后胜利。"茶以味为上。甘香重滑，为味之全"（赵佶），比较唐代茶滋味的"啜苦咽甘"，宋的茶品加工技术尽量避开了茶叶的苦涩味，较前朝淡雅些。茶味的形成，水在其中依旧占据着重要的地位，据宋代江休复《嘉祐杂志》记载："苏才翁尝与蔡君谟斗茶，蔡茶精，用惠山泉；苏茶劣，改用竹沥水煎，遂能取胜。"说明了在茶汤滋味形成的决定因素中，好茶不如好水。范仲淹在《和章岷从事斗茶歌》中云："黄金碾畔绿尘飞，紫玉瓯心雪涛起。斗茶味兮轻醍醐，斗茶香兮薄兰芷"，形象而深刻地描绘出斗茶的核心内容。

四是点茶三昧。这一项主要是评茶艺技巧。"三昧"一词原出自佛学，因为集中思虑的修行，使禅定者进入更高境界的一种力量。"点茶三昧手"是对宋代高僧南屏谦师高超的点茶技术的特称，苏东坡对其点茶崇敬有加，以诗作"道人晓出南屏山，来试点茶三昧手"、"天台乳花世不见，玉川风腋今安有"赞美谦师的点茶绝技，由于此诗的广泛传颂，谦师"点茶三昧手"更是为世人所知，以后"三昧手"就成了沏茶技艺高超的代名词。点茶三昧手表现出的茶艺技巧主要是流畅、准确，茶艺师一手握汤瓶，一手握茶筅，注汤不滴沥、击拂有章法，顷刻间茶盏中的茶汤乳雾涌起，雪涛阵阵，汤花紧贴盏壁，咬盏不散。茶未试，技已醉人，美不胜收。

　　宋代斗茶的情景，从流传下来的元代著名书画家赵孟𫖯的《斗茶图》可见一斑。《斗茶图》是一幅充满生活气息的风俗画，画中共有四个人物，身边放着几副盛有茶具的茶担。左前一人脚穿草鞋，一手持杯，一手提茶桶，袒胸露臂，似在夸耀自己的茶质优美，显出满脸得意的样子。身后一人双袖卷起，一手持杯，一手提壶，正将壶中茶汤注入杯中。右旁站立两人，双目凝视前者，似在倾听双方介绍茶汤的特色，准备还击。从图中人物模样和衣着来看，不像是文人墨客，倒像是走街串巷的"货郎"，说明斗茶之风已深入民间。

　　（二）绮艺

　　宋代流行的斗茶游戏，看起来是一种奢侈和浪费的饮茶方式，但也可以说是中国古代品茶艺术的最高表现形式。人们对斗茶所用的材料和工具提出了精益求精的要求，是为了取得斗茶的最佳效果——斗茶艺术美，正如创造书法、绘画艺术美需要消耗笔墨颜料一样，这样的消耗能给人带来美的享受，从这个角度来说，人们在创造斗茶艺术美的过程中所消耗的时间和材料，以及对材料加工的精细要求，又有其合理的一面。斗茶者喜好建窑的兔毫纹、油滴纹等因窑变而难有一得的茶盏，斗茶的汤花"咬盏"，不仅指汤花紧咬盏沿，只要盏内漂有汤花，不管在任何位置，透过汤花看相应部位盏底兔毫纹（油滴纹）都有被咬住的样子，如果汤花在盏内飘动，盏底兔毫纹（油滴纹）则有被拉动的现象，非常生动有趣，从而形成了饮茶的艺术美感。

　　宋代饮茶方式表现出的绮艺，还体现在"分茶"上。分茶是在当时文人士子中流行的一种时尚文化娱乐活动，约始于北宋初年。善于分茶之人，可以利用茶碗中的水脉，创造出许多善于变化的书画来，从这些碗中图案里，观赏者和创作者能得到许多美的享受。分茶的妙处也在于分汤花，宋代茶盏多为黑釉建盏，汤色尚白，颜色对比分明，建盏盏面上的汤纹水脉就会变幻出各种各样的图案，有的像山水云雾，有的像花鸟鱼虫，有的又似各色人物，仿佛一幅幅瞬间万变的图画，因此也被称作"水丹青"。北宋人陶谷在《荈茗录》中把这种"分茶"的游戏叫作"茶百戏"。唐代煎茶，也有分茶，刘禹锡在《西山兰若试茶歌》中描述："骤雨松声入鼎来，白云满碗花徘徊"，但从茶品制作工艺来看，可能达不到宋代分茶的艺术美。宋代，由于受到宋徽宗和朝廷大臣、文人的推崇把茶百戏做到了极致。宋徽宗不仅撰《大观茶论》论述点茶、分茶，还亲自烹茶赐宴于群臣。许多文人如陶谷、陆游、李清照、杨万里、苏轼都喜爱分茶，留下了许多描述分茶的诗文。陆游在《临安春雨初霁》中描述了分茶的情景："矮纸斜行闲作草，晴窗细乳戏分茶。"北宋陶谷《清异录》"茶百戏"条载："茶至唐始盛，近世有下汤运匕，别施妙诀，使汤纹水脉成物象者，禽兽虫鱼、花草之属，纤巧如画，但须臾散灭，此茶之变也，时人谓之茶百戏。"

宋代另一项艺术性饮茶方式是绣茶。"绣茶"的艺术是宫廷内的秘玩，据南宋周密《乾淳岁时记》中记载，在每年仲春上旬，北苑所贡的第一茶纲就列到了宫中，这种茶的包装很精美，共有百饼（銙），都是用雀舌水芽所造。据说一只可冲泡几盏，大概是太珍贵的缘故，一般舍不得饮用，于是一种只供观赏的玩茶艺术就产生了。"禁中大庆会，则用大镀金悭，以五色韵果簇订龙凤，谓之绣茶，不过悦目，亦有专其工者，外人罕见"，其大致方法是在大型镀金碗里，以五色韵果，簇订成龙形凤状，再注入茶汤。还有一种称为"漏影春"的玩茶艺术，"漏影春"大约出现于五代或唐末，到宋代时，已成为一种较为时髦的茶饮方式。北宋陶谷《清异录》"漏影春"条载："漏影春法，用镂纸贴盏，糁茶面去纸，伪为花身，别以荔肉为叶，松实、鸭脚之类珍物为蕊，沸汤点搅。"以茶为主，加以其他果物，堆塑成花卉形，用沸汤点搅，于是茶碗宛如一朵花，先观赏，后品尝。绣茶与漏影春同源，都是以干茶为主的造型艺术，是调和茶精致化的代表，宋代宫廷将这种茶碗里的造景艺术引进宫中，称为绣茶。宋代梅尧臣的七宝茶诗"七物甘香杂蕊茶，浮花泛绿乱于霞。啜之始觉君恩重，休作寻常一等夸"，描写的就是接受宫廷恩赐、由七种物品调和的绣茶。绣茶的出现正好符合宋代的文化气息，高贵的绣茶，正是朝廷文化的表征。

（三）盛尚

宋代饮茶范围之广、流行之盛、兼容并蓄，是前朝未能比拟的。赵佶著的《大观茶论》正好说明了社会饮茶风尚之盛："至若茶之有物，擅瓯闽之秀气，钟山川之灵禀。袪襟涤滞、致清导和，则非庸人孺子可得而知矣：冲淡闲洁、韵高致静，则百遑遽之时可得而好尚之。""缙绅之士，韦布之流，沐浴膏泽，熏陶德化，盛以雅尚相推，从事茗饮。""较箧笥之精，争鉴裁之妙，虽否士于此时，不以蓄茶为羞，可谓盛世之清尚也。"不仅讲述了茶的功能，更指出饮茶与社会兴盛的关系，只有国泰民安，才能上至缙绅、下至韦布皆以茶为雅尚，袪襟涤滞，致清导和，提高社会修养。

宋代茶仪已成礼制，赐茶已成为皇帝笼络大臣、眷怀亲族、安抚外邦的重要手段，茶礼也加入到宫廷的朝仪、祭祀、宴席等程式之中。上有所倡，下必效仿，下层社会的茶文化更是生机勃勃，有人迁徙，邻里要"献茶"，有客来，要敬"元宝茶"；订婚时要"下茶"，结婚时要"定茶"，同房时要"合茶"。在文人中出现了专业品茶社团，有由官员组成的"汤社"、佛教徒的"千人社"等。宋代吴自牧《梁梦录》称"烧香、煎茶、挂画、插花，四般闲事，不宜戾家"，煎茶、点茶成为日常生活方式的一种仪式。

斗茶风起，带来了采制烹点的一系列变化。宋代斗茶的产生虽源于贡茶，却直接提高了当时的茶叶采制技术及名茶开发水平，为了获得优质的贡茶，就必须比试茶的质量，正如范仲淹《和章岷从事斗茶歌》所说："北苑将期献天子，林下雄豪先斗美"，苏轼《荔枝叹》也说："君不见武夷溪边粟粒芽，前丁后蔡相笼加，争新买宠各出意，今年斗品充官茶。"讲的都是以斗茶来评出茶的好次，茶叶生产的发展促进了饮茶消费，从而为全社会的饮茶提供了物质保证。在今天，茶叶评比和斗茶会依旧在延续，虽摒弃了这种奢华，但在促进茶叶品质的提高和冲泡技艺的改进，满足不断增长的消费需求的旨归是一致的。

宋代以其宽容的社会态度，大力发展商品经济，商人在这一时期得到了最大的解放，并最终取得了商业经济的大繁荣，也促进了茶叶贸易的产生。宋代茶叶生产与消费都得到了大幅度的发展，茶叶已成为十分普遍的生活必需品，杂合着清谈、交易、弹唱、酒食内容的茶肆、茶楼、茶坊在市民社会中盛行。王安石在《议茶法》一文中写道："夫茶之为民用，等于米盐，不可一日以无。"随着茶叶市场的不断扩大，饮茶的习俗在北方尤其是西北地区从事畜牧业、以食乳酪为生的少数民族中广泛传播开来，对茶叶已产生了较强的依赖性，以致达到了"夷人不可一日无茶以生"的程度。正因如此，茶叶贸易也成为边地贸易中最赚钱最抢手的贸易，据《文献通考》云："凡茶入官以轻估，其出以重估，县官之利甚博，而商以贾转至于西北以致散于夷狄，其利又特厚。"宋代茶叶经济在国民经济中，以及边境的战略物资地位上越发显得重要。

茶叶生产技术的提高、茶叶经济的发展、茶叶战略地位的确立，促进了茶叶向政治、经济、文化领域的推进，使宋代饮茶不仅体现文人显贵的风雅，更成为一种普天之下的日常生活方式，反映出欣欣向荣的盛世风尚。

四、结语

宋代是中国饮茶史中不可忽视的时代，有了唐代茶文化的理论先驱，宋代将饮茶活动覆盖到每个阶层、每个区域，以饮茶艺术化为根本带动了技术革新与市场繁荣，强化了茶的利用，从而使"茶"史无前例地走在社会政治、经济、文化的前沿。宋代饮茶法可大致小结如下：

1. 点茶法创新了茶品开汤的方式，带来了一系列茶艺要素的改变。

2. 茶盏成为点茶法的主泡器，也是兼用的品饮器，尚黑色建窑碗，尤好兔毫纹、油滴纹等窑变建盏，以利茶汤呈现。

3. 团茶是宋代的代表性茶品，以福建为主产区，适应点茶法的要求，其加工方法有了较大的革新，以此来达到点茶后茶汤"色白、香真、味甘滑、形咬盏"的标准。当时也出现了大量的散茶（草茶）、调和的花果香茶等各种丰富茶品。

4. 斗茶的流行使宋代对茶品、茶具、茶艺、饮茶方式等方面，都提出了更高的标准和技巧。艺术化的饮茶成为一种风尚，出现了茶百戏、水丹青、绣茶等艺术品鉴活动。

5. 皇帝所著《茶书》、《贡茶》、《茶宴》、《分茶游戏》、《点茶家礼制》、《汤社茶肆》、《茶马互市》等都成为宋代饮茶盛况的典型事件。

第四节　元明时期的饮茶：末茶法

如果说，点茶法与煎茶法根本性改革是茶汤加热方式的差异，其改革的成果即使在今天看来也可圈可点，那么，元代以后的饮茶法探索的重点则在茶品制作方式上。而以上任何的变化，都会给茶艺结构及其要素带来系统性的调整和创新。

扬弃是历史演进的主要特点，宋代的点茶法较前朝是进步的，但过于精致乃至繁复奢侈的团茶生产方式，其生命力并不强壮，毫无疑问，茶品制作方式的革新成为主要目标。在宋代中后期，已出现了大量的草茶以及文人立志清雅的品饮活动，但并未形成主流。直至元代，由于蒙古人入主，民族大融合在即，文化冲突难以避免，具有浓郁中原文化特征的饮茶活动也成为典型的对象。北方民族虽嗜茶如命，但主要是出于生活上的需要，从文化上却对品茶煮茗之事没多大兴趣。而汉族文化人面对故国破碎，异族压迫，也无心再以茶事表现自己的风流倜傥，而希望通过饮茶表现自己的情操，磨砺自己的意志。这两股不同的思想潮流，在茶文化中契合后，促进了茶艺向简约、返璞归真的方向发展。同时，社会动荡也使茶叶生产和流通已不复前朝的盛况。茶艺改革有了较为成熟的思想基础和社会条件，从元代至明初，在中国茶艺史上出现了过渡期的饮茶法："末茶法"。

一、概说

蒙古人是爱饮茶的，从历史上来看，最晚在五代时期，东北地区便出现了饮茶的习俗。契丹人驱"羊三万口、马二万匹"至南唐"价市罗绮、茶药"。到了辽宋时期，双方的交易中，茶叶更是成了大宗。在出土的辽墓中，就有与茶有关的壁画，茶室内有6只白瓷碗、4只白瓷碟、1只白瓷托和1把执壶及果盒等。在食盒和桌子右边地上，一排放有茶碾、茶盘和茶炉三组茶具。茶碾有碾槽和碾轴两个组件，茶盘中放有曲柄锯、茶刷和饼茶各一样，茶炉则分炉座和炉身二层，另外上面还置有一把银执壶。可见饮茶在当时已是很平常的事了。"解渴不须调乳酪，金瓯刚进小团茶"，这是清代诗人陆长春对辽代饮茶文化的描写。而到了金代，饮茶文化得到了更大的发展，"茶食"已深入到寻常百姓家。所谓"茶食"，是指宴席上先上麻花类的"大软脂、小软脂"的食物，后上"蜜糕"，最后才上"建茗"。《金史·食货志四》说："上下竞啜，农民尤甚，市井茶肆相属。"金人待客通例是"先汤后茶"，茶在日常生活中占据着重要地位，茶叶的需求量大幅度上升，还导致了金廷"茶禁"令的颁布。

元代政府仍十分重视茶叶的生产，出版了《农书》和《农桑撮要》

两部书，里面对茶树的种植有详细的描写。茶叶的制作、贮存方式也由"团茶"、"片茶"演变成"叶茶"。《农书》作者王桢说："夫茶，灵草也。种之则利博，饮之则神清，上而王公贵人之所尚，下而小夫贱隶之所不可阙。诚生民日用之所资，国家课利之一助也。"对茶的生产和利用作出了充分的肯定。

元代，蒙古人以其质朴的秉性，批判了宋人饮茶的繁琐，扭转了愈演愈烈的暴殄天物之风。蒙古人爱直接吃叶茶的习惯、爱调饮芼和方式的沿袭，使当时茶品和饮茶法显得兼容不拘，虽薄于文化的升华，却也为文化的多样性打下了一定的基础。元代王桢的《农书》曾把当时的饮茶法归纳为四种：茗茶、蜡茶、末子茶以及芼茶。

1. 茗茶。茗茶饮用方法和现代泡茶最为相近。先选择嫩芽，然后用汤泡去青气，再煎汤热饮，这种饮茶法有可能是连茶叶一起吃进肚子里的，所以茶叶非嫩不可。

2. 末子茶。先把茶芽烘焙干燥，然后放入茶磨中细碾，直到粉末极细为止，不再榨压成饼，而是直接贮存或点汤。点汤方式与点茶法同。

3. 蜡茶，即宋代制法的团茶，但当时数量已大减，点茶方法也极为少见，大概只有宫廷权贵才吃得，而且也仅是偶尝绝品。这说明宋代的点茶法在元代已经完全没落了。

4. 芼茶。在茶中芼入胡桃、松实、芝麻、杏、栗等，共同调制煮饮。这种吃茶法虽有失茶的正味，但游客既可饮茶，也可食果，颇受民间喜爱。芼茶方法在当时最有名的例子是倪瓒留下来的，倪瓒素好饮茶，在惠山中以核桃、松子肉调和真粉，做成像石子般的小块，放在茶碗中，叫做清泉白石茶。一个自恃极高，文化品位极雅，又潇洒超群的元代风流名士，也懂得芼茶法，说明了元代茶艺改革是一个方向。

二、朱权与末茶法

从元代到明代中叶以前，汉人有感于前代民族衰亡，明朝一开国便国事艰难，于是仍怀砺节之志，茶文化沿承元代的志趣，表现为茶艺简约化，茶文化精神与自然契合，以茶表现自己的苦节。"苦节君"由此而来，以对茶具的别称来比喻茶者人格的高洁。

不管是从劳动力节约的考虑，还是百废待兴的准备，明太祖下诏废团茶改贡叶茶，后人于此评价甚高："上以重劳民力，罢造龙团，惟采芽茶进。……按加香物，捣为细饼，已失真味……今人惟取初萌之精者，汲泉置鼎，一瀹便啜，遂开千古茗饮之宗。"但此阶段的茶艺改革并不彻底，茶人们仅将团茶改为叶茶，其余的茶汤制备和技巧方式仍沿袭宋的点茶法，或者沿用元代末子茶的茶汤制备法，没有形成新茶艺的体系。因此，后人将此过渡性的饮茶法称为末茶法。

朱权著的《茶谱》，是末茶法的杰出代表："（茶）始于晋，兴于宋。惟陆羽得品茶之妙，著茶经三篇，蔡襄著茶录二篇。盖羽多尚奇古，制之为末，以膏为饼。至仁宗时，而立龙团、凤团、月团之名，杂以诸香，饰以金彩，不无夺其真味。然天地生物，各遂其性，莫若叶茶。烹而啜之，以遂其自然之性也。予故取烹茶之法，末茶之具，崇新改易，自成一家。为云海餐霞服日之士，共乐斯事也。"朱权《茶谱》里自成一家的末茶法，技术上大致和宋代相同，其中的茶品将团茶改成了叶茶。由于叶茶与团茶的制法不同，茶汤颜色有异，所以特重饶州瓷，以之注茶，青白可爱。

1. 备器。点茶先备茶器，包括煮水器与沏茶器。由于道家色彩浓，朱权特别重视茶炉，形制仿炼丹神鼎，把手藤扎，两旁用钩，上可挂茶帚、茶筅、炊筒、水滤。也可用茶灶，灶面开两穴，以置瓶。到了后代盛颙则改用竹茶炉，也就是名驰天下的惠山竹茶炉，雅称"苦节君"，比喻茶炉能在逆境里守节之意。此时白瓷碗已立为主泡器。

2. 煮水。用瓢取汲清泉，放置于茶瓶之中，置茶炉上煮。这和前代大致相同。

3. 备茶。茶品为叶茶，先将茶叶碾为茶末，再置于茶磨里磨得更细，再用茶罗罗之。茶碾、茶磨都用青礞石为之，取其化痰去热的效果。这也是唐宋遗法。

4. 点茶。同宋代点茶，包括注汤、击拂、分茶，要求打到茶瓯里的浪花浮成"云头雨脚"为止，此期点茶法共有四种。

第一种点分茶法：量客人的多寡，以茶则取茶末投于巨瓯中，先注入蟹眼之水，再用茶筅捽茶，茶末与水相融，不沉不浮，法同宋代。

第二种是点独饮法：直接点于个人茶瓯之中。

第三种是点芼茶法：将香草珍果杂置瓯中，再用点好茶汤加入，此法亦古，宋代的绣茶同此。倪云林的清泉白石茶也正是此种。

第四种是点花茶法：系由上法演变而成，但是朱权更加以变化，一种是以花调香入味，再加点茶，这是宋代已有的。另一种是先点好真茶，再将梅花、桂花、茉莉花等的蓓蕾数枚，直接投入啜瓯之中，痷于茶汤之中，双手捧定茶瓯，茶汤热度催花开放，既可眼见开花美景，又可鼻嗅茶香花香，实在美不胜收，这是朱权所创。

5. 饮茶。饮茶方法除前朝已有的延续外，此期以茶果宴最为风行，客来时奉茶、奉果，先将茶汤分茶于啜瓯之中，以竹架（茶盘）奉茶，同时奉果。由于点茗茶往往有夺香、夺味、夺色之虞，因此往往另以盘碟盛果。果之宜茶者有核桃、榛子、瓜仁、棘仁、菱米、榄仁、栗子、鸡头、银杏、山药、笋干、芝麻、莒荬、莴苣、芹菜等，果贮于品司之中。

6. 分茶礼。朱权《茶谱》载："童子捧献于前，主起举瓯奉客曰：为君以泻清臆。客起接，举瓯曰：非此不足以破孤闷。乃复坐。饮毕，童子接瓯而退。话久情长，礼陈再三。"朱权点茶道注重主、客间的端、接、饮、叙礼仪，且礼陈再三，颇为严肃。

元明时期的饮茶法，一方面承袭宋代点茶法，另一方面开启明代沦茶法。从元代到明嘉靖年间，末茶法是当时的主流。

朱权《茶谱》序中说："予尝举白眼而望青天，汲清泉而烹活火。自谓与天语以扩心志之大，符水火以副内炼之功。得非游心于茶灶，又将有裨于修养之道矣，其惟清哉！"又曰："茶之为物，可以助诗兴而云顿色，可以伏睡魔而天地忘形，可以倍清淡而万象惊寒。……乃与客清谈款话，探虚玄而参造化，清心神而出尘表。"以朱权为代表的末茶法，赋予茶清奇而玄虚的风格，将喝茶与修道合二为一，追求"探虚立而参造化，清心神而出神表"的大道境界，表达了文人在逆境中以茶体悟生命意义的人生智慧。末茶法的茶艺改革也承接了当时茶人的精神需求和寄托。

第五节　明清时期的饮茶：沦茶法

经过唐代的严谨规范、宋代浪漫盛尚、元代的曲折游弋，明清的茶者们一方面对饮茶法厉行改革；另一方面，茶文化发展到明清时期却呈现出一派豁然开朗的局面。

首先是著作盛产。《中国茶经》列出了中国古代 98 种茶书，具体分期为：唐代 7 种，宋元 25 种，明代 55 种，清代 11 种。按历史时期计算，则唐五代茶书占总数的 7.14%，宋元占 25.51%，明代占 56.12%，清代占 11.22%。明代茶书占中国古代茶书的一半以上。明代 55 部茶书，写作时间分布也不均匀，主要集中在明代中后期。明代初期的茶书只有朱权《茶谱》、谭宣的《茶马志》2 种，明代中期的有 10 种，后期的为 43 种，清代茶书主要集中在清初。明代中后期到清初茶书共 60 部，占中国古代茶书总量的 61.2%。① 在明清时期丰富的茶著中，涉及种茶、制茶、饮茶等技艺，内容全面、理论深入详尽，为历代少有。所有这些，与明清时期中国六大茶类创兴，沏茶技艺、茶具形式的多元化迅速发展有着密切关联。

明清茶诗画以及文字作品中，也体现了茶文化的多元化发展。明代茶诗 230 首，清代茶诗 700 首，继承了历代以来以诗寄情的茶文化情感。以画寄情更显示了明代茶文化的情景交融。如唐寅的《事茗图》、《品茶图》、文征明的《惠山茶会图》等，反映了文人们远涉高山流水、山下林中，煽火烹茗、悠闲品茶的景况，表达出"游山玩水寻茗韵，闲情逸致忧天下"的心境。茶文化向文学作品渗透，在明清时期表现尤为突出，如《水浒传》、《金瓶梅》、《红楼梦》，均有较深入的茶艺茶事描写，特别是《红楼梦》中对茶艺茶事的描写，有人统计达 260 次之多。

其次是生产水平的大幅提升。中国茶类生产和制茶技术进入明代以后发生了革命性的变化，这种变化突出表现在团茶的罢废、炒青绿茶的盛极一时、茶类多样化的工艺创兴等。

散茶制造是一门古老的工艺，唐代以前早已存在。但直到元代王祯《农书》才正式提到散茶的制作工艺，但主要还是以蒸青方法制茶。明代制茶完全过渡到以炒青绿茶为主，蒸青工艺虽有存在，但已不占主导地位，尤其是高档茶更是如此。因此出现制茶言必称炒的局面，甚至炒茶成了制茶的代名词，散茶成了茶叶的等同词，明代茶书以此为论的记载比比皆是。

明代炒青制法技术先进，工艺完整，全面系统和准确地总结了中国古代炒青制法的经验。在明朝后期茶书中，中国绿茶生产除浙西和江西有些地方在芥茶生产上还保留与沿用团饼的甑蒸杀青工艺外，其余已全部改用炒青锅炒杀青技术。罗廪《茶解》记载了包括采茶、萎凋、杀青、摊晾、

---

① 陶德臣：《试论明清茶文化的由盛转衰》，《农业考古》2009 年第 5 期。

揉捻、焙干等工序，每道工序均有具体而详细的操作方法和技术要求，这是中国古代茶书中关于制茶最全面、最系统和最精确的经验总结，被视为中国传统制茶学说和名贵炒青茶采制的范例和指南，时至今日仍具有强大生命力。

　　明清之际除了炒青绿茶的大行其道外，黑茶、花茶、红茶、乌龙茶都有相当的发展，至此，绿、白、黄、青、红、黑六大茶类齐全。可以说，黑茶是历史上固形茶的蜕变，花茶虽然在南宋时就有茉莉窨茶的文献记载，但其具体加工方法和各种不同名目的花胚，还是详见于朱权《茶谱》和钱椿年、顾元庆《茶谱》等明代茶书。红茶起源于16世纪，最先发明的是小种红茶，是用没有焙干的毛茶，经堆压发酵、入锅炒制而成。1660年荷兰商人第一次运销欧洲的红茶就是福建崇安县（现为武夷山市）星村生产的小种红茶。后来小种红茶逐渐演变为工夫红茶。乌龙茶，也即青茶，据专家考证，创制于明末或清初年间，王草堂《茶说》（1717年）记述了武夷加工乌龙的情况，说明当时的乌龙茶加工技术已很成熟。大致认为青茶是在绿茶、红茶制造工艺上发展起来的，因此它产生于红茶之后。同时，明代还创制了黄茶，据顾元庆《茶录》（1541年）中云："黄茶制法，亦同于炒青茶，起源于浙江，其制法近似绿茶，惟是闷堆渥黄。"白茶虽名闻于宋，此时是指茶树的品种，在加工学意义上的白茶还是在明代创制。学者们认为在田艺蘅《煮泉小品》（1554年）中提到的："茶者以火作者为次，生晒者为上，亦更近自然，且断烟火气耳。……生晒茶瀹之瓯中，则旗枪舒畅，清翠鲜明，尤为可爱。"体现了白茶加工"重萎凋，轻发酵"、"自然萎凋，不炒不揉"的主要特征，且散叶冲饮。总之，明清两代，是中国古代茶叶制造技术的鼎盛时期。自此以降直至近代茶叶制造技术产生前，鲜有新的茶类出现和新的制茶技术问世。

　　基于饮茶文化社会思潮的成熟以及茶叶生产方式的创新，明清时代开创了饮茶方式的新领域，主要集中在茶品加工由自唐以来一直占据主流的固型茶，转向了散茶、叶茶的产品形式，由此出现了与之适应的茶具、开汤方式、审美情趣等方面的革新和改变。

一、概说

　　前面提到，中国历代饮茶法的改变主要围绕着两个方面：一是加热方式，即干茶开汤的方式是"煮"还是"泡"；二是茶品制备，即干茶开汤之前是借助"罗磨"或全具"元体"。以唐代作为茶艺体系的基础，其煎茶法体现出的主要特征是"煮＋罗磨"，形成了规范的饮茶方式。到了宋代饮茶法，最具革命性的内容是摒弃了"煮"的开汤方式，首先采用"泡＋罗磨"的点茶法，饮茶之事得到极大地推广。明清时代则将改革目标放在茶品制备上，特别是对宋代团茶制作极度浪费的现象进行了彻底的批判，也接受和发扬了宋代点茶煎水注汤的"泡"饮方式，开辟了"不假罗磨、全具元体"散叶冲饮"沏茶法"的新天地。

沏茶法，又称瀹茶法、泡茶法、工夫茶法，是通过茶叶浸渍的方式来呈现茶汤。与点茶法品饮时将茶末连饮不同，沏茶法仅是将茶叶在热汤的作用下浸出的成分来作品饮。比较沏茶法与远古的瘂茶法，相同的是茶叶都是泡在水里，不同的是后者连茶叶一起食用，前者只品尝茶汤，弃去叶底。

明清时期，由于新茶类的不断涌现，不同茶叶加工方式客观上要求有不同的沏泡方式来适应，这其中最明显的是茶具的变化。历代饮茶法都讲求审美，茶汤"色香味形"的呈现需要有器具来给予衬托，比如唐代的"青则益茶"而推崇越窑青碗，宋代的"尚白"茶风追求了建窑黑盏。明清"沏茶法"追求茶汤的本质体现，几乎都喜好白瓷品饮杯。而主泡器则根据不同地域、人群和茶类的相适应，有着不同选择，有用白瓷小壶、盖瓯、紫砂壶等，不同的用具对沏茶水温的要求不相同，沏茶程序也不同。因此，以主泡器和程序差异来区分，明清时期主流的沏茶法大致分为三种方式：瀹茗法、撮泡法、工夫茶法。

二、瀹茗、撮泡、工夫茶

明清时期的沏茶法围绕着主泡器选择以及不同地域茶类生产的特点，不断完善沏茶法茶艺，它具有萌动和渐进的过程特征。虽有大体如现代六大茶类的生产基础，但其沏茶法并未精细到针对每一类茶，或者同一类茶不同外形品质的茶，采用不同茶艺方法的设计与选择。明清时期利用小壶沏泡基本是占主流的，同时出现了盖碗的使用喜好。

（一）瀹茗

瀹茗、瀹茶，是明清文人对当时饮茶方法较为正式的称呼，特别在明至清初，还是作为沏茶法的主要形式。瀹茗一词早就有，如"瀹茗且盘旋、翩翩吾欲仙""瀹茗漱清觞"等，瀹，可解释为"煮"、"浸渍"、"疏导"，明清时期则用"瀹"词来表示散叶浸渍开汤的方式。

瀹茗法，主泡器比较偏好瓷质的小壶，茶叶用阳羡茶为多，沏茶水温不高，冲泡 2—3 道即弃去叶底。16 世纪末的明代后期，张源著的《茶录》，其书有藏茶、火候、汤辨、泡法、投茶、饮茶、品泉、贮水、茶具、茶道等篇；许次纾著的《茶疏》，其书有择水、贮水、舀水、煮水器、火候、烹点、汤候、瓯注、荡涤、饮啜、论客、茶所、洗茶、饮时、宜辍、不宜用、不宜近、良友、出游、权宜、宜节等篇。《茶录》和《茶疏》，为瀹茗的沏茶法打下了基础。17 世纪初程用宾撰《茶录》、罗廪撰《茶解》，17 世纪中期冯可宾撰《岕茶笺》等著作，都详细记载了明清时期的茶叶生产、茶品利用与沏茶方式，也大致描述了瀹茗的沏茶法。

1. 茶具

瀹茶法使用的主泡器为壶，又称茶注，特别看重瓷质的小壶。冯可宾《岕茶笺》"论茶具"条中说"茶壶窑器为上，锡次之。茶杯汝、官、哥、定，如未可多得，则适意者为佳耳。……茶壶以小为贵，每一客，壶一把，任其自斟自饮，方为得趣"。茶壶宜小，材料以上釉窑器为主。许次纾在《茶疏》的"瓯注"里也提出"茶注以不受他气者为良，故首银次锡。……其次内外有油瓷壶亦可，比如柴、汝、宣、成之类，然后为佳。然滚水骤浇，旧瓷易裂可惜也"。对茶壶的大致意见是首推银壶，其次锡壶，然后上釉瓷壶。在许次纾时代，也已出现了紫砂陶器，时人对其评价也可从《茶疏》中略窥一二："往时龚春茶壶，近日时彬所制，大为时人宝惜。盖皆以粗砂制之，正取砂无土气耳。随手造作，颇极精工，故烧时必须为力极足，方可出窑。然火候少过，壶又多碎坏者，以是益加贵重。火力不到者，如以生砂注水，土气满鼻，不中用也。较之锡器，尚减三分。砂性微渗，又不用油，香不窜发，易冷易馊，仅堪供玩耳。其余细砂，及造自他匠手者，质恶制劣，尤有土气，绝能败味，勿用勿用。"必须是用极上品的陶器，才能作为泡茶的器具，一般的砂性壶并不堪用。

品茗器的茶盏，也有称茶瓯等，则"盏以雪白者为上，蓝白者不损茶色，次之"、"纯白为佳，兼贵于小。定窑最贵"。当时的品茗器崇尚白瓷小茶盏，更利于汤色的呈现。

在明清时期茶书中还提到沏茶法的其他茶具，诸如瓢、巾帨（拭盏布）、分茶盒、汤铫（煮水器）、茶盂等，这些茶具与现代使用的沏茶器皿相差不多。

2. 沏茶方式

明清时期的散叶冲泡已经对何时投茶有了十分的讲究，谓之上投法、中投法、下投法，比如张源描述的茶艺："投茶有序，毋失其宜。先茶后汤曰下投。汤半下茶，复以汤满，曰中投。先汤后茶曰上投。春秋中投，夏上投，冬下投。"这样的方式也一直沿用至今。也有一些茶人的投茶方式更复杂些，比如许次纾的方式，先入汤、后投茶，顷刻后即出汤至盂（类似现今的公道杯），再复注入茶壶，有等候三呼吸时间，才可以茶敬客，认为这样的过程有利于茶汤色、香、味的表现："乳嫩清滑，馥郁 鼻端。"

投茶的量、茶水比、汤铫火候等，都与今相差不多。由于散茶相比前朝的固型茶更容易走味变异，所以茶人们对如何在干燥、密封的环境下保存茶叶各有心得，这些传统的方法今天也还是可以见到的。在明清时代，大多数茶人都比较强调洗茶的过程，比如冯可宾的《岕茶笺》中描述："以热水涤茶叶，水不可太滚，滚则一涤无余味矣。以竹箸夹茶于涤器中，反复涤荡，去尘土、黄叶、老梗净，以手搦干，置涤器内盖定，少刻开视，色青香烈，急取沸水泼之"，是比较典型的洗茶方式。

当时也有茶人对瀹茗法不满的，希望能恢复到唐代的煎茶法，比如唐晏《天咫偶闻》卷八《茶说》中记载道："煎茶之法，失传久矣，士夫风雅自命者，固多嗜茶，然止于以水瀹生茗而饮之，未有解煎茶如《茶经》、《茶录》之所云者。屠纬真《茶笺》论茶甚详，亦瀹茶而非煎茶。……然后知古人之煎茶为得茶之至味，后人之瀹茗，何异带皮食哀家梨者乎。"这是每个时代都有对当时饮茶法批判的存在。

（二）撮泡

撮泡法的典型特征是：茶叶直接投入茶盏注汤，茶盏既是主泡器，又是品茗器。撮泡一词来源于钱塘人陈师《茶考》中所记："杭俗烹茶，用细茗置茶瓯，以沸汤点之，名为撮泡。"撮泡法即用细茗置茶瓯以沸水沏泡的方法，是杭州的习俗。田艺蘅约撰于1554年的《煮泉小品》"宜茶"条中也有记载："芽茶以火作者为次，生晒者为上，亦更近自然……生晒茶瀹之瓯中，则枪旗舒畅，清翠鲜明，方为可爱。"以生晒芽茶在茶瓯中开汤，芽叶舒展，清翠鲜明，甚是可爱，这是关于散茶在瓯盏中沏泡的最早记录。

清代中前期有一个在工夫茶区、不饮工夫茶而喜好撮泡的记载，乾隆十年（1745）《普宁县志·艺文志》中收录主纂者、县令萧麟趾的《慧花岩品泉论》，就有这样一段话："因就泉设茶具，依活水法烹之。松风既清，蟹眼旋起，取阳羡春芽，浮碧碗中，味果带甘，而清冽更胜。"茶取阳羡，器用盖碗，芽浮瓯面，即是称之为撮泡茶的程式，所以，当时还是有一些人以撮泡方式来饮茶的。

（三）工夫茶

现代工夫茶的起源即是在明清时期，随着明代中期紫砂壶的兴起，"壶黜银、锡及闽、豫瓷，而尚宜兴陶"，在广东、福建地区饮茶方式有了特别的改变，大致在清代以后工夫茶达到较为鼎盛的状况。

乾隆初曾任县令的溧阳人彭光斗在《闽琐记》中说："余罢后赴省，道过龙溪，邂逅竹圃中，遇一野叟，延入旁室，地炉活火，烹茗相待。盏绝小，仅供一啜。然甫下咽，即沁透心脾。叩之，乃真武夷也。客闽三载，只领略一次，殊愧此叟多矣。"当时的县令才第一次享受到工夫茶的沏茶方法和滋味，应该说工夫茶是从民间而向官方。二十四年后，即乾隆五十一年丙午（1786），袁枚在《随园食单》中记下他饮用武夷茶的经过和感想："余向不喜武夷茶，嫌其浓苦如饮药。然丙午秋，余游武夷曼亭峰、天游寺诸处，僧道争以茶献，杯小如胡桃，壶小如香橼，每斟无一两。上口不忍遽咽，先嗅其香，再试其味，徐徐咀嚼而体贴之，果然清芬扑鼻，舌有余甘。一杯之后，再试一二杯，令人释躁平矜，怡情悦性。始觉龙井虽清而味薄矣，阳羡虽佳而韵逊矣！"这是对工夫茶程序很详细的描述。

在以后的文献中，较多地出现了对工夫茶的记载。清代俞蛟的《梦厂杂著》卷十《潮嘉风月》（工夫茶）："工夫茶，烹治之法，本诸陆羽《茶经》，而器具更为精致。炉形如截筒，高约一尺二三寸，以细白泥为之。壶出宜兴窑者最佳，圆体扁腹，努嘴曲柄，大者可受半升许。杯盘则花瓷居多，内外写山水人物极工致，类非近代物，然无款志，制自何年，不能考也。炉及壶、盘如满月。此外尚有瓦铛、棕垫、纸扇、竹夹，制皆朴雅。壶、盘与林，旧而佳者，贵如拱璧，寻常舟中不易得也。先将泉水贮铛，用细炭煎至初沸，投阅茶于壶内冲之，盖定，复遍浇其上，然后斟而细呷之。气味芳烈，较嚼梅花更为清绝，非拇战轰饮者得领其风味。"这一记载，远较《龙溪县志》、《随园食单》详细，如炉之规制、质地，壶之形状、容量，瓷杯之花色、数量，以致瓦铛、棕垫、纸扇、竹夹、细炭、闽茶，均一一提及。而投茶、候汤、淋罐、筛茶、品呷等冲沏程式，亦尽为其要。因此该记问世以后，便成工夫茶文献之圭臬，至今各种类书、辞典中的"工夫茶"条，皆据此阐说。

寄泉《蝶阶外史》"工夫茶"叙说的相差不多："壶皆宜兴沙质。龚春、时大彬，不一式。每茶一壶，需炉铫三候汤，初沸蟹眼，再沸鱼眼，至连珠沸则熟矣。水生汤嫩，过熟汤老，恰到好处，颇不易。故谓天上一轮好月，人间中火候一瓯，好茶亦关缘法，不可幸致也。第一铫水熟，注空壶中荡之泼去；第二铫水已熟，预用器置茗叶，分两若干立下，壶中注水，覆以盖，置壶铜盘内；第三铫水又熟，从壶顶灌之周四面。则茶香发矣。"详细讲了候汤、汤壶、置茶、沏茶的过程。

三、淡远清真的饮茶方式

明清时期散茶冲瀹法的开创，饮茶方式继续发扬了前朝"以茶聚会、以茶利用、茶理深沉、茶意优美、茶技卓越、茶事盛尚"的传统理念和风格，在此基础上进一步突出了当时的个性和特征，使明清时代饮茶方式表现出饮茶日用、茶艺细致、气象万千的新面貌。

（一）饮茶日用

明清时期，借饮茶之机进行日常生活的聚会仍是饮茶方式的主要内容，并继而发展为越来越固定的家庭居所结构和社会交往场合，前者是明代专为饮茶之事设计的"茶寮"，后者则是"茶馆"的大量呈现。

屠隆《茶说》"茶寮"条记："构一斗室，相傍书斋，内设茶具，教一童子专主茶设，以供长日清谈，寒宵兀坐。幽人首务，不可少废者。"张谦德《茶经》中也有"茶寮中当别贮净炭听用"、"茶炉用铜铸，如古鼎形……置茶寮中乃不俗"。许次纾对茶寮的论述："小斋之外，别置茶寮。高燥明爽，勿令闭寒。壁边列置两炉，炉以小雪洞覆之，止开一面，用省灰尘脱散。寮前置一几，以顿茶注、茶盂，为临时供具。别置一几，以顿他器。旁列一架，巾帨悬之……"明清茶人不仅有前朝茶人对自然环境中饮茶的情趣偏好，并更进一步将家事饮茶列出独立的居所结构、做出专门的设计，使茶事活动融入并构成人们的日常生活方式。

清代是中国茶馆的鼎盛时期，茶馆成为人们日常生活的一个重要场所。据记载，北京有名的茶馆就已达 30 多家。清末，上海更多，达到 66 家。乡镇茶馆的发达也不亚于大城市，如江苏、浙江一带，有的全镇居民只有数千家，而茶馆可以达到百余家之多。茶馆作为社会商业文化的一个典型，在明清时期的文学、书画作品中也经常出现，茶馆是中国茶文化中很引人注目的内容。

清代茶馆的经营和功能特色主要分为三种：一是饮茶聊天，类似前朝的品茗会，也称"清茶馆"，来喝茶的多为文人雅士，店堂的布置也比较古朴雅致；当然除了文人外，茶客中还有商人、手工艺者等，这里是"聆市面"的好场所。二是饮茶佐食，大概是茶果会的延续。在茶馆中增设点心经营，或点心店增加茶水供应，点心饮食兼饮茶，扩大营业范围，满足顾客要求。三是饮茶听戏，称之为"茶戏会"。茶馆设立一个舞台，邀请艺人来为茶客表演唱戏、说书、杂技等文艺活动，增添茶馆的文化内容，招揽生意。

茶馆作为一个社会公共场所，有时也承担一些与饮茶无关的事情。"吃讲茶"，邻里乡间发生了各种纠纷后，双方常常邀上主持公道的长者或中间人，至茶馆去评理以求圆满解决。如调解不成，也会有碗盏横飞，大打出手的时候，茶馆也会因此面目全非。茶馆有时还兼赌博场所，尤其是江南集镇上，这种现象很多。清代茶馆的兴盛发展，也使之成为反映社会生活形态的一个缩影。

在以茶利用方面，清代药茶研究也进入到新的发展时期，陈鉴《虎丘茶经注补》、刘源长《茶史》、陆廷灿《续茶经》等对茶饮和药茶的研究更加全面系统。在中国的茶医药发展史上，明清茶书颇占一席之地。以茶药用、以茶食用、茶利健康等方面，明清时期都有长足的发展。

（二）茶艺细致

散茶的革新，使茶艺与前朝有较大的区别。明清茶人对茶艺的五个元素都有比较细致的要求与审美，提出了"造时精，藏时燥，泡时洁。精、燥、洁，茶道尽矣"的茶艺规则，并对茶艺的"茶、水、器、火、境"五部分内容进行了细致的鉴别和规定。

茶。叶茶的生产方式处于主流的地位，茶艺的所有要素都围绕着由叶茶到茶汤而呈现的"色、香、味、形"进行了规定，其中"色、香、味"是提得较多的内容。比如明末清初的陈贞慧《秋园杂佩》中评上品芥茶："色、香、味三淡，初得口泊如耳，有间，甘入喉，静入心脾，有间，清入骨。嗟乎！淡者，道也。"清淡而有后味，是岕茶得以广受赏识的一大特点，武夷山工夫茶法的"色香味"取胜更不待说。"形"的部分由于瀹茶法和工夫茶法都用瓷壶或紫砂壶来沏泡，不能很好地观察茶叶的外形，但在撮泡法中，茶人们多次抒发了茶之叶底在杯中"枪旗舒畅，清翠鲜明，方为可爱"的审美情趣，芽叶完整，大大增强了饮茶时的观赏效果，这一点为现代茶艺采用玻璃杯、壶、碗等器具来强化茶叶"形"的审美打下了基础。明清时期对干茶在干燥的环境中保存，以及干茶在开汤前的洗茶，都有比较明确的规定和操作方法。

水。由于直接用叶茶点汤沏泡，如何用水来更好地发挥茶叶的性能，在沏茶法茶艺中占据了越来越重要的地位。明清时期，茶人们更加重视对水泉的选择。张大复《梅花草堂笔谈》中认为："茶性必发于水，八分之茶，遇十分水，茶亦十分矣。八分之水，试十分茶，茶只得八分耳。"许次纾《茶疏》认为："精茗蕴香，借水而发，无水不可与论茶也。"茶与水孰重孰轻在明清时期论述得更加明确，宜茶之水应清洁、甘冽，为求好水，可以不辞千里。

火。明清时期的火侧重在候汤的技术环节上，《茶录》"汤辨"条载："汤有三大辨十五辨。一曰形辨，二曰声辨，三曰气辨。形为内辨，声为外辨，气为捷辨。如虾眼、蟹眼、鱼眼、连珠皆为萌汤，直至涌沸如腾波鼓浪，水汽全消，方是纯熟；如初声、转声、振声、骤声，皆为萌汤，直至无声，方是纯熟；如气浮一缕、二缕、三四缕，及缕乱不分，氤氲乱绕，皆是萌汤，直至气直冲贵，方是纯熟。"又"汤用老嫩"条称："今时制茶，不假罗磨，全具元体，此汤须纯熟，元神始发。"许次纾则论述："水一入铫，便须急煮。候有松声，即去盖，以消息其老嫩。蟹眼之后，水有微涛，是为当时，大涛鼎沸，旋至无声，是为过时。过则汤老而香散，决不堪用。"有了好水，还要会煮汤、辨汤，火候差失，不利茶性发挥。

器。叶茶的兴起，茶壶被更广泛地应用于百姓茶饮生活中，茶盏也由黑釉瓷变成了白瓷和青花瓷，目的是为了更好地衬托茶的色彩。除了生产白瓷的定窑、汝窑、官窑、哥窑、宣德窑等名窑外，景德镇的青花茶具异军突起，达到了一个高峰，并在青花的基础上创造出平彩、五彩、填彩等新瓷，这些基本上是在制作茶具中发展出来的瓷器烧制技术。除白瓷和青瓷外，明清时期最为突出的茶具是宜兴的紫砂壶。紫砂茶具不仅因为瀹饮法而兴盛，其形制和材质，更迎合了当时社会所追求的平淡、端庄、质朴、自然、温厚、闲雅等的精神需要。紫砂艺术的兴起和独立，也是明清时期茶叶文化的一个丰硕果实。工夫茶的兴盛也带动了专门的饮茶器具，比如特别规定形制的汤铫、茶炉、茶壶、茶盏等，被称为"烹茶四宝"。

境。明清时期茶人对茶境的选择和描述更加生动，也更趋于人文。16世纪后期，陆树声撰《茶寮记》"茶候"条有："凉台静室、曲几明窗、僧寮道院、松风竹月。"徐渭也撰有《煎茶七类》，内容与陆树声所撰相同。《徐文长秘集》又有"品茶宜精舍、宜云林、宜寒宵兀坐、宜松风下、宜花鸟间、宜清流白云、宜绿鲜苍苔、宜素手汲泉、宜红装扫雪、宜船头吹火、宜竹里瓢烟"。许次纾《茶疏》"饮时"条有："明窗净几、风日晴和、轻阴微雨、小桥画舫、茂林修竹、课花责鸟、荷亭避暑、小院焚香、清幽寺院、名泉怪石"等二十四宜；冯可宾则提出了宜茶13个条件及不适宜品茶的"禁忌"7条。虽然描述的对象是茶境，实际上都是明清茶人在生活中借助饮茶而抒发的情感寄托，也从这个侧面表现出了当时日常生活艺术的审美趋向。

（三）气象万千

明清时期饮茶返璞归真，"简便异常、天趣悉备，可谓尽茶之真味矣"，当时人称之为"开千古饮茶之宗"。从制茶到饮茶过程的简便，给人留下自我发挥的空间，明清饮茶的审美寄托突然有了空灵的超越；从"形尽神不灭"的中国古典审美中得到启发，饮茶的精神活动超越了固化的饮茶过程，茶人更在其中享受"天人合一"、"神思妙悟"的审美情趣。在饮茶方式中呈现出气象万千的艺术风度，超越了前朝各代。艺术源于社会生活，饮茶艺术也是如此。

天人合一，即人与自然的契合，一向为茶人所追求。明清之茶"不假罗磨、全具元体"，使饮茶之人能在茶汤中直接感受到茶叶在山野中的生长状态，客观上拉近了人与自然的关系。因此，在明清时期天人合一的理想更多地被茶人提及。对茶叶生产方式的革新，本身也是当时社会返璞归真的理想付诸实施的一个表征。饮茶活动是物色的第二自然创造，同时它也一定是社会活动在其中的反映。饮茶自陆羽始就不是单纯的生理功能之用，它反映了当时茶人在其上构筑的理想、抱负，揭示自然与人类社会发展具有相互感应的规律。在天人合一的理想下，明清茶人拥有更加饱满的人文情怀，崇尚自然、关心民生、大隐于市、趣味生动。

　　神思妙悟，呈现了两种审美路径，一个神与物游，一个不可凑泊。宋代斗茶、茶百戏，在茶汤中获得艺术想象力和美的享受；而到明清时期，更多的茶人追求"无味之味，乃至味也"的境界，将"有"和"无"放置在同一对象上进行美的享受。陆树声认为茶中三昧"非眠云跂石人，未易领略"，更有《茶书全集》作者喻政"不甚嗜茶，而淡远清真，雅合茶理"，即便无茶，也能体会到茶的情怀，这一点非"不可凑泊"之不易得了。

　　只有在妙悟中，自身的情感意趣才会和日常生活、日常景物更紧密地契合为一体，人们的行为、生活、环境经升华而构成一个艺术的境界，并经过妙悟来达到"天人合一"、"物我两忘"的极致。正由于对"天人合一"、"神思妙悟"的追求，使明清饮茶方式表现出既在物象之内，又在物象之外，呈现出包容万象的整体气韵生动之美。

　　这一时期的饮茶发展，近几百年的茗饮方式在此时期已经完备，同时也开启了近代五百年的饮茶风尚，基本构成近代茶叶生产方式、贸易与消费方式以及饮茶方式的雏形。以茶为饮一直不可分割的三个角色为：食位，主"色、香、味、形"；药位，以利"健康"、"荡昏寐"；饮位，注重"精神"、"雅合茶理"，在本期都有非常的融合与快速的发展。这一时期也开创了饮茶审美淡远清真的另一番气象，使饮茶从日常生活方式走向了日常生活审美的道路。

第七章 茶艺审美活动

饮茶不仅是日常生活方式，人们通过审美的视角来丰富、认知和习得它，能使饮茶法作为一种艺术品介入人们的生活之中，来体现茶艺带来的美学魅力。茶艺的美学魅力在于，它能促使人们更加完善自身的人格修养，提升自己的人生境界，培养自己对于人生进行理论思考的兴趣和能力，自觉地去追求一种更有意义、更有价值和更有情趣的人生，同时也获得一种人生的智慧。茶艺审美是一个新的领域，茶艺的审美特征使仪式化的规定性上升到人们内心的自觉需求。茶艺之美是西方美学与中国传统美学的结合，它呈现出以茶汤和技艺为审美对象的境象之美，涉及了仪式感、朴实、典雅、清趣、人情化的审美范畴。

第一节 美的原理

美，千姿百态，形象各异。美是什么呢？这个有关美的本质的课题，是美学领域的基本问题，又是一个直到今天人们依然还在争论的问题。西方美学的历史比较早，像毕达哥拉斯就对"美"的问题有所论述，但真正在理论上讨论"美"的问题是从柏拉图开始的。中国美学的历史至少从老子、孔子的时代就开始了。中国自古以来对美都抱有极大的追求和独到的见解，比如柳宗元说道"美不自美，因人而彰"，即是中国美学的一个重要观点，美不能离开人的审美活动。美的本质问题历久弥新、悬而未决，意味着关于"美是什么"的各种回答均有其合理性，并在一定的社会实践及认知领域具有其指导意义。关于美的理解同样也是茶艺审美活动中的本质问题，尽管仅是撷取浩瀚美学的一鳞半爪，也不啻是茶艺美学的一个方法探索。

一、从永恒到自由的升华

在西方美学史上，对美学基本问题的问答，具有划时代意义的是三个代表人物，一个是柏拉图，他第一次提出了"美是什么"这一美学基本问题，即美的本质；第二个是康德，他将美学基本问题设置为"审美是什么"，美的研究变成审美的研究；第三个是黑格尔，"美是什么"变成了"艺术是什么"，美的研究也变成了艺术的研究。当然，回答"审美是什么"、"艺术是什么"，归根结底是回答"美是什么"的问题。

（一）柏拉图对美的讨论：美是永恒

柏拉图在一篇专门讨论"美"的《对话录·大希庇阿斯篇》中，区分了"什么东西是美"与"美是什么"这两个问题，他认为这是两个完全不同的问题。"美是什么"即"美本身"，是一种绝对的美："这种美是永恒的，无始无终，不生不灭，不增不减的。它不是在此点美，在另一点丑；在此时美，在另一时不美；在此方面美，在另一方面丑；它也不是随人而异，对某些人美，对另一些人就丑。不仅如此，这种美并不是表现于某一个面孔，某一双手，或是身体的某一其他部分；它也不是存在于某一篇文章，某一种学问，或是任何某一个别物体，例如动物、大地或天空之类；它只是永恒地自存自在，以形式的整一永与它自身同一；一切美的事物都以它为泉源，有了它一切美的事物才成其为美，但是那些美的事物时而生，时而灭，而它却毫不因之有所增，有所减。"这个神圣的、永恒的、绝对的、奇妙无比的"美本身"，柏拉图认为就是美的"理念"（idea）。这种美的"理念"是客观的，而且先于现实世界中的美的东西而存在。现实世界中的各种各样的美的东西（如美的姑娘、美的汤罐）都是因为分有"美"的理念而成为美，它们是不完满的，同时它们也不是永恒的。柏拉图把现实世界中美的事物、美的现象和"美本身"分开，他认为在美的事物、美的现象的后面还有一个美的本质，哲学家的任务就是要找到这个美的本质。柏拉图说，对于"美本身"这种如其本然、纯然一体的观照，乃是一个人最值得体验的生活境界。

从美的客观性出发，从古至今主要围绕着三大学派的基本观点，一是毕达哥拉斯学派，他们认为美是数与数的和谐、美的合规律性；苏格拉底认为美是合适、美的合目的性，包括人与神的合适；柏拉图提出美是客观理念后，为客观美学的原则——美的客观性和普遍性，找到了一个确定的形式，客观美学在西方美学史上独霸了两千多年。后来的美学家，也基本没有超出他们的范围，没有跳出他们的方法——或者从事物的客观属性那里找到答案（毕达哥拉斯的方法），或者从事物的客观关系那里找答案

（苏格拉底的方法），或者把美归结为一种客观精神（柏拉图的方法）。①

（二）康德对美的讨论：美具有主观普遍性

在康德以前，人们都认为美学应该先回答"美是什么"，然后才能回答"审美是什么"、"美感是什么"。康德哲学体系的研究对象不是客观存在而是主观意识，是人对现实世界的认识功能和实践功能。康德把美学的出发点放在了审美和美感上，把美学的基本问题从"美是什么"变成了"审美是什么"，康德在他的著作《判断力批判》一书中，提出了审美判断的四个契机：无利害而生愉快、非概念而又有普遍性、无目的的合目的性、共通感。

康德认为，② 审美的快感是唯一的独特的一种不计较利害的自由的快感，因为它不是由一种利益（感性的或理性的）迫使我们赞赏的。一切利益都以需要为前提或后果，所以由利益来赞赏的原动力，就会使判断鉴赏不出自由。康德坚持，审美判断不是一种认识性的判断，因为它完全不形成概念，或与概念构成联系，对美的满足"是仅有的一种无利害和自由的满足"。审美判断具有普遍性。当我们判断一个对象是美的，美被说成仿佛是一种属性，尽管它是主观的，因为这种判断是通过审美满足而与对象联系的。但是，既然这种满足并不依赖于任何个人的独特性或偏爱（无利害的），我们很自然地会假定在对象中找到了一个任何人满足的基础——某种可被以普遍的方式欣赏的东西，因此，我们将同样的判断归因于每一个人，这使我们常使用非个人的语气，说"这是美的"。美的判断由于不涉及概念，不能说有逻辑判断的客观普遍性，但是，它有"主观普遍性的要求"。

审美判断的第三个方面，即它被当作关系来考虑时，能使一个对象提供特殊的无利害而可普遍达到的满足的秩序原理，康德认为，这一可能性并非必然以一个目的的表象为前提，却被称为合目的的，这仅仅是因为我们只有把一个按照目的的因果性假定为它们的根据，才能解释和理解它们的可能性。尽管对象无须要求受目的支配，但我们只有将它当作受目的支配才能理解它。所以，给予我们审美满足的"只是在对象借以给予我们

---

① 易中天：《破门而入——美学的问题与历史》，复旦大学出版社 2006 年版。
② ［美］门罗·C. 比厄斯利：《西方美学简史》，高建平译，北京大学出版社 2006 年版，第 190 页。

的那个表象中的合目的性的单纯形式，如果我们意识到这种形式的话"。①

审美判断的第四个方面，即必要性，我们认为的美的东西与满足具有一种必然的关系，但这种必然性不是绝无例外的意思，因为无人能够保证一个趣味判断能使所有其他人都同意。因此，审美判断有一种特殊的判断要求，即得到普遍的同意，康德称之为"示范性的"，但是，它也保证所有将自己的认识观能正确地与对象联系起来的人都能辨识赞同。这种必然性，或者强制性，暗示了审美判断预设了一个所有人的"共通感"——"来自我们的认识能力自由游戏"的心灵状态，也来自知识本身必然的可共享性。

康德的这四个契机中最关键的观点是"主观普遍性"，它试图回答美既不是主观的，也不是客观的，"在审美判断里假设的普遍赞同的必然性是一种主观的必然性，它在共通感的前提下作为客观的东西被表象着"，美是一种"主观表象为客观"的存在。

在现代哲学史上，没有什么能比康德的成就更有资格被当作天才的化身了，作为一位思想家，他不仅不可逆转地将形而上学、认识论与伦理学研究带入一个新的方向，而且能制定出一种美学理论，从其原创性、精妙性与全面性而言，标志着这个领域的一个转折点。自康德以后，西方美学在整体上已由客观论转向主观论，从模仿论转向表现论，从美的哲学转向审美心理学，并由此产生了一系列新的观点和新的学说，比如游戏说、移情说、心理距离说等。康德是第一位使审美理论变成一个哲学体系整体的组成部分的现代哲学家，被他扩展出的几条途径的探索，在此后被证明具有巨大的价值。在康德体系的影响下，出现了席勒、谢林、黑格尔、叔本华等一批德国古典美学的杰出代表。

（三）黑格尔对美的讨论：美是自由

席勒是德国古典美学由康德的主观唯心主义转到黑格尔的客观唯心主义之间的一个重要桥梁。康德的艺术美的内容与形式的统一"只存在于人的主观概念里"，席勒却能"把这种统一体看做理念本身，认为它是认识原则，也是存在的原则"②，由此进一步证明，这种统一体不只存在于主观的思维中，也存在客观的存在中，"通过审美教育，就可以把这种统

———————

① ［美］门罗·C.比厄斯利：《西方美学简史》，高建平译，北京大学出版社2006年版，第190页。

② ［德］席勒：《审美教育书简》，张玉能译，译林出版社2009年版。

一体实现于生活"。在黑格尔理论体系中，"把感性与理性的统一体看做理念本身"之中的"理念"，即一种"具体的理念"，黑格尔的美学基本原则"美是理念的感性显现"正是发挥了席勒的关于"理性与感性的统一体"的理论而得来的。"具体的理念"是黑格尔客观唯心主义的奠基石。

黑格尔讨论的是艺术，他认为美学研究的并非一般的美，而只是艺术的美，美学的正当名称，应该是"艺术哲学"，或者说，"美的艺术的哲学"。黑格尔的最大历史功绩，就在于他改变了人们的世界观，在他之前，人们看待世界的观点，基本上是孤立的、静止的、一成不变的。黑格尔不但肯定世界是在运动和发展的，而且还进一步揭示了这种运动和发展具有内在的逻辑联系。这就是说，一个事物之所以要产生，是因为它有这种一定会产生出来的必然性，这种必然性决定了它一定会产生，而且一定会朝某个方向变化，最后变成别的东西，这个发生、发展、终结、消亡的过程就是历史，历史是由逻辑决定的。

因此，艺术就在这样的"逻辑与历史相一致"的体系中产生了，"艺术的功能在于根据必然性原则与题材进行考察"，一个真正的关于艺术的哲学理论，必须显示艺术的存在是怎样由现实本身的本性所造成的。从人本身作为艺术的创造者和欣赏者这一更具局限性的观点来看，存在这样的必要性：由于人是一种"思考着的意识"，要求"向他自身，并且从他自己的实质，明白地显示他是什么和实际存在的一切"，他在艺术作品中满足他增强自我意识和自我知识的需要。

黑格尔认为，提供"仅仅是形体、音调与图示观念的影子的世界"的艺术作品，不是为了纯粹的感觉与情感的满足，而是"为了更高而更具精神性的兴趣"，它们在由所有意识生活的深层所激发的人的精神中召唤一种反应与回声。这样，感性就在艺术中被精神化了，换句话说，"精神的生活在感性的伪装下进驻其中"。因此，艺术基本的与本质的功能就是，揭示在艺术的感性或物质的外形下的真理，这种揭示就是美："理念的感性显现。"一件艺术作品的优秀，依赖于观念与外形在一个精心设置的融合中亲近与联合的程度，以艺术地体现理念，即黑格尔说的"理想"。

黑格尔、席勒等哲人强调审美的功能在于对美的事物的审美观照是一次自由的教育。席勒之前，康德在真的世界与善的世界间发现了无法弥补的鸿沟，于是康德用美来构筑沟通两者的桥梁，但是仅限于在人的能力范围内。席勒提出的审美国度，则把此命题还原为现实的目标，认为人类追求真、善的冲动是被强迫的、不自由的，唯有审美的冲动能实现两者的调和，"它通过个体的天性去实现全体的意志"，因此，审美自由的真正价值在于，它是人类社会的必要存在和实在，是人类追求自由的重要途径和依托。自由之美，无所不在。

关于美学的问题一直在讨论。在 19 世纪，关注了美的实践命题：艺术家与社会的关系。① 艺术家与社会应保持怎样的关系，是艺术家疏远于他的社会，为艺术而艺术，还是通过作品再现整个民族和整个时代的生存方式。以列夫·托尔斯泰为代表人物倡导，既然艺术家的创造性想象力是有限的，并且他必然是他的时代的产物，因此要获得好一些的艺术的唯一途径，就是改进它所必然要反映的社会条件，或者说，赋予艺术家一种铸造和引导社会进步的力量，使他成为一个有效的行动者，来承担艺术在人类社会中的责任。在 20 世纪后期，美的本质问题从现象学美学和分析美学中有了新的发展。1988 年，迈克·费瑟斯通（M. Featherstong）提出了日常生活审美化这一命题，认为日常生活审美化正在消弭艺术和生活之间的距离，在把"生活转换成艺术"的同时也把"艺术转换成生活"。日常生活审美化的提出与影响力的扩大，表示了当代美学、文艺学、哲学的一种转向，文化创意产业的蓬勃发展，使审美不再是精英阶层独享的领域，大众拥有了越来越多的审美权利，艺术在生活中无所不在。美是自由的。

二、立象尽意与气象万千

中国美学思想在春秋末年和战国时期基本形成，以后在漫长的历史时期内获得了多方面的发展，在审美维度上常以"道"、"象"、"器"或者"神"、"气"、"形"来表述。中国思想家把审美与艺术问题同宇宙、社会、人生的根本问题等直接联系起来进行观察和思考，虽然不同于西方理论的表述方式，但在根本上却贯穿着自己独特的深刻的哲学精神。中国美学长期以来坚持从个体与社会，人与自然的和谐统一中去找美，认为审美

---

① ［美］门罗·C. 比厄斯利：《西方美学简史》，高建平译，北京大学出版社 2006 年版，第 256 页。

和艺术的价值就在于它们能从精神上有力地促进这种统一的实现，从而把具有深刻哲理性的和谐和道德精神的美提到了首要位置，并经常通过形象性的直观方式和情感语言来表达。

天人合一是中国古代哲学的一个核心命题，是中国哲学家孜孜以求的最高境界。不管是儒家以完成最高道德修养的圣人、贤人、君子定义为天人合一，还是道家的目标是返璞归真的至人、神人、真人，他们都强调了整个世界是一个有机的统一体，人是自然世界的一部分，人、社会与自然内在关联在一起，其间有着相互贯通的规律性，人的思想情感等都是感应外部世界形成的，人追求、顺应、效法天道，摒弃一切与之违背的东西，才能获得绝对的自由与永恒。在这样的哲学思想下，中国的美学理论既有如魏晋南北朝时期人与自然合一的审美世界发现，也有以宋代为代表的自然内化于人之后驰骋自由世界的审美趣味，前者取言刘勰的"神思"论，后者取言严羽的"妙悟"论①，来导出茶艺美学文化的立足根基。

（一）神思：立象尽意

作为魏晋南北朝学者的杰出代表，刘勰以其《文心雕龙》著作，首次将文化哲学的精义通过文学美学的形式予以表达，自铸了一个前所未有的美学理论体系，并首次以审美理论沟通了道家之真与儒家之善，确立了美学——文学艺术的哲学价值。刘勰美学理论重点讨论了神思，神思在于立象，"立象以尽意"，意存象内，情孕貌中，故貌象可摹、情意可征。从神思之活动到意象之显著，分为三个关键步骤：一是神与物游，二是辞令枢机，三是拟容取心。

神与物游。刘勰在《文心雕龙·神思》中曾语："思理为妙，神与物游。"神思是一种艺术想象活动，它突破直观经验和时空范围的限制，充分发挥精神的自由性，无所不到，变化不穷。同时，它又必须是以"心物感应"为基础的，是"心物感应"的具体过程，比如"情动于中而形于言"（《毛诗序》），情之所以动，乃是感于外物的结果。刘勰进一步对"神与物游"作出具体界定，指出神思的艺术思维活动必须要始于物而终于物，不局限于物而又不脱离于物，物是神游的基础，物又在神游中结晶、升华，如同"池塘生春草"，形为言物，实则体现活泼的内心世界。

---

① 施惟达：《中古风度》，中国社会科学出版社 2002 年版。

辞令枢机。神思的感物联类，是意象的有机联结，要清晰、准确地把握意象，还必须有规范的媒介来推行神思这一感物联类的艺术思维、艺术创造活动。对于文学来说，语言就是此关键因素，故《神思》说："物沿耳目，而辞令管其枢机。枢机方通，则物无隐貌。"神思活动的目的之一，正是借助语言来规矩刻镂、写天地之光辉的。成功的神思活动，即能克服言与意的分离，创造出完满的艺术作品，其他的艺术形式也同样有一个规范表达的关键因素。

拟容取心。神思的目的是创造艺术形象，在文学作品中即是作者思、意、言的统一，并且，作者的思、言、意并非纯主观产物，而是"心物感应"的结果，是天道自然的表现，有云"言之文也，天地之心哉"、"岁有其物，物有其容"。因此神思的核心是"拟容取心"：对客体外物的摹拟，诉诸主体自身的感应与体验。拟容取心深化了神与物游的内容与价值，体现了传统意象论之"观物取象"、"立象以尽意"的艺术目标。

神思是艺术想象活动，神思中之物象是作者通过感应自然实有之物，而在脑海中产生的意象，神思拟容取心，塑造的是意象，是可以征实、足以见意的象内之象。

（二）妙悟：气象万千

中国古典哲学思维方式似乎一直存有两种主流，即使是中国独创的禅宗，也因思维方式的不同分为北宗与南宗，其迥异的取道方式略以耳熟能详的两则偈语来表达，前者如"身是菩提树，心如明镜台，时时勤拂拭，勿使惹尘埃"。后者是"菩提本无树，明镜亦非台，本来无一物，何处惹尘埃"。在中国古典美学中也同样鲜明地存在求"实"和求"虚"这两种艺术思维方式，一是前面概述的以刘勰为代表的神思论，求实并寻求对世界的理性把握；二是接下来讲到的以严羽为代表的妙悟论，求虚并重在对世界的感性契合。同样，严羽的妙悟论我们也可从三个维度来概述之，分别是：不可凑泊、不落言筌、唯在兴趣。

不可凑泊。与刘勰的"神与物游"不同，在严羽的《沧浪诗话》中，从对诗话之美的描述中看到的是另一番景象："其妙处透彻玲珑，不可凑泊，如空中之音，相中之色，水中之月，镜中之象。"这番文艺所达之妙境如同禅家妙悟所得，喻示了景物形象的非实在性和主体对此的感悟，"孤帆远影碧空尽，惟见长江天际流"，其旨归并不在客观地陈述一件事物、几个物象，而在从中流溢出的一片无边的思绪与情怀。"妙悟"借禅以为喻，通往"实相无相"的顿悟法门。作品直示的物象仅是一个符号或者一个标识，其意义在启发暗示于主体自身的体验。并指出要产生这样的体验，还需要靠执著参悟的功夫，其途径如同"羚羊挂角，无迹可求"。因此，"不可凑泊"之物景，是不能以日常的眼光、经验、学理来观看、推究的，而是要寻求刹那间的感悟，使物景脱去常相，别具一种意蕴。

不落言筌。严羽曾语："所谓不涉理路，不落言筌者，上也。"这一点与"神思论"注重语言的规范性和强调语言的重要性不同。严羽这一方法与庄子的"得意忘言"、禅宗的"以心传心，不立文字"两家在哲学认识论、方法论上都有一致之处，认同建立在日常语言的实在性上的概念、判断、推理等逻辑思维，只能把人的认识导向一个具体的局部的结论，不能把握本体的、全面的"道"。因此，他们反对执著于语言文字之表，把人们的注意力更多地放置在对道的体悟上。严羽正是借此来阐明妙悟的特点，比如诗歌，"诗有别才，非关书也；诗有别趣，非关理也"。其妙悟不是求理，有别于解经疏证、考据求理的方法，更不能只执著于字面的含义。对艺术的妙悟是要突破比如诗歌之于语言的有限界定，进入无限的言意之外，"不落言筌"即注重艺术语言的非实在性，其功能不在指实，而在暗示隐喻，引发体验，推崇"言有尽而意无穷"。正如梅尧臣所言："作者得于心，览者会以意，殆难指陈以言也。"如果说神思论形成了一个强调风骨、文采的审美标准，妙悟论则推出了一个注重空灵、自然的审美价值。

唯在兴趣。所谓"兴"，从比兴之"兴"而来，意指直观外物时的情感触发，"触物以起情"。"趣"即趣味、意趣，在对象，指其具有的能引人注意、愉悦的性质；在作者，指其对对象所产生的关注、愉悦的心理体验。合而言之，就是直观外物的审美情趣（主体）和能引起这种审美情趣的物象。妙悟活动的核心，正在于追求"兴趣"、追求对外物的美感体验。其指向不在文辞声色之美、意象神理之美，而在言意之外，追求造妙自然、物我两忘之美。倾情于意蕴的领悟与心物的美感契合。

在中国美学思想中，主体和客体的互动或感通，往往有着充盈、丰沛的宇宙生命感生成其中，所谓"立象尽意"和"气象万千"。中国美学以客观物象为审美对象时，极少将景物作为纯客观的对象看待，而是视之为充满生命感的对象化存在。宇宙生命感，就是指在中国美学思想中普遍存在的、对于客观物象所感受到的生命和性灵，它们是化育流行的，是吸纳了宇宙万物的创造伟力的。审美客体所透露出的宇宙造化的生命感，常被概括为心物感应、气韵生动的表征。"意"、"气"在审美主体和客体的关系中起着特殊的作用，它一方面成为主体和客体相互感应的媒质，另一方面，成为联通宇宙万物的动态途径。客观物象的审美生命感使审美主体和客体之间的关系不止于一般的联系，而是产生强烈的审美感兴功能。客观物象的宇宙生命感使主体的创作思维及作品都有着动荡开阖的时空境象，它是充满生命律动的。其动态变化，使作品产生了广远的空间之势及相对的"精微"，是使其审美空间产生亮点的笔致。中国美学追求的"立象尽意"和"气象万千"，寓"意"于"象"、"气"贯万象，使物象禀赋了生命，生命自由之气息在客观物象中栖居，造就了审美对象既在象中，又似乎在万千世界中无所不在。美，是自由的存在。

美，是自由的存在。它包含着三层意思，第一，美是一种实在，它具有客观性。西方美学理论讨论的美的客观属性、美的客观精神、美的非概念普遍性，以及中国传统美学的"物色论"、"时空境象"，都强调了美是事物本身的属性，有其不以人的意志而转移的规律性，它具体实在地存在于社会之中。第二，美具有生命感，它是人们活泼意志的自由表达。美对于人类来说是审美意识，是认识论的范畴。我们借助真、善、美的关系维度来认识美：人类建构一个科学体系来认识客观世界（真），建构一个道德体系来规范人类社会（善）；但仅有此还是不够的，黑格尔、席勒、康德等巨匠的理论宏论，以及中国美学以"天人合一"、"神思妙悟"来直指人心，都试图用审美体系来跨越真与善之间的鸿沟，以"美"来赋予和完善人的认识领域的活泼生命。如同"万物并作、吾以观复"，美的生命感与其说是启发于审美客体，不如说是审美主体更为迫切的意愿表达，美是"来自我们的认识能力自由游戏"（席勒）的心灵状态，是无拘无束地畅游在自然世界和人类社会的自由追求。第三，美是人类追求自由的必然途径。美在无功利境界中给人以安慰、欢乐，给人以生命的信心，审美与人的终极目的是合一的，"它通过个体的天性去实现全体的意志"（席勒），审美是人性完善、走向自由王国的根本通道。

第二节　茶艺审美要素

茶艺是日常生活方式艺术化呈现的审美实践活动。美是实在、美是生命、美是自由，在茶艺活动中，茶艺师利用其专门化的能力、技术和修养，完成了茶（自然物）—茶汤（人格化）的过程，在一步步展示茶、水、器、火、境等质料美的同时，也实现了主观审美愉悦及审美共通感，体会日常生活中的敬畏和崇拜，对生活琐事的珍爱、生活秩序的仪式感、慎独与不显露的智慧等。茶艺的审美教育，在不完美人生的遗憾中，享受和分享超越于饮茶本身的自由、充盈和宁静的美好情怀。在东西方美学理论的框架下，茶艺审美具有自身特点的审美要素。

一、形式美

形式美是指茶艺客体结构中的形式因素及其有规律的组合，即一定的色彩、线条、形状、声音、节奏等的组合安排等。茶艺形式美的构成因素分为两个部分；一部分是构成茶艺形式美的感性因素，如色彩、形状、声音等；另一部分是构成茶艺形式美的形式规律，指的是色彩、形状、声音等感性质料的组合规律。

在茶艺作品中，不同的感性因素带给主体的感觉效果会有很大不同，茶艺审美最基础的部分集中在这些感性因素的组合是否满足其内在的规律性，并且被主体认知和体验的程度，可以说，这一部分的审美判断会更独立和纯粹些。

（一）茶艺形式美的感性因素

构成茶艺形式美的感性因素有很多，其质料主要是色彩、形状、线条、材质、声音等。质料对于茶艺形式的表现是重要的，它具象地存在，使茶艺作品的评判有相对客观的基点。

1. 色彩。色彩是构成形式美的主要感性因素。人类长期的实践活动中不断接触不同的色彩，赋予色彩以一定的生活意义和观念情感意味，从而逐渐使色彩成为相对独立的形式美，并具有强烈的表情性，能引起人们不同的审美感受。如红色通常显得热烈奔放、活泼热情、兴奋振作；蓝色显得宁谧、沉重、悒郁、悲哀；绿色显得冷静、平稳、清爽；白色显得纯净、洁白、素雅、哀怨；黄色显得明亮、欢乐等。

茶艺的色彩构成是作品给予欣赏者的最直观印象，茶艺作品几乎都适合任何的色彩，通过色彩来表达创作者的情感；茶艺结构中"茶、水、器、火、境"内容的丰富性，不同物体吸收和反射光的程度不同，呈现出不同的色相、明度、纯度等属性，也使茶艺作品的色彩构成具有较大的发挥空间。

在茶艺中，一些色彩已被规定了作品的核心质料，比如绿茶，由干茶、茶汤、叶底形成了"三绿"，而红茶则具有红汤、褐地的色彩感，这些规定了色彩的内容，要求在茶艺作品中被很好地表现。因此，可以表现得丰富多彩的茶艺色彩质料，也受到了一定因素的制约。

2. 形状。形状是构成形式美的又一重要的感性因素。形状运用于艺术，可以成为构成某种艺术形式和风格的因素之一。如古希腊建筑多用直线，古罗马建筑多用弧线，哥特式建筑多用斜线等。形状是由不同的线条的运动组合而成的。一般来说，直线常用来显示力量、平稳、坚硬；曲线显示柔和和流畅、灵活多变；折线显示变向、突转、断续等。由这些线条构成的形状的意义也各不相同，如圆形显示柔和自如，正方形显示公正大方，正三角显示安定稳固，倒三角显得不安、危险等。当然，形状线条的美，其意义和意味也随着主体不同的审美情境和审美心态的变化而变化。如直线既显示坚硬平稳，又可意味着呆板、单调。曲线既可显示柔和流畅，又可表示过于轻柔等。

茶艺的形状大部分反映在茶席结构上，也包括茶艺动作设计的线路。茶艺的线路由茶艺师动态地给予表达，属于瞬间的艺术；茶席的形状则以静态展现，就为更多人欣赏和审美感受，赋予设计艺术的特性。在茶席中容纳了茶、水、器、火、境的各种要素，这些要素物品的位置及摆设往往能反映出作者或区域的审美偏好，简单地可以分成两大类：一是几何形构，源于西方建筑美学的投射，在茶席布局中，大量使用直观的线条和规则的平面，导入简洁沉稳的几何形体、明确的对称轴线、简单明了的块面结构等形式风格，来表现作品主题。二是自然模拟，源于东方建筑特别是对园林美学的敬仰，在茶艺设计中，将茶席看成是自然界的一部分，人在茶席中如同在自然界中，将大量的形状布局放在模拟自然风景的内容渲染上，"意在言外"的茶席结构使人兴趣盎然。

3. 声音。声音不像色彩、形状那样诉诸视觉感官和躯体感官，而是诉诸听觉感官和躯体感官。声音作为形式美不在它本身，而在它所包含的某种意义或意味，音乐艺术还通过各种音响的交融统一达到表现和传达人的各种情感的目的。

茶艺的声音要素并不突出，但也起到了画龙点睛的作用，比如，为了渲染茶艺的寂静美，往往会强化注水的声音，给人以空谷传响的神往；特别是候汤声音，"松声桂雨"、"飕飕欲作松风鸣"、"初声、转声、振声、骤声"等，自古以来被茶人墨客着力描绘。把声音要素压到最低限度，来体现寂静、默契的茶艺作品风格往往被视为经典，并在以文人为核心的群体中受到好评。

茶艺中也有比较热闹的，加上解说和音乐等来充分地表达主题，达成审美共识。在古代有常伯熊的茶艺流派，"著黄被衫乌纱帽，手执茶器，口通茶名，区分指点，左右刮目"，强调了茶艺的表演性，特别是加入话语解说，来吸引茶客进入茶艺的境界，与陆羽俭素内敛的风格迥异。在现代，表演性的茶艺更是多见，声音也发挥了很大的作用，解说、不同风格的音乐、故事性的背景说明、夸张意境的声响等，充分体现出声音对茶艺作品烘托的作用。

颜色、形状、声音这三个感性因素对茶艺审美判断的影响程度，以声音因素最为显著。颜色、形状属于视觉的审美范畴，茶艺欣赏者对这些因素的评判更为客观和包容；而茶艺声音要素的表达则有颠覆性，一种寂寞的茶艺在大众中表演可能是极为失败的，一个热闹的作品若试图在雅集中来确立地位也不能如愿。声音要素在茶艺中加入，既要融合茶艺本身的声音特点，又要表达多层面的情感要素，作品的难度也会更大些。

（二）构成形式美的形式规律

形式美的形式规律就是色彩、形状、声音等感性质料的组合规律。它涉及的是构成形式美的那些感性质料的种种关系，较感性质料更为概括、抽象。形式美的形式规律主要有整齐、节奏、对称、均衡、比例、主从等内容，茶艺的"合五式"规定了作品的位置、动作、顺序、姿势、线路，因此，茶艺的形式规律也更加集中地体现在以时间和空间为轴线的色彩、形状、声音等感性质料的组合表现。

（1）整齐与节奏

整齐、整齐一律，是最简单的形式美的构成规律，其特点是同一形式因素的一致和重复。相同的颜色、相同的声音、相同的形状的组合都可体现出这一形式规律。比如茶艺作品的各物件色彩相同、多人表演时动作整齐一致、茶具摆放排列整齐等，都给人单纯醒目的感觉。

节奏，是事物在运动过程中的一种有秩序的连续组合，事物在运动过程中组合，强调变化有规律并不断反复便会形成节奏。茶艺的动作、顺序等都体现出节奏之美，如以动作的刚柔、动静、开合、往来、盈虚、快慢等对立面的相互转化以及连续、间断、反复等的变化，来表现有序的节奏。在节奏的基础上赋予一定的人文情感即形成了韵律，韵律更能打动人心，茶艺中对茶艺师就要求"气韵生动"。

整齐与节奏的审美规律最具有普适性。其不仅与美学起源观点："美是数的和谐"具有一致性，整齐与节奏体现的"秩序"，恰恰是人类社会组织生存与发展最重要的标志，因此也是最为牢固的审美规律。在有较多观众场合或茶艺考评展示时，整齐与节奏的很好掌控往往能取得较好的效果。

（2）对称与均衡

对称是指在一条中轴线的左右两侧或上下两侧包含着大体均等的形式构成因素。还有一种对称是辐射对称，指以通过圆心的线为中线形成的对称面，是左后对称的变相。在茶艺中要符合"同壹心"的规则，主要以茶艺师和主泡器的心心合一位置为中轴线，来分布茶席的内容；一些作品也常用双人或多人对称的表演，来获得审美效果。

均衡是中轴线两侧的形体、色彩等感性质料虽不一定对称，但在分量上是均等的，使人不产生偏重偏轻、过大过小之感。同对称相比，均衡更富于变化，形式上也更灵活自如。中国画中的均衡可以给茶艺以启发，画面布局讲究均衡，所画之物不能悉集于一隅，即使所画内容有所偏重，也通过题款、署名、钤印等手法使整体上臻于均衡。茶艺中使用色彩轻重、器具大小、高低等都是来实现作品均衡的要素，茶艺的均衡感往往与中国画、书法等审美追求旨趣相同。

茶艺中太过对称一般不能达到很好的审美效果，均衡便是茶艺师追求的目标，但均衡不太易掌控，一旦对称和均衡都不能体现，形式上的失稳就会在根本上否定了作品。对称与均衡如何选择，需要茶艺师有很好的审美经验积累和不断创新的趣味。

（3）调和与对比

调和一般是由两种相近的形式因素并列而成的，它的审美效果是融合、协调。如色环中邻近的颜色就是调和色。调和是由非对立因素造成的和谐，其特点是在差异中保持一致。对比一般是由两种差异较大或在质上不同的形式因素并列而成的，它的审美效果是鲜明、醒目、振奋、活跃。如声音中的噪与静、色彩中的黑与白等对比是对立因素造成的和谐，其特点是在统一中趋于差异。"茶宜精舍、云林、竹灶……素手汲泉、红妆扫雪"讲的就是调和对比的意境。

（4）比例与主从

比例涉及了各种形式因素的整体与局部以及局部与局部之间关系的规律，任何比例都必须产生匀称和谐的效果，才是形式美所要求的比例。中国山水画中有"丈山、尺树、寸马、分人"之说，体现了景物间的比例关系。著名的"黄金分割律"揭示了长方形的短边与长边之比为1：1.618时看起来最令人舒服，这也是我们日常的书籍、报纸、名片以及西方的油画画幅所常常采用的比例。这些比例关系也常用于茶艺作品中。

任何一个艺术作品都有主从关系安排，这样作品才不至于杂乱无章。茶艺的核心任务是沏一杯好茶，因此，对作品的安排都应以沏茶为中心铺展，突出茶艺要实现的主要内容，理顺主从关系，才有作品呈现的层次感，给人以深刻的审美印象。

（5）生动与多样统一

生动是指作品的外部特征具有欣欣然的活泼生意，能激发人的审美愉悦。茶艺中常以健康向上和趣味盎然的感性质料构成来体现作品的生动性，比如以四季的勃勃生机、家乡美的灵动画面、生命阶段的神思妙悟等为旨趣，构成洁净的、理想的、温暖的、默契的茶艺作品外部特征。茶艺由于其质料单纯，很容易使作品陷入沉闷、刻板的状况，作为日常生活方式的艺术化呈现，茶艺形式的生动性是一个作品进入艺术欣赏领域的重要特征。

多样统一是形式美构成的最高一级的规律，又称和谐。"多样"体现了各个事物的个性千差万别，"统一"体现了各个事物的共性或整体联系，多样统一要求在变化中力求统一。茶艺中常用到插花，明代袁宏道讲插花时提到"插花不可太繁，亦不可太瘦，多不过两种三种。高低疏密，如画苑布置方妙。……夫花之所谓整齐者，正以参差不伦，意态天然"，即借插花来对多样统一的阐释。

生动性强调了作品的独特新意，多样统一则体现了"和而不同"的整体感。茶艺作品形式规律的林林总总，最后都要归结于多样统一的规律，以和谐、完整的形式来表达茶艺的目的内容。

以上各条规律是茶艺形式美构成必须遵循和满足的前提，人们在长期的茶艺实践中创造出各种不同样式的形式美，并积累了越来越丰富的经验，随着实践活动的不断丰富和展开，还将发现和总结出新的形式和规律，有利于我们对美的创造和发现。

二、合目的性

茶艺审美最核心的目的是对生命实在的珍爱，这是日常生活美学的共同特点。艺术原本来源于我们的日常生活，也最终回馈于人类社会，正如卢卡契说："如果把日常生活看做一条河流，那么由这条长河中分流出了科学和艺术这样两种对现实更高的感受形式和再现形式。它们互相区别并相应地构成了它们特定的目标，取得了具有纯粹形式的——源于社会需要的——特性，通过它们对人们生活的作用和影响而重新注入日常生活的长河。"① 对日常生活的态度是人对世界理解的最终目的的反映。

（一）茶艺审美的日常生活观照

茶艺美学在当代的提出具有时代背景，特别是日常生活美学理论的广泛流行，使茶艺美学获得社会实践经验和学术理论平台的有力支撑。在当代社会物质丰盈和商品消费的支持下，日常生活美学把生活艺术化和美学化，使生活本身转化为艺术，艺术当作生活的本体，甚或当作生命本身。美学以超越艺术的阈限来对世俗的日常生活本身投以关注的目光，并通过表述、阐释和评估当代语境下人的日常生活，以实现对当代生活价值体系的重新建构。正如杜威所言，美学应"回到对普通或平常的东西的经验，发现这些经验中所拥有的审美性质"②，日常生活美学与人们的物质实践活动、社会生活现实、日常生活实际紧密结合，与人类的审美创造紧密结合，也为中国人日常生活中大量存在的审美活动提供了解释和指导。

在中国，传统文化及其流风余韵在广大民众生活甚至精英生活中占有相当重要的分量，传统文化中追求既朴质又浑厚的生活美，这在中国是普遍的、基本的、现实的。传统或儒家生活美学一端系在世俗生活的层面，即饮食男女、衣食住行、生老病死这些现实生活的具体内容上；另一端系在超越层面上，追求某种美和价值。这种美学强调：若只注重前者则会驰逐享乐而丢失生命，若仅强调美与价值，生命亦将无所挂搭而无从体现于视听言动之间。在当代中国，以"观乎人文以化成天下"为核心，试图建构既导源于传统生活和礼乐文化，又兼摄现代生存和当代价值的生活审

---

① ［匈］卢卡契：《审美特性》，徐恒醇译，中国社会科学出版社 1991 年版。
② 王德胜、李雷：《"日常生活审美化"在中国》，《文艺理论研究》2012 年第 1 期。

美文化的理论体系和经验实践，不仅对中国日常生活有着重要的影响力，也提供了当代日常美学理论繁荣的土壤。作为传统文化在当代生活的照应，茶艺美学地位的显露也在常理之中。

　　茶艺美学的核心价值是日常生活观照，茶艺以"为沏好一杯茶而存在"为实用目的，它通过每日重复的饮茶活动，将艺术情感和艺术理想融入这样的日常活动中，进而以智慧的活动逐渐脱离饮茶物质化的局限，最终实现生命超越的目的。对于中国人来说，基于饮茶艺术化的日常生活观照来获得的生命超越的途径，应涉及"天人合一"的心胸意味，自觉肩负"正德厚生"的责任，并以"孔颜之乐"享受人生。

　　饮茶自陆羽始就不是单纯的生理功能之用，历代茶人通过每日修炼的饮茶生活，发现智慧，构筑关乎社会、关乎生命的理想抱负，也在这样的生活审美的影响下，茶人们拥有更加饱满的人文情怀，崇尚自然、关心民生、大隐于市、趣味生动。宋代斗茶、茶百戏，在茶汤中获得艺术想象力和美的享受；明清时代，茶人追求"无味之味，乃至味也"的境界，将"有"和"无"放置在同一对象上进行美的享受，茶中三昧"非眠云跋石人，未易领略"，即使"不甚嗜茶，而淡远清真，雅合茶理"。乐体天地之大仁，怀抱其美，茶人们的情感意趣通过日常生活、日常景物的升华而构成一个艺术的境界。通过艺术化的表达，茶艺的价值自唐以来的不同历史阶段都一直给以诠释、完善，汇集出"以茶聚会、以茶利用、茶理深沉、茶意优美、茶技卓越、茶事盛尚、茶艺细致、气象万千"的诸多功用，但茶艺最终给人提供的是既在物象之内，又在物象之外，呈现出包容万象的整体气韵生动之美，是对生命的最高阐释，是生命之美的终极观照。

　　作为茶艺美学一枝奇葩的日本茶道，明确了茶是作为新的禅的表现形式的存在，它综合了日常生活的一切形式。认为茶道与一般艺术形式不同，例如绘画、戏剧、舞蹈，它们只包含生活的某一部分，而不能笼括整个生活。而茶道却是一个完整的生活体系，只有生活于艺术之中的人才能理解艺术所含有的真正价值。所以，茶人们在日常生活中也努力保持在茶室时所表现出的风雅态度，茶人们自己本身就力图成为一种艺术，这是与一般艺术家所不同的。饮茶的"生活禅"重视在日常生活中的修行，所以关于日常生活有严格的各种清规，这些清规深化提高了生活文化，使其生活有一种艺术韵味。

（二）茶艺审美的功用

茶艺生活美学的合目的性即是：通过日常的饮茶生活艺术化，来获得属于我们的更完善的生活。车尔尼雪夫斯基说"美是生活"，是一种"任何事物，凡是我们在那里看得见的依照我们的理解应当如此的生活，那就是美的；任何东西，凡是显示出生活或使我们想起生活的，那就是美的"①。日常生活艺术化的茶艺美学能给实在的、现实的生活带来有益的帮助，它具体表现为以下四个方面。

一是能提高个人的内在修养。美具有一种能感染人、愉悦人、令人喜爱的特性，作为饮茶生活艺术化的美，有着茶、水、器、火、境的美的愉悦享受，茶艺师养茶心、修茶气，体会充实之美、简素之美，以茶艺在日常生活中的实践促使养成内心的和谐。

二是能完善个人的社会化。正如冈仓天心认为"茶道是基于崇拜日常生活里俗事之美的一种仪式，它开导人们纯粹与和谐，互爱的奥秘，以及社会秩序中的浪漫主义"，茶艺通过行为形式就于仪式化的规范，促使养成日常生活上的秩序，将审美自由与社会秩序遵循结合在一起，如同它"在不完全的现世享乐一点美与和谐，在刹那间体会永久"一样，在社会化的过程中，希求有所成就的温良企图予以实现。

三是能促成自然的人化。茶艺审美将饮茶的自然物性对象化、人格化，茶人在品茶时乐于亲近自然，追求"天地与我并生，而万物与我唯一"的境界，在思想情感上能与自然交流，在人格上能与自然相比拟，通过茶事实践去体悟自然的规律，体会、培育"天人合一"的理想。

四是能以"文"化人。茶艺美育的目的是对"人的天性的完整型"的恢复，是"经过审美中介，最终进入和谐、自由的理性王国"（席勒），通过茶艺来充分发展人的本性，完善自由的心灵，培养超越的爱。茶艺文化是东方传统文化的继承，它滋养了"清、和、简、趣"的精神，不仅是对茶艺生活，更对整个社会赋予了精神内涵的充盈，提供和谐发展的日常生活载体。

茶艺审美的无功利性与合目的性相伴而行。茶艺审美活动无功利，追求的是给人以自由的精神愉悦，涵养性情，美化心灵，培养高尚的情操与趣味；茶艺审美活动的合目的性在于它积极投身于改造和创造美的社会实

---

① 朱光潜：《西方美学史》（下卷），中国长安出版社 2007 年版，第 139 页。

践，通过日常生活的观照追求超越道德的价值，实现人格自由完善的人生境界，实现大同社会的理想。

三、境象之美

茶艺审美有具体实在的规则依循，比如形式质料与组合规律的分析；也有直指人心的合目的性依赖，比如它对生活、生命自由完善的有所企求。这些还不足以深抵茶艺审美的精髓。作为东方文化的生活美学，茶艺的艺术作品试图从根本上颠覆形式与内容的对立，建构出超越形式和内容的另一个"理念的感性显现"并"通过形式来消灭质料"的实在，一个"情景交融"的直觉，是"凝神观照之际，心中只有一个完整的孤立的意象（景），无比较、无分析、无旁涉，结果常致物我两忘而同一"（朱光潜）的境象。

（一）境象

境象之美是艺术的灵魂放置于时空的感受。中国传统美学将实体划分为"道"、"象"、"器"或者"神"、"气"、"形"，称为"一分为三"的模式①。"象"不是事物本身，不是我们对事物的知识或者事物在我们的理解中所显现出来的外观。"象"是事物的兀自显现、兀自在场。"象"是"看"与"被看"或者"观看"与"显现"之间的共同行为。正如庞朴由诗的艺术而总结的："道—象—器或意—象—物的图式，是诗歌的形象思维法的灵魂；《易》之理见诸《诗》，《诗》之魂存乎《易》，骑驿于二者之间的，原来只是一个象。"②"象"在一分为三模式中被认为是艺术的灵魂。"境"是消灭质料形式而放情纵横的时空感。美完全只能为感性的人提供一种纯粹的形式，纯粹的形式是"艺术大师通过形式来消灭质料；质料越是自行其是地显示它自身的作用，或者观赏者越是喜欢直接同质料打交道，那么，那种坚持克服质料和控制观赏者的艺术就越是成功"（席勒），这时欣赏者的心灵必须是完全自由和纯粹的。"境"就是这里所谓的纯粹的形式，它既是一种实在，又不囿于实在，是一种境外之境，是超越于实在场景或形式的、"历史与逻辑相同一"的时空对象。正如《论语》中音乐的魅力可以"三月不知肉味"脱离现实的欲望一样，在"境"

---

① 彭锋：《全球化视野中的美的本质》，《天津社会科学》2011 年第 3 期。
② 庞朴：《浅说一分为三》，新华出版社 2004 年版，第 83 页。

的审美时空中，在"象"的审美心灵中，艺术传达的自由不再仅限于特定的形式，欣赏者感受到物我同一，感受到蓬勃生气，感受到内心的和谐。

茶艺的境象中包括了场景、意境和气象。茶艺的境象首先有符合审美的逻辑的形式，茶艺有"茶、水、器、火、境"客观元素以及具有规律性组合的存在，这个规律性在满足茶艺仪式要求的同时，也必须有审美的形式要求，表现这些形式构成了具体的场景，茶艺的境象之美是客观呈现的。茶艺的境象之中蕴涵意境，意境是茶艺作品中所呈现的那种情景交融、虚实相生的形象系统，及其所诱发和开拓的审美想象空间，意境是在场景之外的与主体审美经验相呼应的空间领域，人们往往从茶艺的表现形式中照应到自己内心的感动，茶艺的意象也可进行分析。茶艺的境象最为动人的是气象，作为东方思维的审美形态，茶艺以气象万千处于"似是而非"的时空中，"道可道、非常道"，由"气"育成之"象"，不知来自何方、不知去向何处，驻留心中的片刻唯觉得自由和纯粹，不能用语言来说明。场景、意境、气象三者互为关系、相辅相成，构成茶艺的境象。

（二）境象的审美移情

茶艺最终留给表演者和欣赏者的是一种境象，这种境象是在对茶艺活动的凝神观照之际，心中只有一个完整的孤立的意象，无比较、无分析、无旁涉，结果常致物我两忘而同一的时空理想，来表达主体的愿景。茶艺是一种境象的美，在其中实现审美移情。审美移情有四种具体类型：一是统觉移情，即主体赋予对象以自己的生命，对象在主体的统一感受之中成为活的形象；二是经验移情，即主体把对象拟人化，把自己的感受经验投射在对象上，使难以言传的感受呈现为可感的形象；三是气氛移情，即主体将自己的一种整体气氛的感受渗透在客观景象中，从而铺展情感流动的空间；四是表现移情，即主体把自己的价值理想寄托于客观事物。四种移情现象都是把生命与世界统一，把情感与景象相连的。

在茶艺中，通过对茶汤和技艺的审美移情，实现了情感的升华。在统觉移情中，茶汤不再是植物的内容，而寄寓了茶艺师和鉴赏者体会生命的形象；在经验移情中，以"从来佳茗似佳人"为感受，通过茶艺师对茶汤的技艺诠释，传达了茶人难以言表的情感；在气氛移情中，茶艺师捕获灵感创作茶艺，茶艺师气韵生动地表现作品，通过茶汤的观照，茶艺师和鉴赏者共同营造了"啐啄同时"的默契，给予情感的体会和关怀；在表现移情中，茶人们通过茶汤和技艺，表达"天人合一"、"正德厚生"、"孔颜之乐"的理想，并贯穿在日常生活的修养之中。以茶汤和技艺的现实寄托了茶艺师和鉴赏者的情感，并借此关怀生命、寄寓理想。

袁枚在《随园食单·茶酒单》描述了"杯小如胡桃，壶小如香橼……先嗅其香，再试其味，徐徐咀嚼而体贴之……释躁平疴，怡情悦性"的茶艺实践与欣赏过程，涉及了多感官的多样调和，最终与精神价值相关联，表达了参与茶艺审美活动时极为敏感细腻、丰富豁达的情感。鲁迅在《喝茶》的文章中也说道："有好茶喝，会喝好茶，是一种'清福'。不过要享这'清福'，首先就须有工夫，其次是练习出来的特别感觉。"喝茶不是目的，直至会品茶，至有特别感觉，才到达享受清福的境界，"清福"从中国文化的角度理解也即"无目的"的愉悦情感的享受，所以饮茶的生活方式被许多中国文人艺术感地接受，发出"天育万物皆有至妙，人之所工但猎浅易"（陆羽）之感叹。而更能引起民族共鸣的是，茶人们通过茶艺文化抒发了他们悲天悯人、顾念天下苍生百姓的襟怀、追求趋于天地境界的圣人情怀等，比如卢同的《走笔谢孟谏议寄新茶》、皎然的《饮茶歌诮崔石使君》等，带着这样的价值认同，饮茶艺术作为中国文化之日常生活文化的代表，传承至今仍钟情所至、历久弥新。

茶艺自被界定以来就不再是纯自然的饮茶行为了，它作为"第二自然"被体会、创作，被享受、欣赏，结果是"无心于万物"又"情系天下"。

（三）"味无味之味"的境象之美

茶艺的境象，虽然是从茶汤、茶席的形式美起步，从技艺表现的合目的性起步，但这还不足以造就境象之美。茶艺的境象之美，是表演者和欣赏者在面对艺术化的饮茶活动时，在心灵照亮下刹那间呈现出一个完整的、充满意蕴的、充满情趣的感性世界。因此，茶艺在逐渐堆砌质料的同时又要逐渐消弭质料：它要消灭茶汤滋味的质料，虽然茶艺的本意是沏一杯好茶；它要消灭茶席精致的质料，虽然茶艺师颇费心机地造就了美轮美奂的饮茶环境；它要消灭茶技高超的质料，虽然茶技的精准、流畅、生动足以达到炫耀的程度；它要消灭茶礼敬重的质料，虽然表演者和欣赏者为此日夜修行。这时，看不见茶汤、看不见茶席、看不见茶艺师，只有一个完全呈现的愉悦、和谐、明朗的时空状态，表演者不再表演、欣赏着不再欣赏，在这一片刻的时空里获得自在、自由、纯粹的生命气息，美是自由在现象中唯一可能的表现，如同其他艺术作品一样，茶艺以它的境象感受进入了自由的王国获得超越的美。

茶艺的境象之美可以发生在日常生活之中，没有一种艺术能比给人们在日常生活中获得自由的力量更具魅力。由于饮茶是人们须臾不离的活动、一种生活方式，茶艺的广泛意义包括了茶艺师日常吃、穿、住、行的生活体系，一个真正的茶艺师，他的艺术境界存在于日常生活之中，四季更迭、睡起清供、幽坐徜祥、佳客茶僮、精舍茅屋，都是喝茶会心的好时节、好去处，"日日是好日、步步是道场"，或假以"吃茶去"，或"饭疏食饮水，曲肱而枕之"，从饮茶艺术化到生活艺术化，生活不再是一种欲望，不再是刻板的束缚，在这样的时空中，人们感受到内心的和谐、愉悦、宁静，感受到生活自在的美好。借以饮茶观照心灵、化入万物，体味"大象"的浑茫无限，造就了独特的饮茶生活方式，使如同饮茶品茗般的日常生活具有高妙的审美价值和玄远的生命意味，茶艺在日常生活中表述了它的境象之美。

茶艺源于茶汤之"味"，在茶艺的表达过程中，人们不再被实在的"味"羁绊，感觉到了"无味之味"的审美自由，茶艺的日常生活特性，让茶汤之"味"又无所不在，正如"大隐于市"的写照，茶艺最终践行了"味无味之味"之美。茶艺审美感受不仅存于具体的形式实在，还能深刻地影响到我们的日常生活，这也是艺术能达到的最高境界了。

第三节　茶艺审美特征

审美特征是审美对象具有不同其他艺术的审美范畴，茶艺的审美特征包括对象特征和范畴特征。茶艺的审美内容是丰富的，它有茶叶的色、香、味、形之美；器具的悠远历史传承与和谐之美；技艺的气韵生动之美；由表演者和鉴赏者共同构成的礼法、趣味之美；内观心灵、精益求精的修养之美，这些内容都包含在对象特征和范畴特征之中。

一、审美对象

从艺术的表现对象升华为艺术形象，需要经过使对象主体化、主体又与对象化合于物化的感性形式之中的创作过程。这就要求将表现对象创造为艺术形象的过程中，即要具象但不能太如实，要有境界但也不能太抽象，在这两者之间的空间是艺术的存在。审美对象是指在意识活动中与意识行为相对的意识相关项。在茶艺的过程中，首先通过茶艺师的创造，由茶、水、器、火、境客体构成的茶席，能带给人画面般的审美感受；茶艺师通过技法将主体与客体连接起来，注入生动的艺术情感，这时形成了一个沏茶过程的审美画面，在这个画面中，茶艺师与茶、水、器、火、境、技融为一体，成为审美对象。

茶艺的审美对象，是指在茶艺审美活动中能引起审美愉快的作品本身具有的审美特质。也就是说，与其他艺术形式相比，茶艺作品具有独立性和不可替代性的审美特质，是审美经验在这些特质上的积累。茶艺的审美对象有两个层面，一是从客体的转变中获得对象特质的茶汤，二是从主体自身的能力改造对象中获得的技艺。当侧重于茶汤的审美对象时，界定的茶艺为生活艺术；当侧重于技艺的审美对象时，界定的茶艺为表演艺术。

（一）茶汤

茶艺将表演者的情感和想象力融入由茶、水、器、火、境组成的情景之中，通过由不断训练获得的表现技法，传递出主体与客体情景交融的境界，并通过对茶汤形成的"观照"，使表演者与鉴赏者合成一体，达到"啐啄同时"的恰好快感，这时的茶汤已不存在生理上解渴的实用目的，"无所为而为的玩索"、超现实而安慰于理想的境界成为人生享有情趣的栖息地。

茶艺的审美过程是茶叶转变为茶汤的过程。茶艺的茶、器、火、水、境的选择，是茶汤形成的物质基础。在这过程中涉及了味觉、视觉、听觉、嗅觉、触觉的多种感官统一的审美愉悦。对茶汤的审视不仅是辨别茶的滋味，关乎味觉的经验，还要注意盛茶的茶碗，关注茶具所提供的视觉经验，来达到味觉与视觉的统一美感。茶叶在主泡器中开汤，茶汤盛入茶碗或饮杯，茶碗的色泽就左右了茶汤的色泽。茶汤的香味也是重要的审美内容，茶艺中专门设计了闻茶香的器具。候汤、注水，关乎听觉，其声虽微也可尽其妙。茶境布置给茶汤的审美设定了更大范围的视觉空间。因此，茶汤的审美观照是对人的日常生活中最重要的本能的自然欲求的满足，因而给予人生命以充实感和愉悦。茶艺与合目的性有关，或者表征个人的理想、或者是一种待客的礼仪，或者在更多的众人之中广而告之，不同的目的对茶汤的形成就有不同的想法，就有不同的技法和境象的表达。这也表现了茶艺"同壹心"的规则。

（二）技艺

技艺恰到好处的呈现过程，是茶艺审美活动的特质和核心。茶艺是一个行为的表现形式，技艺是茶艺最直接的呈现。茶艺的技艺领域是茶艺师的行为作用于客体对象时的表现，是茶艺师如何组织茶艺的各元素来实现茶汤的行为，以及分享和品鉴茶汤的过程。对于客体元素的知识、认知和控制，是技艺实现的条件。茶艺基于对客观元素的知识、认知，茶艺师通过对技术的控制，呈现一杯更加完善的茶汤。技艺的最高境界是"气韵生动"。

茶艺师技艺的规定性会比较直观，主要体现在茶艺进入沏茶的过程中，它仔细分解和制定了位置、动作、顺序、姿势、移动线路等要素规则。茶艺师按照规定的基本流程来进行重复训练，在不断的练习中，获得熟练的技艺能力，能力与情感加以结合，促使茶艺师技艺水平的提高。茶艺的核心文化归属是儒学，茶艺对规则的敬重态度来源于儒学的礼法，茶艺师的技艺表达时刻体现出对礼法的敬重的态度，人与物的关系体现出尽物性的原则，对自然充满敬畏感；人与人的关系体现出尽人事的原则，培养默契的情感，尊重生命的存在，追求天人合一的神圣感。当敬重的态度贯穿于技艺的全部，礼法才得以呈现，茶艺对技艺的观照才得以完善。

茶艺应同时有技艺和茶汤完整呈现的基本要求。茶艺的根本内容，是考虑如何使植物的茶叶形成人格化的美妙茶汤，茶艺师如何通过美的技艺来呈现茶汤的形成过程。茶汤茶艺的艺术表达有两种类型：一是生活艺术，它运用茶艺的规定性和特殊性，即使是日常饮茶生活，也能进行具有审美情趣与意象的展现，通过这样的方式，在平淡的生活中来创造美、表现美，在志趣相投的人群中来感动美、体会美，用茶艺之美来还原生活，给予生活的示范。二是舞台艺术，深化茶艺是审美创造的作品意识，强调多样艺术元素在茶艺中的结合和运用，通过抽象与夸张，用茶艺的艺术形象来展示美的生活，赋予审美更广泛的教育。茶艺的生活艺术类型表达，重在茶汤形成的观照；茶艺的舞台艺术类型表达，重在技艺交融的观照。

通过审美对象的表达，茶艺师与饮者、欣赏者拥有共同的节奏和气息，"啐啄同时"融为一体，它通过生活的共通感轻巧地就打破了艺术与艺术欣赏的门槛，调动了生命的所有感觉：视觉、听觉、触觉、嗅觉、味觉，又放下这些感觉，不再对实用挑剔，唯有照亮的境象，不知不觉间使所有的参与者共同沉浸于美的自由境界之中。

二、审美范畴

茶艺的审美内容受到社会文化环境的影响，不同时代、不同民族的茶艺审美内容不尽相同。中国式的日常生活茶艺，以"清、和、简、趣"四谛精神为指导，审美范畴体现为仪式感、朴实、典雅、清趣、人情化五个方面的特征。

（一）仪式感

茶艺审美的仪式感大致属于优美的审美范畴。优美是一种单纯、静默、和谐的美，表现着长时期的耐性和清明平静的温柔，比如像拉斐尔的圣母画、莫扎特的音乐。茶艺的仪式感是以优美为情感表征的审美。

茶艺的仪式感，首先在审美形式上强调有节奏的礼仪与特别规定的程序。茶艺的核心特征是基于崇拜日常生活俗事之美的一种仪式，这种仪式感是日常生活节奏美的提炼：礼仪在应答之间的节奏、规定的流程在节奏中——呈现、技艺的气韵生动更是对生活节奏的精妙表达等。由于茶艺文化从文人意识或者说诗人意识中起源，它象征了清高脱俗、风流儒雅的气质要求，是一种精致文明的生活方式的理想。茶艺的仪式感，又表达出所有的规定性要求审美情感的静默内化与温柔和谐。这种仪式不是咄咄逼人的、不是慷慨激昂的，也不深邃，它像静静流淌着月光下的小溪、像晨曦中悠然唱歌的小鸟，像"莫扎特的灵魂仿佛根本不知道莫扎特的痛苦"，在难以成就的人生中企图一种温良，以宁静、清凉的仪式感照亮日常生活、即便只在此规定的境象中。

仪式感从审美形式而来，在仪式中体现的美感，是对茶艺审美要求最核心的界定。茶艺的美感不另外存在，它就在一招一式的仪式之中，在"四谛三规"的要求之中，当我们进入了茶艺的仪式，就是进入了茶艺的审美领域。仪式从日常生活中得来，由于中国古代文化的影响，成就了对精致文明的日常生活的界定、效仿和同志意识的养成，茶艺的仪式感从其形成时便定义在优美的审美范畴中，茶艺的仪式感具有了东方文化气质的、内涵丰富的审美特征。仪式既是茶艺审美的质料，也是茶艺审美的范畴，这一点是茶艺审美特有的领域。

（二）朴实

茶艺审美的朴实来源于茶艺特殊的审美对象：茶汤。由茶汤而造就的味觉、视觉、嗅觉、听觉、触觉等多种感官的愉悦，在一定的场景中满足了人生最重要的本能的自然欲求，正如古人在讲到"心觉"、"心悦"时说："理义之悦我心，犹刍豢之悦我口"（《孟子·告子上》），将理义打动人的心灵所获得的愉悦感，同美味作用于人的味觉快感进行类比，这在中国文化中是一种特别普遍的现象①。心灵所感受到的美虽然有理性的成分，但它实质上是一种生命的充实感，在这一点上与人生理上的味觉感受有类似之处，因此可以互相比附类推。因此，茶艺的审美对象虽然是茶汤，是一种身体的"享受"活动，同时也是一种内心的体验活动，茶艺美学的这种重视味觉等"享受"器官的特点，就使美与人的欲望、享受建立了密切的联系，这就从人们普通的饮食生活中发掘出了高雅的审美情趣，从而使日常的世俗生活带上了文化与审美的意义，这是一种"充实"的审美范畴。孟子说"充实之谓美"，大凡美的东西一定要有充实的内涵才是真美；如同孔子所说"文质彬彬"，外美与内质"适均"，从茶汤之味美到汤之心之美，茶艺的朴实美首先是充实感。

茶艺的朴实美还要表达出朴素的美。这种朴素美与茶艺的起源有关，茶一直被作为精行俭德、清心养廉的代表而流传，在历朝历代都赋予茶艺或饮茶这样的文化秉性，同时上升到饮"茶"有"道"的高度。正如老子对于"朴"的论述，其形而上意义即"无名之朴"，形容"道之为物"，有"敦兮，其若朴"之喻，意为敦厚纯朴好似一块没有任何人为斫削的原木，"朴"实际上成了"道"的又一个代名词，或可说就是"道"的本相，"道常无名，朴虽小，天下莫能臣也"，并以"道"之朴素净化人的心灵："无名之朴，夫亦将不欲，不欲以静，天下将自定。"老子的以自然美为美的本体的思想，以"无名之朴"卸去人心中的种种欲望，使心灵空间臻于"虚静"，正是茶艺艺术创作构思的重要基础，以"茶"代"朴"。

茶艺的朴实之美是"味无味"之美。清代诗人陆次云在《湖壖杂记》称赞："龙井茶，真者甘香而不洌，啜之淡然，似乎无味，饮过则觉有一种太和之气，弥沦于齿颊之间，此无味之味，乃至味也。"饮茶虽起于对茶汤的品鉴，最终目的却脱离了茶之实相，通过无味之味的升华，到达太和之气直抵"道"的境界。"味无味"的命题，是对茶艺活动中审美观照与审美体验的观察和总结：只有通过"味"（品味、体味）的步骤和过

①　林少雄：《中国饮食文化与美学》，《文艺研究》1996年第1期。

程，才能达到对"无味"（至味）的把握。或者也可以说，"味"的极致，便是"味"的本身，而非任何外加的东西。"味无味"，就是全神贯注地去体味和观照美的最高境界，通过茶艺饮茶这一日常的行为去体悟自然的奥妙，反过来又以自然来感化人们的生活，这便是"道"的本质特征和深刻意蕴，体悟到自然宇宙与人体生命的真谛，从而获得最大的美的享受。以"为无为，事无事，味无味"的中国文化特有的审美趣味，表现于具体的茶艺现象，便是在环境、器具、茶席设计等方面，都有意识地追求一种朴素淡雅的意境，追求返璞归真的美，追求基于实在又超于实在的玄远之美。

（三）典雅

"典雅"说的内涵极为丰富。总的来看，"典雅"说要求审美主体必须学识渊博、品德高尚、志向远大、胸襟宽广；艺术作品，则应气魄雄伟，意蕴深远，风貌温厚、品格高古，气势雄深雅健。如王通在《中说·事君》中就曾赞曹植说："君子哉，思王也，其文深以典。"房玄龄在《晋书·陆机传论》中评论陆机时，也曾称颂说："高词迥映，如朗月之悬光；叠意迥舒，若重岩之积秀。千条析理，则电折霜开；一绪连文，即珠流璧合。其词深而雅，其义博而显。"这里所谓的"深以典"、"深而雅"其实就给我们揭示了"典雅"审美境界所表现出的高远深厚的审美特征。可以说，就其审美特色来看，和雅、温雅、明雅、风雅、儒雅、博雅、精雅、高雅都应属于"典雅"的子范畴[①]。

茶艺的典雅美主要表现在技法与境象之美。茶艺技法典雅具体表现为气韵生动之美、心技一体之美。心技一体，是说茶艺师必须把自己的思想与技法完全融合起来，知行合一。茶艺师要想沏好一壶茶，必须先正心诚意，先学习仁义礼智信，只有端正心智，才能有技术的发挥。一个好茶师必须有一颗温良的茶心，会沏茶、会品茶、会鉴茶，才能精益求精真正地沏出好茶。气韵生动是表现茶技进步的三个步骤：熟能生巧，通过反复训练，把沏茶的程序动作了然于心，一气呵成，自然手法流畅、灵巧；以巧合韵，灵巧的手法可以达到顾盼流连、抑扬顿挫，追求节奏感、律动感，在茶席中用茶艺师的技法演奏出美轮美奂的旋律；气韵生动，因为挚爱，

---

① 李天道：《"典雅"说的文化构成及其美学意义》，《西南民族大学学报》（人文社会科学版）2007 年第 10 期。

一切技巧、法则的运用带给茶艺辉光熠熠的效果，虽然还是技法，但人们看到的是茶艺师散落在茶席中内在的神气和韵味，一种鲜活的生命之洋溢的状态，茶技成为了艺术。

　　茶艺的典雅美还表现在它与其他艺术经典融合的领域。正如茶有着兼容并蓄的精神一样，茶艺，作为中国传统文化的典型代表，也具有与其他艺术较强的融合性，这种融合是在"典雅"的范畴中进行。典雅是指文章、言辞有典据，高雅而不浅俗。其中的典据，可镕铸在不同的生活现象和艺术形式之中，即内含的文化意蕴，特别是中国传统价值观的体现。比如一个人的美好，一个好的茶艺师，是指他（她）的品质高雅、举止端庄、礼仪周到；茶席的艺术设计要给人愉悦的享受、正面的力量；音乐、服装、讲诵、舞蹈等辅助的艺术表现形式都依据着传统价值理念，在现代社会生活中进行外化与熏染。茶艺本身就是一个表达秩序的艺术形式，儒家"仁、义、礼、智、信"美学意识以及以体制、秩序、关系的审美特征在茶艺中的深刻体现，是茶艺审美的一个重要的领域。在多种艺术形式融合过程中，讲求以"和"为美的原则；在情感的表现上体现"乐而不淫，哀而不伤"；在意旨表达方面和风细雨、"不失其正"，以创构出温雅平和的审美意境。由于文化价值的同源性，能在历史的共同积淀中寻求同志感，在情感上能形成一致性的共鸣，借助其他艺术经典的融入，以瞬时的充实性来弥补持久能力的不足，从而深化了茶艺的审美内涵和审美力量。

　　（四）清趣

　　"清"之美，是强调对象的材质之美、气韵之美，亦即本体之美，由本体之美显现于外的则是气质脱俗、风韵天然、明朗光洁的审美形态。"清"既区别于世俗的"浊"，也就包含着超绝尘寰的飘逸、空灵、清远等美学特征。"清"的概念不仅具有道家清静清素的精神内涵，同时也吸纳了儒家的"清正"、"清慎"、"廉清"等道德伦理意识，"清"既表现自然山水和人物的风神气度，也包括了人物道德品格的欣赏评价，充满着蓬勃生机。

　　茶艺是尚"清"之美。对材质的清洁是茶艺最基础和重要的步骤，也充满着审美意蕴：光洁的器具泛出材质色彩和质地之美、整洁的茶境给予人愉悦的感受、洁净的卫生体现出茶艺师静默的关爱等，都是茶艺中对"清"之美的具体表现。茶艺的尚"清"之美还包含了人与自然更贴切的对话和理解的"自然心"。自然心是干净整洁之后茶艺师创造出的第二自然，是一种允容、撷趣的人与自然的情感，表现了对俗世美的一种洗涤状态。干净、整洁的茶室小径，应着秋天的景色又摇下一地的落叶；陋室茶寮，带有茶垢的老壶，随遇而安的匙枕、盖置、具列，一减再减的茶人心态，显露出优雅的清贫。自然心是茶艺师通过茶艺训练不断提高自身修养，获得审美感悟后，以心灵的洁净完成具象的清洁过程的体现，是"心净茗花开"之清美。

"趣"是生动之美，是赋予日常生活特征之美。从历史上看，茶艺盎然趣味之美的典范要数宋代，宋代点茶以"盛世清尚"为口号成为举国上下的游戏，"茶百戏"、"水丹青"、"漏影春"等各种饮茶乐趣风靡社会生活。明清以来，以趣为美的思想在茶艺中进一步体现。明清人崇尚"一人之性情"，又兼顾"天下之性情"，这种情便以自然之趣为归旨，崇尚童心之趣、妙悟之趣、生活记忆之趣等，使明清茶艺与日常生活体现出入乎其内、又出乎其外的清平生趣之审美。即便传至日本更加崇尚规定与幽玄的茶道特征，以柳宗悦之派学者也提出"礼法岂由生趣出，生趣自入礼法中"，在礼法中重要的是注入鲜活的生命体。茶艺之"趣"，如同中国绘画之"留白"之美，"中国画最重空白处，空白处并非真空，乃灵气往来生命流动之处"（宗白华）。在静寂观照之中体会生命的节奏；茶艺在几乎重复、平淡、安静的境地中要表现出生命的新鲜力量，表现出记载生活、生命历程的生动趣味，是需要历练的一种高超的艺术境界。"超以象外，得其环中"，领悟"孔颜之乐"，作为日常生活美学的体现，有"趣"之美是茶艺重要的审美范畴。

趣是情感，趣极则俚，清趣是茶艺审美的追求。清趣的审美理想要求创作者具有"应物而无累于物"的思想境界。王弼云："圣人之情，应物而无累于物者也。今以其无累，便谓不复应物，失之多矣。"这是要求茶人应该积极地投身于社会，但又要在应对外部世界时能把握自己的思致和感情，不为外在事物所牵累，不为妄想和错觉所牵累，代之以能与宇宙共呼吸的坚实的平静，以此修为不显露地散落在日常生活的茶艺审美境象中。

（五）人情化

人情化的审美有两层意思，一是宇宙的人情化，也称比情；二是艺术的人情化。茶艺比情的核心是天人合一的文化哲学，在茶艺审美活动中，把人的生命活动外化在与茶艺关联的各种物性中，通过茶艺的物性观照到人的生命活动，实现自然之道（天）与人的情感的合一。这种比情又与比德紧密联系，在茶艺中实现"君子比德于茶"。陆纳、桓温以茶示俭、以茶比德；陆羽提出饮茶惟"精行俭德"之人最宜，寄托了中国茶人的精神；刘贞亮的饮茶"十德"，表达了茶人的价值取向和与茶交融的情怀；同样，茶艺待客历来被视为君子之礼。茶艺还表现为"君子习茶育德"。茶艺作为塑造完整人格的手段，被历代茶人们重视，修养成为茶艺的研究范畴，茶艺是进行礼法教育、道德修养的仪式，茶艺的习得过程是对东方文化中最高道德的继承和弘扬，于是茶人们在日常生活中也努力保持在茶艺境象中的风雅态度。杨万里有诗句云："故人气味茶样清，故人风骨茶样明。"他将老朋友的气质、风度与茶相比，以示高度的褒奖。茶成了高尚情操的象征，因而饮茶与有德之人并行。

茶艺的人情化，还指明了当茶艺作为艺术作品被创造的同时，其内在孕育的温良的人情是不会被湮没的，反而成为审美的重要领域。茶艺将日常生活的艺术化，凸显了日常生活的规矩礼节和温良情怀，起到了对生活的示范作用，使之更贴近人情，"分享"情感之美。分享美味，茶艺的审美对象是茶汤，茶汤的美味非一日之功能成就的，需要精益求精的态度和锲而不舍的追求；分享美景，是茶艺的艺术鉴赏力的体现，是茶艺师的宇宙情怀和生活趣味的艺术表达；分享尊重，在茶艺中来认真地思考人与人之间的关系，思考人在宇宙中的地位，给予人彼此间的尊重和理解。茶艺分享的人情化，也造就它能丰富地存在于生活之中：客来敬茶、以茶为聘、以茶祭祀、"清茶四果"、"和尚家风"等饮茶风俗和表现一直延续至今，"潙江江口是奴家，郎若闲时来吃茶"，吃茶订婚、茶与婚姻的各类仪式，象征着美好愿望；用茶艺来表达民众欢快情感的更多，白族三道茶、傣族竹筒香茶、回族的罐罐茶、藏族的酥油茶等，有的意在借茶喻世，有的重在饮茶情趣，有的以茶示礼联谊，艺术表现形式欢快热烈、充满人情。茶艺作为艺术实践一直未与日常生活分开，将"小隐隐于野、大隐隐于市"作为一种审美追求，茶艺在日常生活中追求崇高与典雅，形成了大众的"诗意"。"诗人不做做茶农"，在今天的中国，最能真切地享受到饮茶情趣的可能还在于民间大众，安溪、云南、潮州等盛产茶的地方，体会饮茶"其乐融融"之风尚也更为动人。

茶艺的仪式感、人情化是茶艺特有的审美文化在作品中的反映，朴实、典雅、清趣等特征则强调了茶艺的审美风格。从审美风格看，与日本"幽玄"的审美意识相比较，中国则大致以"朴趣"为主旨，是源于生活、超越生活，又回归生活的生动体现，前者的深邃与后者的明朗，使同样以茶汤为观照的艺术呈现出有差别的表现形式和审美态度，也促进了茶艺文化的多样化和相互的借鉴。总体来说，茶艺的审美范畴，是中国儒、释、道思想在日常生活艺术中的投射，体现了人们在日常生活中试图建立起为追求自由的秩序、为克服琐碎的精致、为排除焦躁的宁静，来实践天人合一的情怀和境界。日常生活的茶艺是一种审美化的仪式，是仪式化的生活艺术，这种伴有极大参与性和历史意蕴仪式的艺术，深刻地影响着人们日常生活审美情趣，也传达出中国文化理想的圣人情怀。

第八章　茶艺作品创作

　　茶艺美学是抽象的，茶艺作品是具象的，茶艺作品的创作满足艺术作品创作的要求与条件。艺术的五个要素是作品、观众、创造力、艺术家和文化语境，其中，作品是艺术的直观呈现，是一个有着规定性艺术符号的时空存在；观众是艺术作品生命的完成者和延续者，艺术的价值只有通过观众才能得以实现，因而艺术与观众有着不可分割的直接关系，一件艺术作品是否得到认可或流传，与观众对这件作品表达出的符号的认同感紧密关联；文化语境为艺术活动提供了基本的价值规范，为艺术活动制定了基本的审美范例；创造力要求艺术家不断地挑战传统的规范，充分表达艺术家具有个性化的创造精神，使艺术活动不消极地屈从于文化语境，而是积极推动基本价值的变革和发展。

　　茶艺由茶艺师、观众（饮者）、茶艺作品、茶艺规范与审美、创造力五个部分构成。茶艺师与观众（饮者）的关系因为对茶汤的共同观照，不仅是面对面的，还有直接的接触，使茶艺具有浓重的艺术表达的现场感，给观众（饮者）最原本完善的审美感受，即便因为这样的现场艺术限制其艺术作品的传播。茶艺作品的符号由茶、水、器、火、境构成，它们各自或组合地表达出茶艺师赋予的情感和美感。茶艺规范和茶艺审美使作品的呈现得以具象化，也提供了茶艺品鉴的依据。创造力一般表现为，流派、风格、形制、文化重现等，由于日新月异的科学技术发展对日常生活具有直接影响，茶艺的创造力也会表现在对基本质料的革新，比如冷泡法、快饮式主泡器等。但这些并不影响我们对茶艺创作与审美普适的热爱，日常生活审美的内容，深刻地蕴涵在茶艺现实之中，允许我们的只有不断地去发现它、理解它、展现它，"天育有万物，皆有至妙，人之所工，但猎浅易"（陆羽）。

第一节　茶艺艺术形式

　　艺术是指由审美动机驱动的创造活动及其创造的艺术品，是艺术创作主体的审美经验、审美理想与艺术媒介物的融合统一。因此，作为一件艺术品必须具备两方面的条件，一是艺术品必须有人工制作的物质载体。二是艺术作品必须是对象化的审美经验，只有在审美经验中艺术产品才成为审美对象。

　　艺术的分类是一个复杂的问题，因为它是与"艺术是什么"的问题密切联系在一起的。18世纪法国美学家阿贝·巴托把美的艺术分为五种形式：音乐、诗、绘画、雕塑和舞蹈，这一分类对当时和以后的很多美学家产生了重大影响，整个西方的现当代艺术分类基本上沿袭了巴托的分类。随着社会的发展，后来又把建筑、戏剧、影视等纳入了艺术范畴。而且美学家们开始以多种多样的方式对艺术进行分类。从中国来看，艺术分类方法有若干种，比如，以艺术形象的存在方式为依据，将艺术分为时间艺术、空间艺术和时空艺术；以对艺术客体的感知方式为标准，将艺术区分为听觉艺术、视觉艺术和视听艺术；以艺术作品对客体世界的反映方式为依据，可将艺术分为再现艺术、表现艺术和再现表现艺术；以艺术作品的物化形态为依据，可将艺术分为动态艺术和静态艺术。另有一种艺术分类方法，它以艺术形态的物质存在方式与审美意识物态化的内容特征为依据，将艺术分为五大类别：实用艺术、造型艺术、表情艺术、语言艺术、综合艺术。在本书中，我们用五大类的分类方法来分析茶艺的艺术形态。

　　茶艺创作的基础首先是确定茶艺的艺术形式及艺术表现的定位。按照茶艺创作原则和创作方法，来对茶艺艺术作品给予最符合创作意图的表达，并获得欣赏者的认同。茶艺创作的最终目标，是既有令人愉悦的审美形式，又实现了作品存在的意义，并提供了能使茶艺师和欣赏者共同实现物我两忘的。一个充满自由浪漫的时空境象，以实在、和谐、趣意盎然地体验既在日常生活之中又超越日常生活的一段美好经历。

　　按照艺术分类的方法，茶艺作为一门综合性的日常生活艺术，它是实用艺术、造型艺术和表演艺术的结合。茶艺以茶汤为观照对象，以"尽其性"的原则对各种茶艺器物予以从实用到审美的要求，对茶汤进行

"色香味形"品鉴，从而带给一般生活以示范，因而茶艺属于实用艺术。茶艺的造型艺术主要体现在茶席的设计，茶席设计是否成功是茶艺给予观众的第一印象，随着茶艺的推广，茶席设计也作为单独的艺术作品形式提供审美。茶艺最能给人留下深刻印象的是茶艺师气韵生动的表演，以及观众"啐啄同时"的参与，茶艺师与茶汤交相辉映趣合了"从来佳茗似佳人"物我合一、物我两忘的审美情感，因而茶艺属于表演艺术。

一、实用艺术

实用艺术通常有狭义和广义之分：狭义的专指那些运用一定造型手段和艺术技巧，对生活实用品和陈设品进行艺术加工的装饰艺术，如染织工艺、家具工艺、陶瓷工艺、装饰绘画、象牙雕刻、商业广告艺术等；广义的则指那些既能满足人们的实用需求，又能满足人们的审美需求，融科学与美学、技术与艺术于一体的作品，一般包括建筑、工艺（或工艺美术）、书法等。实用艺术是指实用性与审美性紧密地结合在一起的艺术，它具有物质生产与艺术创作相统一的特征，将实用的、材料的、结构的特点与装饰的、美化的、观赏的特点交融在一起，既具有物质的实用功能，又具有精神的愉悦功能，二者密不可分。在人类发展史上，最古老的原始艺术都是实用艺术。随着物质技术的发展和社会的进步，实用物品越来越具有审美的性质，直至使少数实用艺术发展成为纯艺术品，另一部分实用艺术的装饰、美化、观赏、审美的特征也愈加明显。

茶艺作为实用艺术，其主要载体包括饮茶活动开展的规范和程序以及人们活动的区域，所涉及的各种工具器物或视觉空间。正如茶有着很强的兼容性和包容性一样，实用艺术中的多种形式也常体现于茶艺之中，比如陶瓷艺术、竹木金石艺术、装饰艺术、书法、插花、服装，乃至园林、建筑等。对于茶艺来说，不仅要利用这些实用品的艺术表现，更重要的是根据茶艺的实用目的和艺术审美视角给予改造。

根据茶艺"为沏好一杯茶而存在"的实用目的，就需要对利用的工具做出改造。比如茶具，从历史上来看，茶具的大部分种类是从餐具兼用而来，专用茶具的出现在陆羽《茶经》中得到重视，但在不同的历史发展时期，对专用茶具的重视程度并不相同。工具的生产水平从根本上决定了茶艺的发展水平。为了茶艺的实用目的而生产的茶具，其作为陶瓷工艺中的再现艺术，要求工艺设计师即便有强烈的个人艺术情感表达，也必须首先满足沏茶需要的流畅、针对性强、可被感知等实际功能，以及为这样的实际功能来设计专用的茶具、茶艺的辅助用具、茶寮、茶艺活动的场域等。

以茶艺的审美视角来改造饮茶实用品，是茶艺对实用艺术的最核心的贡献。茶道在日本不仅上升到作为东方哲学的代表加以推崇，以"幽玄"美为核心的审美理念还渗透到了各个领域，特别是围绕茶道活动而造就的生活艺术品中，比如日本的茶道建筑、园林、茶碗、书法等，呈现出强烈的、不拘一格的审美风格，乃至作为独立的审美体系予以鉴赏。中国茶艺的审美意识大致在"朴趣"的范畴，比较日本茶道更为明朗、生动、包容，因此，在中国拥有最多的茶艺观众、茶艺从业者和茶艺作品。但客观地说，即便到了今天，中国茶艺发展对器物生产的影响，也并没有体现出应有的能力，不管是产品生产的专门化，还是其艺术价值。中国茶艺需要发展，最能直观判断茶艺发展水平的，是茶艺涉及的实用产品是否表现出能与其他艺术品相比的艺术水平。

二、造型艺术

造型艺术是以可视的物质材料表现形象，它存在于一定空间中，以静止的形式表现动态过程，依赖视觉感受，所以又被称为空间艺术、静态艺术、视觉艺术。造型艺术通常与"美术"、"空间艺术"两个概念交互使用，绘画、雕塑、摄影、书法、建筑、工艺都属于造型艺术的种类。

造型艺术具有造型性、空间性和直观性的审美特征。造型性，是指采用某种媒介对事物进行形体的再现和塑造，即艺术家运用点、线、面或形、色、光等造型手段，在二维平面或三维立体空间创造可视的艺术形象。造型性是造型艺术的最基本特征，客观事物的线条、形状、色彩、光影是造型艺术进行艺术造型的物质基础。空间性，是指造型艺术不存在时间的先后承接，它所采用的造型语言，如形体、色彩、线条等都是在二维平面或三维立体空间中显现的，属于静态的空间艺术。造型艺术的这一特点，一方面使它在表现时间和运动方面受到局限，难以再现动作的持续和运动的整个过程；另一方面也使它可以不受时间和运动的限制，随时可以给观众提供"选择最富于孕育性的那一顷刻"的审美形态。由于长于对静态空间场景的再现，造型艺术又被称作"空间艺术"。直观性，是指造型艺术是一种直接诉诸人的视觉的艺术。与其他感官相比较，视觉在感受客观事物方面具有更大的优越性，因而造型艺术能比其他艺术更具体、更精确地描绘客观事物的形状、色彩、光线、深度和广度，给欣赏者提供直观的艺术形象，带来具体、鲜明、生动的美感享受。

广义的造型艺术也包括实用艺术，这一点在茶艺中表现得尤为明显。茶具既要满足造型艺术的审美特征，又要深刻体现作为沏茶工具的实用性；茶席之美轮美奂，中间有强烈的实用性主线的呈现。如果把实用艺术从造型艺术中暂时抽离出来，茶艺在造型艺术上的纯粹表现，定义为造型艺术的内容，茶艺造型艺术即指器物各要素空间组织的艺术性，通过这样的组合，实现茶艺静态部分具有独立的审美形态。在现代中国，茶艺的造型艺术主要指茶席的设计艺术。

茶席，茶艺结构存在的空间。茶席设计的核心层面是指茶、水、器、火、境五大元素依循茶艺规范，构成具有审美的、静态的空间组合与造型。扩大的层面还包括茶艺师的静态介入以及品饮者的席位布置，茶艺师的性别、年龄、形象、气质、服装、位置，以及品饮席的材质、形状、排放方式等，与茶艺元素的造型组合相映生辉，达到审美效果。茶席是茶艺的中间产品，也是茶艺审美内容的重要组成。茶席作为造型艺术，同样具有造型性、空间性和直观性的审美特征，创作者将其审美旨趣和饮茶态度表现在茶席设计中，在遵循茶艺规范与传统审美的基础上，运用茶艺元素等客观事物的线条、形状、色彩、光影进行艺术造型，通过这一直观的视觉空间，力求高强度的创新，从茶艺器具、空间的形构、铺垫及各种充满日常生活情感的器物的利用，带给欣赏者具体、鲜明、生动的美感享受，在静态的空间里追求自我圆满的风格表现，从物质基础层面来显示茶艺的思想魅力与艺术水平。

由于茶席的艺术形象是一种静态的、三维的视觉艺术，相比茶艺活动，茶席在反映客观对象以及传播方面具有更大的优越性，可以不受生活方式的影响而被人感知，而且从茶席设计上更能明确地传达出茶艺器具在艺术方面的需求。因此，进入21世纪以来，茶席以造型艺术的范式大胆创作和展示，其交流活动也得以蓬勃开展，并越来越受到艺术家和产业界的重视。

三、表情艺术

表情艺术，又称表演艺术，是指通过人的演唱、演奏或人体动作、表情来塑造形象、传达情绪、情感，从而表现生活的艺术。茶艺最核心的归属是表情艺术。实用艺术表达了茶艺日常生活美学的目的性，造型艺术赋予茶艺静态美的艺术高度和示范，茶艺的最大艺术魅力还在于它借助表情艺术来最大程度地呈现日常生活之中生动的、美好的、自由的情感追求和表达。

茶艺是表现情感的艺术。茶艺通过饮茶方式的展现表达了人们在日常生活中最朴素也最美好的愿景，仪式化的、人情化的艺术表现手法，与日常生活情感的共通性联系在一起，使茶艺在倾泻内心情感方面能得到最直接、最强烈、最细腻、最充分的体现，所有的情绪、情感在完成沏茶、饮茶的过程中逐一实现，不需要借助任何外力。

茶艺是需要表演的艺术。茶艺通过茶艺师的表演来传达情感，表演需要有一定的形式，需要有一定的夸张，需要将由情感塑造出的艺术形象充分地传达到、感染到鉴赏者。茶艺源于日常生活，当它成为一个艺术形象展现的时候，即便它依旧存在于日常生活之中，它与日常生活中的面貌也是有所不同的。

茶艺是茶艺师二度创作的艺术。茶艺作品是一个复杂的创作过程，茶艺师的表演则具有二度创作的性质，茶艺师依据作品策划方案，在充分体验原作的情感内容和规范流程的基础上，还利用自身技巧的独特展现，做第二次创作。正因如此，同样一件作品，由于茶艺师表演的不同，就会呈现出不同的艺术效果。

茶艺是茶艺师与欣赏者共同创造的艺术。茶艺的表演创作过程与鉴赏过程是同时进行的，其艺术形象也是即时的，随着表演的开端而肇始，随着表演的结束而中止。茶艺师与鉴赏者在表演环节中相互参与、“啐啄同时”，艺术家不再感到孤独，观众不再感到寂寞，他们同时是艺术创造者，又同时是艺术欣赏者，二者浑然一体，共享艺术之美。

茶艺是瞬间的艺术。茶艺是一个动态的艺术，茶艺师在茶席的空间中展开表演，在一定时间内来完整地塑造艺术形象，茶事在点茶、喝茶、欣赏、相互问候之间进行，艺术在逐一创作的同时也在逐一地消失，茶事一结束，艺术的主体就失去形式，因此它在时间上的流动性超过了空间上的造型性。

中国茶艺的“味无味”、日本茶道的“独坐观念”，讲的都是茶人在茶事结束时心境的审美形式，无形—充实感—无尽余味的感受，茶艺的瞬间艺术留给茶人的艺术感在东方文化的影响下是极富魅力的。

茶艺"为沏好一杯茶而存在"，最先接触并引起审美愉快的艺术形式是茶席、茶具、景致等静态的造型艺术，随着茶艺活动的开展，茶艺师的表演魅力以及茶艺的日常生活特征，唤起了观众的生活记忆和日常审美经验的宣泄，现场有着凝神屏气的压力感，表演者、茶、观众之间凑泊于共同的节奏，人茶合一，直至茶艺师将茶碗奉至观众、观众捧起茶碗的片刻，此情景不仅释放了现场的压力感而获得一种不可名状的自由欢畅，同时"味无味"的又一层审美感迎面而来，喝茶既实在又不实在，因为品尝到的已不仅仅是茶汤原本的味道，而是我们内心被照亮的一个感性世界、一个渴望着的气象万千之美。一件优秀的茶艺作品有着美味、美境、美情、美象的四重审美体验，这是茶艺作为日常生活美学在中国文化中存在的独特魅力，它兼备了实用艺术、造型艺术和表情艺术的内容和形式，茶艺是一门综合性的艺术。

第二节　茶艺创作原则

茶艺作品由于涉及多种艺术形式的表现，创作一件优秀作品的过程是复杂的，或者借助茶艺师个人渊博的知识和高超的能力，或者借助一个团队的创作主体，来分别承担作品艺术灵魂的把握、艺术符号的分解、材料的表达、表演技巧以及与日常生活之美关联的内容辅助等。在以团队创作时，有时表演者仅仅是作为一个演员的角色，并不等同于茶艺师的要求。为了叙述简洁，在茶艺创作中，均以茶艺师指代茶艺创作主体（个人或团队）——从策划到表演完成的全部。

创作原则是茶艺师进行茶艺创作时所遵循和实践的基本准则。茶艺师进行茶艺创作，需要经历一个复杂而又有规律可循的过程，需要付出精神劳动才能创造出优秀的产品。中国幅员广阔，风俗各异，茶艺创作具有鲜明的个性化特征，试图分辨中国茶艺的流派，往往是徒劳的。然而，我们通过对大量茶艺创作实践的考察，仍然可以从中发现，茶艺师无论自觉与否，基本上都是按照一定的创作原则去进行茶艺创作的。

茶艺的创作原则，体现着茶艺师对创作艺术规律的体认和掌握，茶艺作为一种艺术活动，是人们以日常生活的饮茶方式为载体，依据审美理想而从事的审美创造，它必须符合具有形式美、合目的性和境象之美的审美要素，赋予茶艺的审美特征，是一个创造性的活动。茶艺因为与日常生活过于接近，有时会模糊了艺术与生活的距离，将生活直接定义为艺术，缺乏审美要素的体现；与此相对，有时又会刻意将饮茶艺术抽离生活，缺失了作品的基本载体，给人展示谁也看不明白的所谓茶艺。茶艺师从事茶艺创作，要在日常饮茶生活的基础上，体验创作内容所孕育的情感，要实现主观情感与生活材料的艺术融合，要运用茶艺实用的、造型的、表演的多样艺术符号的统一，展开艺术想象来塑造审美化的饮茶生活方式的境象，为圆满完成自身的使命，就必须自觉遵循艺术规律，自觉遵循符合艺术规律的创作原则。

茶艺创作原则可概括为实在性、文化性、感染力，这些体现艺术规律的创作原则的确立，是茶艺师创作优秀茶艺作品、取得杰出艺术成就的必要保证。

一、实在性

茶艺"为沏好一杯茶而存在"，这种一览无余的实在性表达，是茶艺创作艺术魅力和艺术价值的基石。茶艺创作的实在性，主要涉及诸如沏茶方式是科学的、形式流程是符合规则的、人与人之间的平等互敬等方面的内容。

茶艺创作首先要符合茶科学性的特性特征。茶叶的基础类别分为六大类，不同类别的茶各自还有千变万化的茶形、茶性、茶名，不同的茶形、茶性、茶名都有不同的特征，选择与之适配的器、水、火、境，在不同的组合下更会呈现出千姿百态的表现手法。围绕茶叶基本特性的要求，选择合适的沏泡技艺来体现茶汤的特征，完成饮茶的活动，这种实在性是茶艺存在的基础。

茶艺创作的实在性，体现在茶艺师的作品表达其审美形式是可及的、有规律可循的。茶艺源于日常生活，旨在提供日常生活的示范，是可以模拟的生活。因此，它在反映饮茶生活艺术化的过程中，尽可能做到这些形式和流程呈现出特定的技术、规则、规范，可以存在于生活之中，可以为大多数热爱者模拟和评价。茶艺在不同的群体中有迥异的偏好，但这并不妨碍茶艺作品在适合的群体生活中实实在在地存在。茶艺一定不是抽象的、仅供评论的艺术形式。

茶艺创作的实在性还表现在处理人与人之间的关系、人与物之间的关系时，时刻关注着"尽其性"、"同壹心"的法则，竭力营造人与人、人与物之间平和默契的气氛，它通过仪式化、人情化的艺术呈现，来切实地践行茶艺的文化哲学与日常生活理想。

茶艺创作的实在性，是茶艺师在日常生活的基础上，按照其审美理想和生活逻辑，对体现饮茶方式的材料加以艺术概括、提炼、加工，进行艺术创造的结果。它不仅充分显示出饮茶生活的外在状态，而且揭示出生活的深层本质，表现着人生的真谛，体现着人类永恒的审美追求，使经过艺术创造的茶艺作品能够让欣赏者觉得与现实的生活更加贴近。因此，茶艺师对自身的审美理想和审美情感自然地融入再现的人生场景之中的把握，是作品获得实在性表现的主导。

二、文化性

茶艺作品要在客观形式材料"茶、水、器、火、境"之上建构艺术化的境象，其"仁义礼智信"的文化符号表达成为重点对象。文化性是茶艺作品的思想、灵魂。在茶艺创作实践中，茶艺师根据自己的人生体认和审美理想，以饮茶生活方式的呈现为形态，以朴素的、典雅的、清趣的审美意识为范畴，以茶艺文化哲学为目的，来反映一个国家或民族的历史、地理、风土人情、传统习俗、生活方式、文学艺术、行为规范、思维方式、价值观念等，也即茶艺作品的文化性要表达的是我们"曾经的生活"和我们能"理解的生活"。

我们曾经的生活，是指利用茶艺的载体来展现记忆中经过提炼的、仍能影响今天的生活，比如致力于对唐代饮茶法的艺术化呈现，一方面是依据历史资料寻找、复制唐代的茶叶、器具和饮茶方式，更重要的是通过这样的方式缅怀曾经与我们同样生活的人们，他们的理想、志趣和审美境象，唤醒我们沉睡在日常生活中的记忆，以历史的责任感来接替他们生命的任务。

我们能理解的生活，是指以茶艺来展示在日常生活中所能发生的奇迹：一种温良的、包容的、怜惜的和自由的实现。茶艺不仅自己创造这样的意境，还利用艺术表现形式的多样性，经常与其他艺术形式进行融合，试图让更多热爱艺术的人领略到茶艺的境象之美。茶艺与书法相融，以茶香书韵的比拟来表现茶艺师儒雅的气质；茶艺与昆曲相融，借助戏曲古典韵致的身段、节奏的表现，诠释茶艺人生的浪漫情怀；茶艺与地域的文化相融，将引以为傲的文化自豪感放置在如月光流淌般的茶艺流程中表现，这种文化将深刻在人们的日常生活之中。

茶艺创作的文化性比起它的实在性是抽象的，当我们把过多的情感投放在文化意义之上时，茶艺就有可能抽离出我们的生活之外，这样就不成为茶艺了。因此，茶艺创作在进行文化主旨的表达时，要注意两个重要的环节：其一，始终不脱离具体形态。茶艺"为沏好一杯茶而存在"，它的艺术形态是从沏茶的准备开始，到饮茶完毕为止，文化性是茶艺的魂，其形式便是茶艺的体。再有意义的文化，也必须依附在具体的茶艺形态之中表现。其二，注重茶艺结构各个要素的特征呈现。茶艺由茶、水、器、火、境和茶艺师的主客体结构组成，文化性不在这些具体的形式结构之外，任何要表达的理想，都刻画在这些元素和技法之中；以至于借助其他艺术形式时，有时也需要解构原来的艺术形式，取其能与茶艺相融的元素进行重构，来表现我们需要的茶艺。茶艺的文化性使作品显示出既具有鲜明生动的个性特征，又蕴涵普遍性意义与价值的艺术效果。

三、感染力

感染力主要是指能够引发欣赏者产生情感共鸣的力量。艺术即情感的表达，情感是艺术的生命。茶艺的感染力，就是茶艺师将自己放置在具有人类普遍意义的境界中，所感受到的、并有强烈的愿景来表达的情感，依托茶艺的表现手法，实现作品能引发受众具有同样节奏的情感共鸣。依循创作原则，茶艺从茶汤的感染力、艺术的感染力和生趣的感染力三个方面来体现情感的共鸣。

一是茶汤的感染，即茶艺创作是通过对茶汤之"味"乃至"味无味"的情感追求，在有形中体现无限，来获得情感的共鸣。从表现过程上看，反映在对茶汤精益求精的追求，竭尽全力的怜惜和敬畏以及"尽其性"的情感，使人们产生的感动；对技法一丝不苟的表达，心技一体的至诚、气韵生动的技法历练、一期一会的礼法、茶气以行的修养等所体现的情感，让人感动；艺术的语言不再占有重要的地位，在此境象中仅为一个时空的存在，人们不再假借于任何的形式和质料，沉浸在因人性的膜拜和共同呼吸而达到的伟大又细腻的情感自由。在这一层面上，东方哲学的体认对主体的影响是最直接的。茶艺创作以茶汤的感染力来获得作品的成功，从形式和过程来看是朴素的，但要达到感染力的效果，则非生活之因缘际会不可获得。

二是艺术的感染力，茶艺是兼备实用艺术、造型艺术、表情艺术的综合性艺术，茶艺中涉及的器具、服装、音乐、造型、行为、语言等都成为艺术表达的元素。在茶艺创作中，要获得艺术感染力，首先是茶艺内容的感染力，作品的主题内容赋予了创作者灵感，并以强烈的情感将抽象的概念演化为茶艺的具体形态，茶艺师能充分理解茶艺作品的内涵，充分地投入自己的情感，才能唤起观众的共鸣。其次是茶艺风格的感染力，对于茶艺师来说，风格的选择是为了作品能引起共鸣，来达到"啐啄同时"的默契，因此需要对不同受众群体不同风格偏好的分析和适合，在由风格带领的路径上，让观众能顺达地沉浸在作品创造的艺术场景之中。最后是茶艺表演的感染力，茶艺师气韵生动的技巧、物我两忘的空灵、无微不至的关爱，时刻触动观众的心弦，营造出妙不可言的情感共鸣。此时，所有构成艺术作品的质料不再占据我们的视觉、听觉、情感，一种直抵心灵的关怀，带给日常生活不再孤单的浪漫。

三是生趣的感染力，茶艺作为在日常生活中呈现的艺术，追求生动趣味是它坚持的创作原则。日常生活对于任何一个人来说都是艰难的、压抑的、不由自主的，人们又必须每天生活在日常生活之中，即便是追求能有瞬间给自己树立一种信心的愉悦趣味，也成为奢求，这种奢求在日常生活美学的茶艺中试图得以实现。茶艺作品有着生趣的感染力，这种有趣的情感虽表现为人与物的关系、人与行为的关系，却能实现茶艺师和观众会心不远的共鸣。具体来说，它表现为对童稚的回忆，比如在茶艺创作中保留一点点的草率、天真、笨拙，让一些动植物的有趣印迹如孩童般涂鸦，出现在茶碗、茶席、茶汤的游戏之中；妙悟的呈现，比如大胆的比拟、留白，利用茶艺运用到的色彩、线条等符号的暗示、暗合，启发人们无尽的想象力获得默契的乐趣，自然心的向往，正如梭罗说的，大自然与人类存在着一种美好又仁爱的友情，映照出人们最亲切的自我，返璞归真不是一个理想，而是在生活中追求有趣人生的途径。

"每一个人都要以此为职责，让最美丽的游戏成为生活的真正内涵。"（柏拉图）茶艺以对人性的关怀而呈现出审美化的玩索：在我们的日常生活中，曾经的并持续地寻找一席清凉款待自己，以赋闲的心灵做一场饮茶的游戏，享受生活世界的乐趣，虽不抱任何的目的，却可从中获得力量。

第三节　茶艺创作过程

作为日常生活美学的茶艺，茶艺作品将在两种场域中存在。一种是运用茶艺的法则，在日常生活中表现美、创造美，人们在美的生活场景中受到感染、感动，用茶艺之美来还原生活，茶艺嵌入到生活之中，这样的作品我们称为生活茶艺；还有一种是强调审美创造的过程和结果，强调用夸张的艺术表现手法，使茶艺作品呈现出较独立的审美形态，这样的作品我们称为表演茶艺。表演茶艺由于其艺术创造力推动茶艺的发展，能给生活茶艺带来示范，注入生活茶艺丰富的内涵；生活茶艺是表演茶艺的本质属性，从它而来，又以对它的回归来判断表演茶艺的成果。有时两者也不好严格区分，表演性的生活和生活性的表演是它们之间的模糊地带。但从茶艺师对作品的创作和表达来说，是有预设立场的。本书叙述茶艺作品创作时，主要对象是表演茶艺。依循"实在性、文化性、感染力"的创作原则，茶艺作品的创作过程分为创作积累、创作构思和艺术表现三个部分。

一、创作积累

这是茶艺创作的第一步。茶艺师创作一个作品，不仅需要有饮茶经验的积累过程，还更需要对生活、人生的体验、反思、感悟的累积，以此来获得作品的创作动力。创作积累，是指茶艺师在进入作品构思之前，从审美的角度去认识、体验社会人生，并收集、积累创作材料的活动。茶艺创作材料的获得，一般来说有两个渠道。一个渠道是茶艺师在自己的日常生活中亲身经历、体会获得，比如各种以茶聚会的感受，日常沏茶饮茶的经验，亲历与茶有关的故事或体验等；另一个渠道是借助他人帮助或依据文字记载等获得，比如系统性的茶艺学习，其他艺术形式的借鉴，审美眼光的培养，民俗茶俗的采风等。

茶艺师对作品创作材料的获得和积累有时是无意的，比如用浅盆的花器插花，造成"疏影横斜水清浅"的审美趣味，是当时千利休解破的一个偶然性命题。茶艺师虽没有有意去寻觅、记忆创作材料，但一些生活现象往往潜移默化地作为鲜活的信息资料储存进了大脑，沉淀在记忆的信息库里。一旦需要，遇到适当的契机，它们就会被调动出来，转换成创作的素材。茶艺材料散布在日常生活之中，从有形的器物或现象看，有日常用品、民间工艺、远古记忆、有趣的造型、一种行为、一个故事等，在这些有形的器物或现象之中，隐含着各自明确的文化意蕴，因而显得琐碎和不兼容。大部分茶艺师对创作材料的收集是有意的。一旦茶艺师有比较明确的创作意图，在某种内心的创作欲望、创作情绪的推动引导下，就会主动收集与之相关的材料信息，面对日常生活材料的琐碎和文化多样，需要茶艺师用自己独到的审美眼光来判断信息资料收集的有效性。

二、创作构思

这是茶艺创作活动的中心环节。茶艺师根据创作积累的材料，在某种创作动机的指导下，通过复杂的心理活动，在头脑中把茶艺素材按照实在性、文化性、感染性的创作原则，转化为形象系统的过程。茶艺师的创作构思起始于一定的创作冲动。一种是自觉的创作冲动，茶艺师偶然为获得的某种器物、茶品、生活中的某个人物或某些事件、现象等强烈吸引，受到某种启发时，会生发出不可抑制的创作冲动。还有一种是有条件的创作冲动，在某个指令或条件的压迫下，茶艺师会被动地调集积累的材料，为实现一种明确的目的而发生创作冲动。当茶艺加入到文化创意产业的行列时，有条件的创作冲动会更多一些。

在创作构思阶段，茶艺师在创作冲动的推动下，按照创作原则和审美追求，展开艺术想象，把已经积累的生活经验和茶艺素材进行加工，转化为一个具有统一精神内涵的形象系统，它包括了主题风格的确立，沏茶类型的选择、茶席结构的设计、表演方式的编排等多重任务的整体构想。主题和风格是构思阶段的中心任务，一旦创作主题和作品风格确定，其他任务都是围绕这一中心来逐一开展的。

灵感是创作构思的重要来源，是茶艺师在艺术构思探索过程中由于某种机缘的启发，而突然出现的豁然开朗、精神亢奋，取得突破的一种心理现象。茶艺创作的构思虽然以主题确立为中心，但在创作时需要考虑如何用感性的形象去表现理性主题，这时灵感在其中起着决定性的作用，它沟通了理性和感性之间不对称的信息。灵感由经验和知识的不断累积而突然出现，给茶艺作品带来意想不到的创造。茶艺创作中获得灵感的机缘，可以有不同的途径，比如一把老壶、满山的杜鹃花、孩童的笑靥、古瓷碎片、一个节日等，都可能成为茶艺师创作灵感的缘起，有时这些极微小事件是直接引发灵感而造成创作冲动。灵感大致类似于爱、感动、狂喜的感觉，灵感获得是非常偶然的，有时也很短暂，倏然而来，忽焉而去，一旦获得，茶艺师要紧紧抓住，然后再逐渐形成创作的主题。比如，爱上了一把壶，极力想为它创作一个作品，要抓住这个灵感，就必须要分析爱这把壶的原因，有感性的，比如色泽、型式、触摸……有理性的，如回忆、家乡、玄远、回归……让概括出的理由逐渐呈现清晰的主题，就能围绕主题动用全部的创作材料和茶艺符号，形成内心较完整的艺术形象，这样就由灵感而达到了创作构思完成的过程。茶艺师有足够的知识与精神涵养，并时刻对如饮茶般的日常生活充满热爱、仔细体会，才是灵感充盈的先决条件。灵感决定着艺术创造活动的成败得失，衡量着一个茶艺师的天才、智慧和想象力。

三、作品表达

茶艺作品表达是创作的最后一个环节，是指茶艺师在创作构思的基础上，运用茶艺符号以及各种表现手段，把内心形象系统地传达出来，转化为具有审美价值的茶艺作品。

经过创作构思，茶艺师在头脑中形成了蕴涵着某一确定主题的内心形象构成。然而，这种内心形象即使再成熟，它也只是一种存在于茶艺师的"内宇宙"中的心象，只具有内视性，除茶艺师本人之外，其他人无法对其感受认知，因而尚未成为真正意义上的茶艺作品形象。只有进一步经过艺术表现阶段，茶艺师运用茶、水、器、火、境的茶艺符号，在相应的茶席、沏茶技法、表演等样式中，将构思孕育的内心形象系统外化并定型下来，使其成为他人能够感受认知的审美对象，这样，艺术形象才真正被创造出来，茶艺作品也才真正诞生。

在作品表达阶段，茶艺师通过沏茶的过程，将审美经验的外向化，赋予内心中内心形象系统以特定的茶艺符号表达，从而构成饮茶审美化的呈现并能与观众共同分享茶汤的茶艺作品形式。作品表达主要是解决如何将茶艺师在创作构思时形成的内心的形象系统与呈现出来的具体艺术形式如何一致的问题。创作构成阶段的内心形象系统是抽象的，从抽象到具象，需要通过表现技法和审美判断，来寻找与内心形象间接契合的最佳茶艺表现形式，作品从茶艺师到观众的传达还必须符合茶艺审美的法则，在文化归旨上达成创作者与受众的一致性。

作品表达是将抽象的思维过程转化为实践性的感觉力的过程。茶艺是一个综合性艺术，在作品表达阶段，选择运用什么样的形式，如何运用这些形式去体现艺术构思的成果，直接关涉茶艺师心中的内心形象系统能否得到准确鲜明、生动深刻、完整全面的外化。茶艺师需要对作品呈现的色彩、形构、表情动作、节奏、韵律等方面都有足够的把控力，利用极其简单的沏茶饮茶载体，将所有要呈现的艺术符号和谐统一。这时，创作构思阶段凭借想象力、幻想力和感觉力构成的内心的形象系统得到实践的检验，实践性的感觉力是创作表达的关键。茶艺师要具备完成作品的能力，必须借助于茶艺创作的经验积累，借助于沏茶技艺熟能生巧的训练，这里有茶艺师天生资禀的因素，但大部分是天道酬勤获得。另外，茶艺师的创作构思活动在作品表达阶段并没有完全中止，构思的内心形象在未转化为茶艺表现形式之前，具有一定的朦胧性和模糊性，因此在作品表达过程中，需要不断地对构思进行微调，使之能更好地符合茶艺师确定的创作主题和审美趣味。

由于茶艺具有日常生活审美普遍话语权特征，茶艺作品的表达还面临着受众对于作品接受的文化一致性检验。与其他艺术形式比较，我们可能会宽容一本小说、一部电影脱离生活的胡编乱造，还有评论家说它们是另类艺术。但对于茶艺，并不具有这样的宽容度。茶艺师并非将作品表达出来即是创作过程的完成，受众具有对作品的完全排斥权，不宽容文化相悖的东西侵占日常生活领域。什么叫文化相悖呢？比如同样是表达和平主题的茶艺，一个由青瓷碎片为创作灵感，点题为拯救破碎的和平愿望；一个是和平鸽布景与茶器具的和平鸽设计。姑且不论表演的过程，单是从这样的文化归旨来看，前者的主题内容与形式呈现之间太过牵强，并且在茶艺文化中，瓷的碎片蕴含了精益求精、追求完美的精神，文不对题，因此是一个莫名其妙的作品，这就是文化相悖；而后者借用了一个能共同认知的文化符号，人们在观看作品时与茶艺师的文化归旨感同身受。作品表达阶段，如何利用符号来呈现作品的内容，考验了茶艺师的艺术思维能力与日常生活的感知能力。

茶艺的作品表达，大致有三个阶段：一是表现，茶艺作品呈现出实用艺术、造型艺术、表情艺术的面貌，按照茶艺的规则进行沏茶和饮茶活动的展示，享受一杯充满人文和审美的茶汤，茶艺师表达出对客人的谦虚、诚挚的礼仪态度，茶艺师和饮者共同对茶汤、茶器、茶境的珍惜、赏识与热爱，心灵经过和谐的震荡，产生心旷神怡之愉悦。茶艺作品呈现出既在生活之中，又在生活之外，洋溢着生动乐趣。二是感动，茶艺作品的呈现应该给人以亲近而高尚的情感的触动，感动可以来自作品的内容，也可来自形式，可以是感性的，也可以是理性的，是茶艺创作感染性的表现。受到作品感动，能泯灭物我之见，回到我们可能忘却的家乡世界；这种感动还激励人们关怀当下的生活，追求独立的价值空间。三是感化，感动是暂时的，感化是永久的。茶艺由感动至感化，通过渗透于日常生活的和谐浸润到我们整个的身心，这种塑模使习惯成为了自然，身心的活动也就体现出处处不违背和谐的原则。茶艺之美使茶艺师的思想和茶艺师的身体具有了一致性，感化的全部意义虽然在一个作品的表达阶段中不能获得，但它的确在每一个作品中予以呈现。这三个阶段是递进的，首先是表现，然后才有感动和感化，聚精会神地表现茶艺，所有的感动、感化会在每一细微处弥漫、散发。

　　创作积累、创作构思、作品表达三个阶段既彼此衔接，又常常是相互交错、相互渗透。在创作积累时期，可能已经闪现出了某些创作构思的大体设想；在创作构思阶段，有些茶艺师可能还要重新积累、收集创作的材料和经验，有些茶艺师则习惯于一边构思、一边将作品给予部分的表达；到了作品表达阶段，材料若不合适还可以再去收集，构思的成果若有缺陷也还可以再作调整和改进。作为日常生活美学，茶艺的载体和评价的特定意义，有时三个阶段一气呵成，呈现出简洁而较高的审美效果，有时则耗尽大量时间、精力、财力，其效果却不能如愿。总体来说，培养日常生活的审美态度是至关重要的，这是茶艺创作的根本。

第四节　茶艺创作步骤

　　这一节我们进入到茶艺创作实践的环节。在我们了解了茶艺的审美要素、对象、范畴，以及茶艺作品应该呈现出的艺术形式、遵循的创作原则和创作过程之后，承担有明确创作目的的具体实践，茶艺师面对复杂的创作内容和材料，以一个规律性的创作步骤来指导，有利于作品的完成。从茶艺创作过程来看，创作实践大致是在作品表达的范围内，侧重在茶艺师如何实现作品，作品的实现也就是作品创作全过程的最终效果呈现。本节首先概述创作步骤的构成，为了更加明晰创作步骤在作品创作中的应用，

以个案来分析理论指导下的创作实践，并进一步叙述作品创作的完整
体系。

茶艺作品创作，从内容的衔接看可分为六个步骤：主题与风格、沏茶
类型、茶席设计、技能训练、完善细节、表演展现。从创作体系看又可分
为文案策划、创作实务、鉴赏评价三个部分。前者的六个步骤是茶艺创作
实践的核心；后者使作品更加完整，其中的创作实务也就是六个步骤的内
容，文案策划和鉴赏评价的完成能促进作品的传播和深化。

一、创作六步骤

茶艺师在获得一个创作任务时，为了实现作品，必须将理论付诸实
践，通过这六个步骤，茶艺一步步从概念到作品的呈现，到表演现场的完
成。茶艺创作六步骤中，沏茶类型、技能训练和表演展现的三个部分属于
茶艺师沏茶规范与流程的内容，在前面的章节中已作了论述，茶艺师在作
品创作时，也已具备了相应的能力，这里就不再赘述；主题风格与茶席设
计会成为作品创作中比较重的任务。

第一步　主题与风格

主题是茶艺创作的中心，一切任务都围绕着主题而开展。当主题的来
源是一个模糊的任务时，茶艺师需要将任务进行主题挖掘，一直到可以作
为茶艺作品灵魂的概念明确；当主题的来源是一个明确的理念时，需要将
这一理念转化为可以在茶艺中呈现的符号或形式。

风格是主题呈现的路径。一个主题可以由不同风格的作品去诠释，当
风格明确之后，茶艺作品的基本面貌随之成形。茶艺的主题和风格有很多
类型，我们在下一节中专门论述。

第二步　沏茶类型

明确了主题和风格，就进入了茶艺的核心环节，沏茶流程类型的选
定。首先，是选择用什么茶叶沏泡能比较符合主题的要求；其次，根据主
题、风格和茶叶特征，选择合适的主泡器和品饮器；最后，在选定茶叶和
主泡器后，兼顾当地风俗及观众的定位，以及茶艺师（表演者）的特质，
来设计安排沏茶的程序与全部器具。在茶艺创作中，主泡器的地位是十分
重要的，它是所有视线的焦点，它是茶席设计的中心，是茶艺师的手和心
以及观众目光的集聚点。要运用"同壹心"的法则，茶艺师大多先从选
定主泡器开始，来构思茶艺创作作品。

第三步　茶席设计

茶席，茶艺结构存在的静态空间。茶席设计的核心层面是指茶、水、器、火、境五大元素依循茶艺规范，构成具有审美的、静态的空间组合与造型；扩大的层面还包括茶艺师的静态介入以及品饮者的席位布置。当茶席是作为中间产品展示时，用到前者的概念比较多；当茶席设计用作茶艺表演时，就涉及后者的范围，也即本节茶席设计的范围，它除了茶、水、器、火、境的静态展示外，还包括茶艺师的服装色彩款式、装扮修饰、人数位置等内容。

茶席设计是用来表现主题的，是对风格的静态呈现。茶席设计承担了茶艺造型艺术水平的高度，也是主题思想具体化的主要平台。一个优秀的茶席设计，即使没有茶艺师的表演，一样能给予观众丰富的想象力和"味无味"的至高审美境界。茶席设计在茶艺创作工作中占了很大的比重，完成了一个满意的茶席设计，相当于完成了作品的60%甚至更多的工作量。茶席设计的具体内容我们在下文单独展开。

第四步　技能训练

在茶艺师自创自演时，需要根据作品创作的主题、风格和茶席的格局，体会其中的情绪来编排动作。当茶艺创作作为一个团队来执行时，技能训练就是指对茶艺表演者的物色和训练。

首先是物色人员。茶艺表演者应有茶艺师的基本气质，比如内敛、平稳、凝神、明亮之类的词语能够描述他（她）。按照"清、和、简、趣"的精神要求以及茶艺师"尽其性、合五式、同壹心"规范来进行技能培训，使之具有茶艺师的素质。

不同的茶艺应该有自己特有的技能和动作要求。有的是利用动作的表现力来更好地展示主题和风格，有的是茶席设计改变了位置和移动线路而产生新意，有的以参与表演的人数较多而强化整齐一律的形式美体现等，都是技能动作训练与编排的创意内容。总体来说，动作设计要科学、流畅、规范、和谐，要符合茶艺的科学性，在动作和移动时要流畅自然，沏茶流程规范合理，技能表达要与茶艺的主题、风格、茶席等内外的境象和谐一致等。

第五步　完善细节

到这一步骤，已完成了创作的大部分工作，进入对茶艺作品的艺术修饰与创作审视阶段。

一是音乐。没有音乐的茶艺是很具有魅力的，但作为适合不同群体的表演性茶艺，音乐在作品中的作用不可小觑，因此，如何选择和利用音乐，是茶艺创作重要的辅助性工作。音乐的选择要契合茶艺的主题和风格，不能喧宾夺主，它最核心的作用是提供和解释了茶艺作品的律动与节奏。音乐选择的范围很广，有学者提出不同的茶类有着与不同乐器、音乐相符的特征①，比如清丽脱俗的绿茶与笛子、古筝演奏的音乐及江南丝竹音乐相配；沉稳端庄的乌龙茶选用编钟、古琴、箫、二胡等乐器演奏的音乐比较合适；红茶性暖、漂洋过海，钢琴、萨克斯、小提琴等乐器演奏的抒情音乐，柔和地引领大家进入红茶的意境。当然，音乐选择不仅仅限于这样的范围，音乐也是表达情感的艺术，情感的互通是音乐选择的最佳方式。

二是解说。没有解说的茶艺一样也很具有魅力，但为了更好地诠释茶艺的主题或韵致，很多表演性茶艺也都附上了解说。解说分几种，一种是程序性解说，将茶艺的每一个流程、每一个动作都向观众解释得清楚明白，有较重的教学诠释意味，这一类解说在茶艺文化普及方面具有优势，茶艺的初创阶段、茶艺馆、茶文化旅游等环境中使用得比较多。第二种是选择性解说，摘录作品创作的主题背景、重要流程环节、茶艺师风韵等内容，编写成解说词，在茶艺表演中或全场、或间歇性地解说，让观众对作品有更加深刻的了解，这一类解说比较注重关键内容的刻画、文学的修饰，较符合茶艺作为文化创意产业背景下综合艺术的展现风貌。第三种是韵律性解说，它若有若无地提出主题或作品的内容，又不刻意去清晰表达，借助文学体裁的节奏或解说的技巧来提供茶艺作品的韵律，这一类解说将文学表达的艺术性与茶艺紧密结合在一起，具有较高的审美价值，半文半白的咏诵在这里会用得比较多。

三是突出亮点，进一步审视茶艺作品全过程，全面评估音乐、解说、表演、茶席设计、主题风格等在作品中的表现和默契，特别关注色彩、形状、声音等质料之间的关联性，关注作品呈现的诸如整齐、节奏、对称、均衡、比例、主从等关系是否在作品中得到有重点的突出，作品是否能凭借其生动性来打动观众、能给观众留下深刻的印象等，茶艺师在作品审定时需要反复斟酌、推敲和修改完善，寻找亮点，突出渲染。

---

① 翁颖萍：《"茶乐"浅析》，《茶叶》2006年第4期。

第六步　表演展现

表演展现是指作品在表演时对现场的控制力。表演过程很重要的一个观察点是人情化的体现，这是茶艺的审美范畴之一，也是与其他艺术形式不同的一面。日常生活的茶艺即使是作为艺术形式的表现，也要保持与日常生活的紧密性，比如表演中礼节的诚心诚意，奉茶的仔细、恭敬、平等，与观众时刻保持视线、表情的互动等，从中体现出茶艺师的亲切、体贴，与观众拥有共同气息的感染力，观众与茶艺师在不知不觉中共鸣了啐啄同时的节奏感，这样的茶艺才是理想的表演现场。

茶艺表演一般都有较复杂的幕后组织，比如沏茶的关键道具、茶席的各种材料以及能在舞台迅速布置，音乐、服装、开水的准备等，一直到表演结束时各种物品的收拾和归类，都是茶艺师及幕后团队要考虑的内容。要密切关注和处理好沏茶器具携带过程中矜贵又易碎的特点，茶席的唯美隆重与现象不能允许太久等候之间的矛盾，各种准备要素零碎又不可或缺的反复检查工作，内心对复杂安排的担忧与需要面向观众表现出的淡定、亲切的两面表现等，这些都包括在对茶艺师现场表演能力的考验中。茶艺师及幕后组织团队要做到周密、安静、准确的工作安排和有条不紊的执行，使表演现场活动能迅速而有秩序地开展。

创作者为了能让观众更好地沉浸在作品的气氛之中，在茶艺中选择了比如书法、抚琴、插花、舞蹈、戏曲、歌舞、小品等其他独立的艺术形态带入表演，这种创作形式称为带入性表演，也称为"1＋1"方式。茶艺的带入性表演形式多样，有的先有歌舞、小品等表演再进入茶艺，有的一边书法、插花等表演一边茶艺。总体来说，为了渲染茶艺作为沏茶艺术展示的这个主题，选取一些文化旨趣或风格相似的内容做一些艺术的烘托是必要的，但需要界定主次，否则极容易造成喧宾夺主的现象。可以做这样的编排来获得主次关系的表现：一是将带入性表演编排成诸如动作造型艺术、茶艺音乐的来源、动态的舞台背景的定位（类似于茶席设计的动态空间）等结构，融合到茶艺之中，这是比较能受到好评的。二是控制带入性表演的时间，特别是独立放置在茶艺前后的表演，它们的主要作用是茶艺表演气息的引导，这样的引导大致在"三呼吸"的时间内。若是主题背景的交代，这样的交代也仅"三句话"即可。因此它们应该是如同明朗的天空中瞬间飞过的小鸟，若有若无间提供茶艺另外一面想象力的瞬间展示。三是安排带入性表演的位置，在茶艺程序中有一些必须等候的环节比如浸润，有可能让观众感觉重复的环节比如温杯等，在这些环节中巧妙地插入一些表演，也是极有趣味的。

茶艺借鉴其他艺术形式的还有一种方式是解构式创作，它需要解构和提取其他艺术形式为茶艺所用，从而建构新的茶艺表现方式。与带入性表演不同，它通过两个及两个以上的艺术符号的提取、整合，最后能获得从茶艺作品来看是一个独立的表演方式，也称为"2－1"方式。前面讲到的韵律性解说，即是一种表现。下面，我们以昆曲茶艺为案例，来说明如何利用"2－1"的解构符号创作全新的作品。

二、案例分析

为了便于理解创作的步骤，以下我们以案例分析的方法，来展示作品创作的要点、方法与过程。我们以《昆曲茶艺》（朱红缨，2005）作品为对象来说明，它的任务来自浙江丽水遂昌县茶叶品牌"龙谷丽人"的创作委托。

遂昌县是浙江省重要的产茶大县，山清水秀、历史悠久；该县倡导生态文化或原生态文化，以"仙县"为别名；明代万历年间汤显祖曾任遂昌知县，《牡丹亭》的文学构思以遂昌为地理背景；遂昌《昆曲十番》列入了国家非物质文化遗产名录。"龙谷丽人"是该县合力打造的茶叶品牌，以茶艺的呈现方式来提升、传播品牌文化、地域文化乃至作为城市名片，已成为茶艺创作的基本要求。

首先是主题的挖掘。委托项目对主题表达的要求是宽泛的，从上述背景看，必须从生态、《牡丹亭》、昆曲以及更多的文化关键词中寻找其中可以交织的主线。在经过层层挖掘后，注意到汤显祖在《牡丹亭》的《题词》中有言："情不知所起，一往而深。生者可以死，死亦可生。"这一特性与茶叶在茶树的生长到采摘的凋零，又重新在茶汤的沏泡中焕发美丽生命过程有着惊人的贴切，因此，主题的依托逐渐明晰起来：昆曲《牡丹亭》之"游园"、杜丽娘、春香、沏茶、"龙谷丽人"茶、"一往情深"之美、完整的生命，分别交代了场景、主泡、副泡、文化意蕴。

风格的确定是第二个重要考虑。如何能通过风格的展示将观众引导到主题的场域之中，它面临多种选择。比如通过一场昆曲的带入性表演作为前缀，是最常用的手法，但是它就像是两个节目的拼凑，并没有形成作品本身的风格。昆曲是中国最古老的剧种之一，以曲词典雅、行腔婉转、表演细腻著称，被誉为"百戏之祖"。因此，典雅、婉转、细腻的风格如何在茶艺中呈现，需要有特定的昆曲符号为标识。寻找与戏曲的共同点，茶艺也是表情艺术，动作、姿态可以让茶艺与昆曲具有同样的符号。故而对昆曲艺术的符号提取，训练茶艺师具有昆曲的身姿并在茶艺动作中重建，体现典雅、婉转、细腻的审美范畴，就会成为这个茶艺表演的风格。

确定了主题和风格后，接下来的工作是对沏茶类型的选择。沏茶类型选择是对主题的深度诠释，主题比较概括、沏茶比较具体，两者之间的关联性是密切的，又是一种隐秘的契合。《牡丹亭》的故事发生在明代，是否需要重现明代的饮茶风貌，是创作者面临的又一个选择。"龙谷丽人"是新创制的绿茶，以茶艺来凸显龙谷丽人茶，这是宣传的主体；通过茶艺给消费者示范更具美感的沏茶方式，这是以品牌推广为主旨的茶艺作品的另一个目的。因此，重现明代沏茶方式并不适合在这个新的茶叶品牌推广的初始阶段，它需要的是能在观众心目中较快地确立形象，与生活更接近的表演方式会得到普遍的认同。另外一个考虑，创作者并不是去篡改杜丽娘的"游园"，只是共享了昆曲的艺术，基于地方对汤显祖的热爱，在茶艺中吸收了昆曲的艺术符号，给当下的茶叶生产、饮茶生活带来帮助，因此，沏茶的方式完全可以是现代绿茶的表现手法。龙谷丽人为单芽茶，外形秀丽、亭亭玉立，选用玻璃盖碗做主泡器能较好地突出这个特点；遂昌有黑陶出品，其邻县龙泉以青瓷闻名于世，这些都可做茶具的选用材料。沏茶器具提出具体要求后，基本上也确定了作品的基本色调。

进入了茶席设计的环节。这个作品的风格和主色系基本明确了，茶席设计中要考虑的是简洁还是繁复的类型选择。作品是全县合力打造的、作为重点产品推广的品牌形象，繁复比之简洁，能更好地符合隆重的气氛，但从品牌推广的重复性表演看，简洁有它便捷的优势。最后，创作者从表演者开始考虑设计方案，表演者按昆曲的戏装打扮，水头面贴片子造型，会显得隆重入戏，这样的话，茶席就需要简洁一些，易于移动表演。发挥昆曲身段姿态的优势，高桌设计有利于立式的表演，双席的排放也能进一步加重表演的隆重感。

对于表演者来说，不仅要训练茶艺的技能，还要学习昆曲的身段、动作，创作者要将这两种完全不同的动作表现方式结合起来。比如茶艺的掀盖、转身、注水等，用戏曲化的动作进行表现，十分优美委婉。有主泡和副泡，模拟杜丽娘和春香的角色，这两人之间的戏曲互动也十分典雅活泼。略经改装的戏服穿着，动作编排时要考虑到不同角色、不同服装之间的优化。

音乐无疑是用"游园"的曲调。解说只是一个表演之前的说明，若有必要在谢幕时再表达地方文化的热忱。从全局来看，昆曲的装扮和身段姿态是茶艺的最大亮点和创新，观众首先全神贯注地被吸引到这样的艺术场景中，然后才恍然大悟地开始品茶，获得艺术感染和品牌宣传的双丰收。

这个节目后来在各地、各场合中表演，包括北京奥运会、上海世博会等，也多次被邀请到国际上亮相。在茶艺表演的不同场合，并不是很多人知道遂昌，这就更加凸显出茶艺的魅力。艺术原本是不问出处的，它只提供精神的享受，对茶艺来说，还附加了一杯美妙的茶汤，附加了中国式的日常生活审美。

三、创作体系

创作一个完整的茶艺作品，应该由文案策划、创作实务、鉴赏评价三部分内容组成。创作实务基本上是六个步骤中的内容。文案策划，即茶艺创作策划的文案，既解释茶艺表演的文字创意部分，又对茶艺作品的实现起到指导的作用。文案策划的具体内容基本上囊括了上文《昆曲茶艺》的案例分析，但上述内容仅作为思考、选择、定夺的过程描写，文案策划则更加注重写作的逻辑性和条理性。

（一）文案策划

文案策划的体例，一般包括：

1. 标题。选择一个画龙点睛的茶艺题目，能起到事半功倍的效果。比如有个茶艺以春天鲜花盛开的意境做茶席设计，这样的形式本来是很常见的，但茶艺师选用了《花开的声音》为题，暗合沏茶的玄远之声，其艺术形象一下子鲜活了起来。

2. 背景。交代作品创作的来源、要求，交代作品文献研究和实地调研的结果，交代作品的大致构思以及拟达到的效果。

3. 策划的文案。针对创作的六个步骤，逐条撰写创作者的思想和实现作品的方式。

4. 解说词。根据作品的不同需求撰写，解说词的内容要准确反映作品的主题，解说词的类型要符合作品的风格。

5. 其他补充。诸如作品可以根据不同的表演场地和表演要求变形或节选，组织团队的特别要求，预想到的可能的不足或目前不能实现的缺憾等，都可在文案中提出。文案策划的抽象概括，是作品创作的系统性思考和理性反思的过程，也具体地提出了作品未来改善的空间，对茶艺的不断创新具有长远的指导意义。

（二）鉴赏评价

鉴赏评价是对作品表演的欣赏、鉴别、分析、评论。鉴赏评价从结果呈现来看，大致有自评、观众调查、评分标准评价等几种方式。

1. 自评，侧重于对创作作品的审视与反思，肯定好的一面，作为以后创作风格予以保留，看到作品的不足，有利于以后创作的弥补。比如《昆曲茶艺》的解构式创作方式是值得继续探索和发扬的，但作品存在的不足也很明显，如题目太含糊、昆曲很浓的化妆使近距离奉茶面向观众时有些突兀、茶席设计的精致性还不够等。分析这些不足的原因，有些是客观的、阶段性的，也有主观的因素。经常提出这样的分析，对今后继续创作是非常有帮助的。

2. 观众调查，观众反响调研与作品的传播有直接的关联性。

3. 评分标准评价，评分标准的出现，在一定程度上克服了印象评论的模糊性，能让人们理清认识茶艺的基本途径。茶艺的评分标准是根据评分主体要求茶艺作品在不同方面应做出的呈现，提出相应的分值，试图用分数权重及汇总的形式，来认识、评价作品的整体表现。

在不同的时期，评分标准体系呈现出非约定的一致性，随着茶艺的发展而进行调整。评分标准大致有四个阶段。第一阶段是在茶艺的初创阶段，茶叶科普的意味重一些，所以科学化的指标会占评分标准较重的比例。第二阶段是艺人，注重茶艺师的现场表演能力，茶艺师之内外皆美成为关注的重点，类似十大茶艺师的评选活动在各地开展，一度还有茶艺师选美之势。第三阶段是艺席，此时的发展转向茶席设计的艺术水平，茶艺界对茶席设计进行了概念的认识和纷纭实践。2008 年浙江树人大学开展了首届茶席设计比赛，茶席设计不仅显露出中间产品的产业发展潜力，同时也成为茶艺评分表的重要内容。第四阶段是茶艺在今天的发展，茶艺开始寻找到它本质的出发点，主题诠释和风格贯穿；茶艺师被赋予越来越高的要求，创作者与表演者开始有了分工；评分标准越发理性，更全面地呈现出茶艺从内容到形式的要求。评分标准的内容与分值的变化，基本上符合了茶艺作为实用艺术、造型艺术、表演艺术的发展规律，也反映出茶艺艺术化道路的走向和步伐的速度。

第五节 主题与风格

主题是作品蕴涵的中心思想，是作品创作的灵魂。每个作品都应该有一个主题，即作者试图通过作品的全部材料和表现形式所表达出的基本思想，比如友爱、深情、健康、思念、豁达等。主题类型的规定使茶艺创作有一个基本的范式，在创作原则的指导下能比较顺利地进入到茶艺从形式到内容的作品审美要求。

要注意到的是，不管定位在哪一类主题，茶艺师都会在综合的基础上，采用不同程度的强化突出、夸张、陌生化等方法，来达到一定的艺术效果。比如，调动多种材料和手段去集中表现形象的某一主要特征，强化突出；夸张，充分发挥想象力和创造力，以改变常态的方式去设计表现方式；陌生化，着力赋予形象以特殊的形式，使之变得与普通日常生活有一定的疏离，增加品赏者感受的难度和时间长度，强化审美效果。主题表现与创作方法的灵活运用紧密结合，就不至于造成茶艺从主题到主题的刻板，或者面向日常生活的琐碎。

一、主题之真善美

茶艺的主题追求与茶艺的学科价值是一致的，也表达了求真、求善、求美的归旨。在这三大追求的框架下，下文依据茶艺作品题材的规律性进行归类和说明。

（一）求真的主题类型

主要体现在茶艺作品具有反映真实生活的特征，以对茶汤的完美追求以及表现方式的客观务实，来表达"真诚"的主题。围绕这个主题，茶艺创作题材大致分为规范科学的饮茶方式、民俗的饮茶方式、还原历史的饮茶方式等三种类型。作品创作的共同特点是，紧扣对茶汤的真实演绎、技艺的真实展现，以最简洁的形式表现出过程的美感，以茶艺师的整体素质呈现出作品的感染力。

1. 茶艺以规范科学的饮茶方式呈现

这是最容易被大众有效接受的形式，作品注重茶艺的结构要素能实现真实、规范、实用的表达，还原生活本质的追求，艺术形式上侧重简洁、律动之美。作品的表现方式依托于茶艺元素、茶艺流程和茶艺表现的设计。

在茶艺元素方面，体现求真主题的题材有针对茶叶的，茶艺师面对特别性能的茶，需要全神贯注地动用所有的创作材料来呈现它的与众不同，体现物尽其用；有针对水、火的，茶艺师实验性地探索用冷水来代替火的元素、用竹沥水改造水的来源等，给人呈现出另一番求真创新的趣味场面。

在茶艺流程方面，体现求真主题的题材有对流程规范演说的，茶艺师将每一个步骤一边沏茶一边娓娓道来，给人亲切温暖之感；有表现的规范性，满怀至诚敬意，茶艺师认真地体现礼仪规范；有流程的可变性设计，从饮者、沏茶者（如少儿）的差异性考虑，茶艺师对流程做细致入微的技术改变等，都是茶艺表达求真的题材。

在茶艺表现方面的求真，主要呈现出茶艺形式美的节奏、整齐等规律，比如超过五人以上的茶艺师表演节奏一致的动作流程，既加强了沏茶的过程在观众面前的真实呈现，又以整齐划一的形式美感留给观众具有冲击力的深刻印象。这种茶艺表现形式规模越大越有震撼力，所以也常被用在广场表演。

以上这些题材为了体现求真的主题，作品的创作重点主要在追求精益求精的技术表现、组合和创新，表现形式的简洁明快使作品更接近生活，容易被观众接受和示范。但同时对茶艺师的要求是比较高的，作为艺术形式体现的作品唯一与生活之间保持审美距离的，是在茶艺师的技能和素质上，茶艺师气韵生动、一期一会的真诚是作品的全部精髓。

2. 茶艺作为民俗的和历史的饮茶方式演绎

茶艺以这样的定位做出求真的演绎：民俗的题材我们理解为即将成为历史的饮茶生活方式的呈现；历史的题材是可能在历史上存在的饮茶生活方式的还原。这是两个类型的茶艺，相同点是，它们都需要做大量的文献、实地、实物的资料参考，以基本真实的还原来表现茶艺；不同点是，前者在现实的生活中还可能存在，茶艺师以实地挖掘为主要创作积累的来源；后者基本上仅在文献和文物中存在，也可能在生活中依稀蕴涵，茶艺师需要以历史观和文献考证等方法，获得创作的基本材料。

茶品和茶具是这两类茶艺创作的关键和难点之一。对历史性茶艺来说，比如还原唐代、宋代的，面临的第一个问题，就是饼茶、团茶的制作，如何蒸青、如何榨茶、如何研磨等，涉及茶叶生产、加工的环节。器具也一样，唐鍑、宋钵，它们作为主泡器的尺寸、材料、形制、火候的影响、沫饽的呈现等，大部分都不能在现实中获得。从茶品、茶具到茶艺其他元素要求和流程规定，在茶艺创作中都成为需要研究、探索、实验、呈现的内容。民俗的茶艺也同样如此。

饮茶态度是这两类茶艺创作的第二个难点。作为求真的题材，饮茶态度应同样能还原到民俗中、历史中可能存在的茶艺师所应有的表情和技能。比如新娘茶的民俗类型茶艺，大部分人的创作会有这样的编排：先是媒婆说亲、定茶，再是结婚拜堂，然后新娘沏茶奉茶。整个作品的沏茶部分其实成为其中的一个道具，这样的作品就不能称之为茶艺，如果表现好的话应该是一个小品、小戏，如果与茶有关联的归类，那就是茶文艺。新娘茶，应该表现出一个有个性的茶艺师成为新娘后的沏茶、敬茶的表现，如同陆羽与常伯熊两个具有迥异的个性而呈现出不同的煎茶饮茶态度一样，泼辣的新娘和温婉的新娘，在当地风俗、民俗背景下也会呈现出不同的表现，这种表现是在沏茶的过程中逐一展示的，即便有些夸张也是符合艺术表现规律的。

茶艺在历史、民俗的两个领域中题材丰富且耐人寻味。茶艺以陆羽《茶经》为标志经历了一千两百余年的历史，留下不少饮茶文化的瑰宝和谜团，还原历史的茶艺构思除了在史料、文物资料中获得，由于茶文化的传播，在异国他乡寻求印证的方法，也成为中国茶艺师践行的责任和表现内容。同样，如同活化石般的民俗茶艺，在体现不同区域的人们对风俗、对家园的顽固执守的同时，共同表现了对生活返璞归真的价值追求。茶艺对历史、民俗的贡献不仅仅是艺术的演绎，它还提供了一种实验的方法，一个切入历史、地域环境的平台，也成为其他国家地区追本溯源、寻根问祖的文化需求。

（二）求善的主题类型

这是茶艺作品追求仁爱的体现，突出作品呈现的文化归旨。这一类型的茶艺题材很多，茶艺师利用茶艺的表现手法来表达对大自然（如四季、花草、日月）的爱、对人类（如母亲、朋友、爱人）的爱、对人类的创造物（如节日、地域、家乡）的爱等多种类型，在表达爱的同时，其本质是对文化的认同。因为爱的对象性，所以这类作品一般具有明确的对象感，从作品创作的意蕴讲，它是将茶汤奉献给这些对象的（当然，实际上依旧是由观众来接受和品鉴茶汤）。因此能否让观众感觉和欣赏到作品表达出的仁爱境象，在不知不觉中观众也将自己投入到这个境象之中，是作品的成功之处。

用茶艺求善的主题来传播品牌文化，是现阶段中国茶艺创作最实用的一个类型。这里包括了茶叶品牌、企业品牌、区域品牌等文化的宣传，一般都与茶品类、茶产地、茶营销等因素有关，也有与茶无关的，借用与茶的文化性同源的价值追求来宣传自己的品牌文化。

在以品牌宣传为创作题材时，首先要突出茶叶、茶业、区域的显著性特征，这种显著型特征的第一要务就是对具有大众熟知度的材料进行挖掘，正如用《茉莉花》曲调来表征中国的江南文化一样，用许仙和白娘子的茶艺个性来塑造"西湖龙井"的品牌故事，用昆曲来表现《牡丹亭》的故乡、加深"龙谷丽人"的品牌印象，以云南浓郁的民族服装及器物元素来宣传普洱茶，都是利用观众熟悉的认知途径带入到茶艺对品牌的创作目的之中。其次是借助显著性的特征表现，将文化与茶艺活动充分融合。文化特征使作品有了对象感，接下来的工作就是如何将茶汤敬献给这些对象：用至柔和至刚的两种不同茶艺技法来表现直到最后的茶汤融合，敬奉给许仙与白娘子《千年等一回》（朱红缨，2008）的爱情；以极度夸张渲染的民族服饰、神秘的仪式感、远奥的器物构成的茶席设计和流程，将茶汤奉献给缔造普洱茶的勤劳勇敢的人们。即便是再华美的场面，茶汤依旧是作品观照的对象，所有的爱最终都体现在对茶的珍爱上，作品最后的归结点，是沏好每一碗茶汤。

通过茶艺形式的呈现，人们对茶汤感同身受，对求善的主旨有趋同的追求，对品牌文化有了更深刻的印象，品牌的归属感得到培植，为品牌知名度和美誉度的提升建立了一定的基础。同样关于对自然界的爱、对世界的爱，以日常生活审美方式的茶艺创作活动，来呈现人生的归属感、幸福感、人生的价值，这是茶艺至善的表达。

（三）求美的主题类型

这体现了茶艺作品的审美水平，从茶艺至美的创作构思到作品表达，都荡漾出在精神的空间里自由徜徉的情感，给人以心灵的慰藉。这类作品的创作重点，在于其是否将审美的普遍规律与茶艺的本质属性紧密结合起来，虽然以茶汤为观照，然而随着表演的进行，人们逐渐忘记了茶汤、技艺及眼前呈现的具体形式，只能感受到心灵深处的呼吸，并与茶艺师的呼吸保持一致的节奏。这类作品的题材很多，包括上述两个主题类型的题材创作，达到较高的艺术水平和感染力，一样也归于这一类型，但从创作路径来看，它们之间是有区别的。求真的主题，它主要解释茶汤；求善的主题，它的核心是建构一个对象；求美的主题，它安抚心灵，它的创作动因只是为了美。

求美的主题创作，第一，是表现作品之美对自由的追求，因此在题材的挖掘上，它都会从美的规律中去寻求表现的方式，比如色彩的、形状、空间的质料因素，以及它们的组合规律。这一类型的茶艺作品一般具有较高水平的茶席设计和空间表达，对茶艺师也要求有一丝不苟的美的呈现，因为美有夸张、变形的审美范畴，茶艺的自由创造在这一领域中得到更大空间的发挥。第二，作品要回答创作的文化归旨，仅有形式上的美是不够深刻的，作品需要给自己或观众提供一个情感的支撑点，即在作品中要回答它在讲述什么，这个内容是否与形式相符，是否能吸引感情的融入，给人以健康向上的、趣味盎然的、宁静致远的力量启发。第三，作品的最后必须呈现出一杯完美的茶汤。

以作品《西湖雅韵》（朱红缨，2010）为例，创作动因是作为江南茶艺的作品定位，参加民族茶艺的比赛。为了突出差异性，也暗合民族间的文化借鉴，作品以《越人歌》为背景，围绕"韵"的主题，在"今夕何夕兮，搴舟中流。今日何日兮，得与王子同舟。蒙羞被好兮，不訾诟耻。心几烦而不绝兮，得知王子。山有木兮木有枝（知），心悦君兮君不知"的低吟浅唱中，拉开优雅的、美轮美奂的茶艺表演，诠释茶与水的爱情、山与木的爱情、人与人的爱情，同时夸张地利用了面具舞的饮茶造型作为茶艺动态的空间设计，造成束缚与舒展的视觉冲击，以不惧束缚的温良力量表达"天下之至柔，驰骋天下之至坚"文化归旨给人印象深刻，作品表达从形式到内容的一致性使"雅韵"主题脱颖而出。

美的企求在生活中获得温良的释放，日常生活的茶艺时刻都呈现出人的诗意栖居。

二、风格的代表性

风格是指茶艺作品在整体上呈现出的具有代表性的独特面貌。同一个主题可能会有不同风格的表现。确立作品的创作风格，不仅能更好地诠释主题，也能较迅速地引导观众进入茶艺师的作品境象。茶艺的风格有不同方法的分类，从格局的特征来分大致为简洁、清秀、朴实、典雅、奇趣、玄远、繁复、壮丽八种。

（一）简洁

追求极少，去除一切不必要的器具、修饰、动作、颜色、装点，用茶艺基本的元素、特征、结构及本质的美，来呈现作品。简洁的风格从形式上来看是最简单的，但对茶艺师和茶汤的要求是最高的。这一风格用于求真的主题类型较多，离观众的距离也是最近的。

（二）清秀

在简洁的基础上增加一些审美的设计，通过点缀的手法增强主题的表现力，诠释不多不少的美感，观众在近距离的欣赏中能感受到茶艺师的审美心情。

（三）淳朴

以朴实的、还原生活的表现手法，对生活中的饮茶方式进行艺术化的呈现。艺术是第二自然的表现，虽然是拾遗生活场面，这种淳朴已经带上了茶艺师的创作旨意，具有典型性和同质化的艺术加工特点，能让观众感受到淳朴之外的茶艺境象。

（四）典雅

运用传统美学法则及文化典籍，使茶艺造型和表现产生规整、端庄、稳重、高贵的美感。作品的典雅使各个部分、步骤都能依循一定的理据，呈现出意蕴深远、品格高古的温厚风貌。但典雅相比远奥、繁复又力求简化，追求神似。典雅的创作风格一般有较大的表演空间，因此多用于舞台表演。

（五）奇趣

追求分享生活之乐的审美态度，探索在茶艺中可表现一切的可能，作品表达出活泼、幽默、新奇等特征，让人有耳目一新之感。奇趣的风格在年轻人的茶艺作品中多见，他们积极与现实生活对接，创新了茶艺的内容和程式，也同时被生活接受。茶人之中的不羁之才常有奇趣的作品，似不合常规却发人深省。

（六）玄远

创作者用一些复杂曲折的器物或表演，来诠释精微深刻的道理，体现出深邃、苍茫、隐喻的面貌。这类风格常与"天人合一"、"人生旷达"、

"一衣带水"等主题关联，这种文化很容易启发创作者，也有很多人尝试作这样的作品，但由于题材宏大、深奥，往往难以达到预期的效果。

（七）繁复

繁复，花团锦簇、重峦叠嶂的样子。指在作品中用大面积的、复杂的色块、材料、形状等形构，大气、成熟、夸张的表情，以强烈的存在感来呈现茶艺作品的面貌。这类作品比较适合在舞台、广场上的表演，艺术设计感和冲击力强，适合以一定的距离来观看审美需求。

（八）壮丽

专指多人的表演，一般用在大场地的茶艺活动，十几人或几十人的茶艺师统一服装、器具、流程、节奏，将茶艺中最核心的内容以最简洁的方式进行表现，体现出广场艺术的宏大美感。鉴定此风格美的关键词是整齐一律。

不同的风格之间并没有高下之分，只有在不同风格之中茶艺表现水平的区分，比如简洁上、简洁中、简洁下，这个上、中、下的区分主要看作品依托风格是否很好地诠释了主题，是否考虑到观众的接受程度，是否兼顾了表演的场合要求等。

风格分类还有从性格特征划分的，如婉约、郑重、活泼、嬉皮等；有从色彩特征划分的，如冷色、暖色、绿色、撞色、明快、阴郁、舒远、逼近等；还有从节奏快慢划分、从舞台夸张程度划分、时空选择划分等。茶艺师用不同分类的风格组合来创作茶艺作品，也是可取的。

第六节　茶席设计

茶席，在陆羽《茶经》二十四器之一的"具列"，或床或架，大概指向茶席的平面设计或立体设计的意思。当然，唐代以来的茶席要求并未达到现代境况，将茶席设计提升为造型艺术定位的高度。茶席设计是茶艺形式中造型艺术的主要载体，也是茶艺创作的重要步骤。近年来，许多茶艺学家对茶席或茶席设计做出过定义，如童启庆教授在《影像中国茶道》一书中解释："茶席，是泡茶、喝茶的地方。包括泡茶的操作场所、客人的坐席以及所需气氛的环境布置。"周文棠先生认为"茶席是根据特定茶道所选择的场所与空间，需布置与茶道类型相宜的茶席、茶座、表演台、泡茶台、奉茶处所等。茶席是沏茶、饮茶的场所"。乔木森在《茶席设计》一书中表述："所谓茶席设计，就是指以茶为灵魂，以茶具为主体，在特定的空间形态中，与其他的艺术形式相结合，所共同完成的一个有独立主题的茶道艺术组合整体。"蔡荣章在《茶席·茶会》中界定："茶席就是茶道（或茶艺）表现的场所，它具有一定程度的严肃性，茶席是为表现茶道之美或茶道精神而规划的一个场所。"这些定义都进一步明确了茶席是茶艺结构存在的静态空间。茶席设计，其核心层面是指茶、水、器、火、境五大元素依循茶艺规范，构成具有审美的、静态的空间组合与造型；扩大的层面还包括茶艺师的静态介入以及品饮者的席位布置。

一、茶席设计原则

茶席设计在茶艺作品中发挥了重要的作用，茶艺师按照一定的规律来设计茶席，可以获得较好的创作效果。一个优秀的茶席作品的设计要符合以下几个原则：第一，要承载主题；第二，要呈现风格；第三，要符合茶艺规范，也即常说的泡茶逻辑；第四，要符合人体工学；第五，要兼顾场合。

（一）承载主题

这是指茶席设计必须与茶艺所要表达的主题一致，这种一致性具体体现在茶席构成中的器物、形状、色彩等，达到由静态之席与宾客进行主题的交流的目的。

（二）呈现风格

茶艺的风格除了茶艺师的表演风格自成一派外，大部分的作品是由茶席来呈现的，清秀、典雅、远奥、繁复等面貌都可以通过茶席的静态语言来铺陈，茶席风格一旦确立，在一定程度上也就确立了茶艺作品的风格。

（三）符合茶艺规范

这是茶席设计最核心的部分，茶席因为茶而存在，为了沏茶这件事而铺展，为了茶艺之美而设计，因此茶席设计首先是满足茶的需求，满足沏茶的要素和流程，满足完美茶汤呈现出的所有努力。茶叶设计是围绕着沏茶的中心任务而开展的。

（四）符合人体工学

人体工学就是在设计产品、工具和环境时，要注重适应和满足人的生理和心理特点，使用方式尽量适合人体的自然形态，减少身体和精神的主动适应，减少人的疲劳感，来展现出人的身体和精神更加舒适、安全、健康的状态。茶艺是在茶席的空间里进行动作的表演，表演者在茶席中能不受压迫而自如地开展沏茶的行为，是茶席设计要从人体工学角度考虑的重要任务。茶艺表演有位置、动作、顺序、姿势、线路的"五则"要求，有奉茶的要求，有不同国家、地区、性别、年龄的行动习惯要求，这些都要考虑到茶席设计中去。

（五）兼顾场合

不同的茶艺所处的场合是不同的，有家庭式的、舞台的、旅行的、各处表演的，因而要求茶席设计能符合场合的要求。比如，家庭式的，场合固定，观赏的距离近，因此用一些精致的、贵重的器具做主角或铺陈，都是合适的；舞台上的茶席要求有舞台的效果，要尽量兼顾到远距离观众的欣赏要求，所以采取典雅、繁复的风格设计茶席是常用的表现手法；旅行的茶席要便于携带，也不必过于贵重；各处表演的，既要考虑到舞台效果，又要兼顾运输方便等。场合的因素必须在茶席设计中体现，否则即使有可能是一件好的作品，但因为不符合场合的要求，也达不到应有的审美需求满足。

二、茶席设计内容

茶席设计从本质上讲，就是如何将茶艺的五大元素：茶、水、器、火、境之中的前四个"茶、水、器、火"与"境"充分融合，体现美感。因此，茶席设计主要解决"茶、水、器、火"如何编排放置在"境"中的问题，从扩大的概念来讲，还包括茶艺师如何放置在"境"中，"境"对于观众的呈现等内容。为了叙述方便，我们将"茶、水、器、火"的组合称为主角，将与主角关联的配饰、装点称为配角，承接主配角的支撑台称为席面，提供茶席空间结构和范围的格局称为空间，茶艺师和观众称为主体，那么茶席就由主角、配角、席面、空间、主体等五大部分设计而成。茶席设计主题先行，确定主题后，陆续选择相应的茶席元素。

（一）主角设计

主角设计是整个茶席中的焦点，用何种茶叶、水的盛放、火的来源，主泡器、品饮器的选择，茶汤与叶底的呈现，辅器与主泡器的一致性，茶艺流程设计的影响，主角的文化内涵、色彩系列、形状造型等，都是茶席设计中考虑的核心内容。一般来说，在主角选择与设计时，主要突出其实用的功能，因此它对器具的要求是节约的，由于茶内敛的个性，主角的风格也趋于含蓄，色彩不能太多，不宜有过强的设计感，并且越是接近于主泡器越是内敛。

（二）配角设计

与茶艺关联密切的配角，有与饮茶适配的茶点及茶点碟，有"挂画、插花、点茶、焚香"四宜事之其他三项，有"琴棋书画诗酒茶"七雅事之其他若干项，有工艺品、日用品等器具的协调装扮，比如盆栽、屏风、工艺美术品（竹匾、博古架、剪纸、软装饰布帘、手工艺品）、能唤醒记忆的日常生活用品、民俗器物、农作物、自然风景造型等。

配角设计除了诠释主题、与主角风格一致之外，还有一个重要的功能是弥补主角过于节约、内敛而产生的造型设计不足之感。因此，配角的选择和陈列可以略微夸张、突出一些，来平衡空间布置的美感以及个性化的表达。插花和插花器的设计是常用的增添美感趣味的手法；茶点也可以发挥这样的功能，韩国茶艺界经常使用自己制作的、符合茶艺境象的、小巧精致的茶点，与盛放的茶点盘一起，以直线形或雁形等夸张造型，铺陈出美丽的空间格局。一般来讲，常用作主角的器具不能当作配角用来点缀，除非这个器具有特别说明的功能体现和理由。

（三）席面设计

席面设计是指主配角器具放置的面或面的组合，并对它们的材料、形状、色彩以及形式规律的体现等进行设计。席面设计主要回答如何衬托主角与配角、保护和满足主角功能实现、进一步诠释主题与风格等问题。在这一环节中，主配角的主要器具已呈现出来，这些器物有着各自的色彩、形状、质地、排序、内含的文化意义等感性因素，是茶艺师在设计席面时要综合考虑的，席面要能起到稳固、保护器具的作用，要遵循感性因素的组合规律来体现美感。设计席面的形构，是用具列床（平面）、具列架（立体）还是多席的设计，必须视茶艺的主题呈现和功能要求而定，并兼顾到茶艺师设计作品的全面把控能力。

从感性因素讲，席面的颜色和质地等往往决定了整个作品的视觉效果，茶艺师会花一些精力来渲染这种效果。比如布置时常用到的材料有各类桌布（布、丝、绸、缎、葛等）、竹草编织垫和布艺垫等；也有取法于自然的材料，如荷叶铺垫、沙石铺垫、落英铺垫等；还有不加铺垫，直接利用特殊台面自身的肌理，如原木台的拙趣、红木台的高贵、大理石台面的纹理等。主配角色彩和席面材料色彩的组合要符合其规律性，色彩搭配可以采用诸如色调配色、近似配色、渐进配色、对比配色、单重点配色、分隔式配色等组合原则来突出主题。设计席面不是为了铺垫而铺垫、为了桌面而桌面，这些材料和色彩的利用，必须能进一步诠释作品风格一致的形式美以及满足茶艺的功能性要求。

从席面形构讲，有平面的、立体的，有一席、二席、多席的。一般来说，取法典雅、稳重的，利用平面席比较多；取法古趣、田野的，设计成立体的比较多。平面席，即主角和大部分配角都在一个平面上，席面设计整齐、有规则、一目了然，给人以坦然、轻松、中规中矩之美感。立体席，即主角也都分布在不同的平面上，常见的如烧水器放置在矮几上、与主席面错开；用具列架和平面席组合构造明暗相间的视觉效果；设计成山涧泉石的曲折席面，如流水般依次布置主配角等。立体多席面的设计曲折、跌宕、恰到好处，给人以复杂、合韵、延展的美感。一席、二席、多席，是指茶艺作品以完整的一套主角布置计算，需要的茶席个数。多席的茶艺作品，以台湾天仁命题春夏秋冬的"四季茶席"最为经典，韩国也有"仁、义、礼、智、信"的五席设计，传播甚广。一席、二席、多席设计，主要是满足茶艺本身的需要，席面越多，在扩大了茶席设计规模效果的同时，考虑到的其他因素就会越复杂，比如太过一致有呆板之嫌，太过变化又有可能杂乱无章，还有表演者的介入、主题的集中等，这些都反映出茶艺师对作品的把控能力。

（四）空间设计

空间设计展现茶席的三维空间格局，主要是指各席面及配饰在前后、上下、左右空间上的排列组合，包括席面的内容、形构、数目及空间分布与配置。空间设计涉及比例、位置、高度等要素及组合规律，从设计类型来看，有均匀型分布格局、团聚式分布格局、线状分布格局、平行分布格局和空间连接格局；从对象来看，空间设计的规律既可以用在席面的空间设计，也可以用于茶席的空间设计。空间设计是茶艺的一部分，所以要注意人体工学在空间中的考虑，要使茶艺师能方便各种器具的使用和移动。

空间设计首先要有比例、位置、高度的空间概念，也即中心点的确立。从中国人的思维来看，任何事物的切入首先要确定其中心的位置：中庸的思想即"执两用中"，城市规划的"中轴线"，费孝通先生讲中国社会格局是"同心圆"扩散的差序格局，都是确立中心具有的意义和现实。确立这个中心，倒不是把自己禁锢其中，而是总能看着这个"中心"来确定自己的位置和步伐。对于具体可视的茶席尤其如此，不管是席面还是茶席空间，都要先确立中心，这也是茶艺规则"同壹心"要求的体现。

中心的确立跟范围有关，与前后、上下、左右的轴向有关。前后的轴向确定了左右的中心位置，称为纵轴线，也成为中心轴；左右的轴向确定了前后的位置，成为横轴线，茶艺、茶席中经常用到的"平行"，一般都指与横轴线平行；上下位置的中心点（面）确立称为重心。空间的中轴线、横轴线和重心交织的点，即是中心。中心确立后，空间的位置、比例、高度就有了出发点。以席面为范围，它的中心点即是主泡器，因此，茶艺师和主泡器（单体）应布置在席面的中心轴、重心点的位置。中心轴是最为可视的，根据中心轴位置，有些茶席用对称的表现手法，大部分茶席都采用均衡的手法来表现中心轴的势态，均衡更富于变化，形式上也更灵活自如。茶席有席地的、矮几的、坐席的、立席的，这样空间的重心就会各不相同；席面的主配角也有不同的高度，高度不相同，重心点就会不同。茶席的空间布局的核心，就是要紧紧围绕看不见的中心点，来安排各种器物的比例关系。茶艺创作和表演也都是围绕着这个中心来开展，在流动中体现不偏不倚，观众的视觉同样聚焦在这个中心点上。

空间设计的格局类型有：

1. 均匀型分布格局，是指各器物、席面之间的距离相对一致。这种类型在教学中最为常见，主泡器、品饮杯、茶匙组、插花等主配角排放整齐、有序，使学习者建构起初步的位置与比例关系。

2. 团聚式分布格局，是指确立一个中心团点，其他材料围绕着中心团聚起来，形成中心辐射或若干中心团块的效果。这个中心团点一般由主泡器担任，体现在单个席面上，有主配角的圆形排放作为对称的设计，或彗星般团聚运动的不对称设计。空间设计使用此方法的也很多见，茶艺师要把握好对称时的不呆板感和不对称时的平衡感。

3. 线状分布格局，是指同一类型或相似器物呈线形分布。比如若干个品饮杯以及主配角其他相似形状器物连成一线，呈现出绵延感；空间设计还常用一些铺陈指代水流小溪，造成绵延的线型空间来布局茶席。

4. 平行分布格局，是指同类型或相似器物平行分布。茶席中最常用的是将成排的品饮杯、成排的点心碟，以及刻意把主泡器、茶荷、茶匙等排成行，构成三行的平行格局，给人一种节奏的美感。空间设计时常把背景与席面摆放成平行的格局，多席的空间设计更多用到平行的概念，这种由平行的视觉传达出有序的形式美更容易被大众接受。

5. 空间连接格局，将不同高度、不同类型的席面、背景、配饰等连接起来。有平面的空间连接，如用大面积的材料（竹排、织布、植物、玻璃等）突出特别的形状作铺垫，将多席的茶席或不同类型的主配角集合在一起，扩大了视线的场面；有立体的空间连接，比如利用树枝、金属笼、伞状物、自然界的造型等，营造一个若有若无的半包围的空间，更加明确了茶席的立体空间范围。

（五）主体设计

完成了前面四个环节，作为中间产品的茶席设计作品已呈现在观众面前。但在茶艺界，还必须完成第五项内容——茶艺师的外形设计以及品饮席位的摆放，只有进入主体到茶席中，才算完成了完整意义的茶席设计。

茶艺师的外形设计包括：

1. 茶艺师选择，主要考虑其性别、年龄、气质要求等是否符合茶艺的主题和风格。比如一个色彩鲜艳、风格活泼的主题茶席，让年长的茶艺师进入是不和谐的；若是诠释玄远主题的茶席，放一个年轻的小姑娘也不适合。

2. 服装设计，其颜色、质地要与茶席的色调风格和谐；其线条、款式要满足沏茶的功能要求，特别是袖口的设计；其造型、文化意蕴应符合主题的内涵，符合茶艺礼节的要求。茶艺师的服装体现了一种文化格调，近年来为大众模仿，逐渐形成了独立的体系：茶服。茶服诞生后对服装界最大的贡献是，打破了历史的、传统的、民族的服装自有的强烈个性与现代生活服装的隔阂，创造出可以兼容各种民族元素的、舒适美观的服装系列，以一种文化自信，大方得体地通过饮茶活动或带着饮茶态度出现在生活乃至世界各个角落。

3. 位置与姿态设计，茶艺师的位置与茶席的中心点、重心等要素确定相关，茶艺师在茶席中是一个亲切平和的沉默者，其最优秀的交流工具是眼神、笑容、肢体，这是茶艺师基本的姿态。

观众品饮席位的设计摆放要增添茶席的美感，比如线状分布的茶席，坐席可以继续延伸线的形状，来呈现出更强的设计感；品饮席还可营造另一个独立的空间，与茶席遥遥相对、相映成趣。在不需要摆放品饮席时，设计的茶席也要让人能清楚明白观众对象的位置。

茶席设计最后还有一个命名的工作，特别是茶席作为独立的作品展示，一个好的题目能提升茶席的艺术水平。茶席命名首先是要概括出明确的主题，主题与茶席的具体表象相呼应，做巧妙的点题，使命名切题、含蓄、默契而富有想象力。借助古诗词、散文、名句、偈语等内涵丰富又为众人熟知的意境诗意来表达，是茶席命名中较为常见的手法。

三、茶席设计类型

茶席设计有很多分类的方法，如按题材分、按结构分、按色系分、按茶会类型分……茶席既然作为艺术形式的存在，就关联到人的情感。茶艺师们认同茶席能营造茶与饮者的对话，其本质意义是人们通过饮茶及饮茶环境实现了审美移情，茶席寄托了饮者的情感。因此，以茶与饮者的情感关系，推己及人、从少到多，来区分茶席设计的类型，分为自珍席、宾至席、雅集席、舞台席四种，是茶艺师必须了解的分类原理与方法。

（一）自珍席

自珍席是茶艺师自身以饮者的身份与茶对话，茶席是茶艺师心灵的观照，茶席设计的特征：表现自我风雅、自由。

自珍席与茶艺师的日常生活密切关联，是茶艺师借助这样的茶席一角在日常生活中观照自己，修身养性，也是一种私人化的生活方式，因此，茶席设计往往表现出特有的个性。第一，自珍席往往会固定地嵌入日常生活之中，表现为这类茶席成为居所的一种结构而置放，比如在各种较大型的、造型奇趣的木材、石材等茶台上设计茶席，在家居的飘窗、书案、阳台以及庭院景观中安排茶席等。因为位置的相对固定和安全，茶艺师能提供妥当的保护，茶席各类器具的选择范围广泛，创作材料的质量水平相对高一些；但也因为固定的背景，会造成茶席风格的选择受到一定的限制，茶席设计必须兼顾到空间已有的风格，达到兼容、和谐的效果。第二，自珍席的最大功能是实现茶艺师的移情，是茶艺师心灵深处情感的表达，因此，它的设计完全可以根据茶艺师私人化的审美态度来实现，是极为自由的，从主观上来讲，不需要考虑其他人的审美意见，虽然客观上它的存在即是展现。茶艺师曾经的记忆、个人的爱好、敝帚自珍的怜惜，或空灵或典雅，这些主题风格，都可以成为设计的中心任务。相对来说，茶席的风雅文化也选择了茶艺师的生活方式，自珍席是生活中为一部分表达风雅的人而存在的，它是最具私人化的风雅。明代的茶寮、日本的茶室建筑，是对此类茶席大而化之的表现。

（二）宾至席

宾至席是宾客与茶的对话，反映了茶艺师对来宾的心情与礼节，茶席设计的特征：亲切。

客来敬茶是茶最广泛的认知，如何敬好一杯茶，是茶艺师在宾至席设计时考虑的重点。此类型的茶席目的性强而清楚：第一，在茶席中便于给宾客沏茶；第二，展现对宾客欢迎的茶席。首先是选择茶品和主泡器。茶艺师先要了解来宾的身份，如年龄、性别、职业、区域等，不同身份的饮者对茶品的喜好程度是不同的，比如，女性、文职工作者、较少饮茶经验的，可以选择淡雅的、有代表性的茶品；老茶客、来自不同茶区的宾客，可以选择有特点的茶，以做相互的交流。茶品选择后，主泡器的选择就完成了一大半。在这一点上，《红楼梦》第四十一回妙玉请贾母等一行饮茶，不同的人招待了不同的茶和茶具，是极为经典的。

茶艺师必须结合茶品和宾客的不同身份来设计茶席。宾至席是饮者和茶艺师紧紧团绕的茶席，相互距离很近，配饰和席面都不能太突兀，设计材料必须经得起细细鉴赏，茶席设计的风格要趋于简洁、清秀，设计的主题必须符合宾客的身份。茶艺师有时就用一个考究的茶盘、茶台、叠铺的桌旗、淡雅的插花、小凭栏等，来完成茶席的设计，即便如此，对这些材料的选择还是要有主题的表征的，比如用花代表对女性的欢迎，用古润的木器、玉石代表对老人的尊敬等。

茶艺师还要了解来宾的人数，人数较多，则茶席的席面设计就大一些；有时也设计成多席，适合多宾客的不同需求，若会见时间较长也可作换茶的不同茶席配置；人数少的，茶席就可小一些，避免有以席欺人之虞。有时茶艺师并非宾客来访的主要对象，茶席的安排一定不可以喧宾夺主。宾至席的特征是亲切，通过主宾之间默契的沏茶、饮茶，来展示茶艺师对宾客的亲切心情，并以更多细致的感情寄托在茶席之外。

（三）雅集席

雅集席是符合某个主题的心情与趣味的茶席展示，多用在以茶聚会的场合中，能以其文化内涵和审美形态给人深刻的印象，茶席设计的特征：独特。

现代茶人的雅集大致有三种：一种是一席多人，茶人们为了一个主题或共同的爱好集聚在一起，茶艺师是这个茶会的主人，以艺术品位为旨趣尽情地演绎茶席茶艺，来招待每一个茶人。比如谷雨茶叙、茶与琴的对话、庭院茶会等，都是一席多人雅集席展示的场合。一席多人的雅集席展示方式，有在茶会中单个一席贯穿活动始终的，但大多数是以一席接一席的方式来展示。

第二种是多席无人，这个无人是指无实际的饮者，多用在将茶席作为中间产品的展出，是茶席们进行的雅趣集合。在这个雅集中，茶席的设计水平在相互比较中一览无余，茶席设计的不同风格给观览者无限启迪，茶席设计的每一个闪光点都被人默默地深刻铭记。

第三种是多席多人，茶人们带着自己的茶席作品在一个较广阔的空间展示，给每一位观览茶席的饮者展示茶艺，给饮者完美的茶席体验，这类茶席表现是茶人们最广泛的活动。

不同类型的雅集都反映出雅集席一致的设计特点：第一，主题鲜明，风格独特。茶席的艺术性要求较高，特别是造型艺术的表现尤为突出，要在现实中或在茶人内心的评估中能脱颖而出，紧扣主题、演绎风格来设计茶席是获得较好效果的重要保证。第二，审美距离的把握。在日常生活中，雅集席比自珍席和宾至席与饮者的距离稍远一些，但又比舞台席近一些，这种距离也反映在雅集席的审美距离上，它应该呈现出超越于生活的审美形态。第三，茶汤的呈现，除了多席无人的茶席试图造就纯粹的审美外，雅集席应该给每一位观览者提供茶汤以品鉴，它以艺术化的茶席集会反映出平等、自由的宗旨。

（四）舞台席

舞台席是用在舞台表演场合上的茶席展示，应符合舞台艺术的要求，茶席设计的特征：夸张。

茶席之所以要搬上舞台，一定是与有较多的观众或可以传播到更广更远的范围等因素相关，因此，它也与同样在舞台表演的其他艺术形式具有基本一致的要求。舞台席面临着这样几个挑战：

一是舞台的限制性。这里包括了舞台空间的限制，与观众保持距离的限制，茶汤供给的限制。这些客观的因素势必造成茶席主题表现的限制性，茶汤之美观照的缺憾。因此在茶席设计中要尽可能夸大一些形式元素，唤醒观众的想象力，让观众用想象力来补充和升华自己的直观感觉。

二是舞台美术的要求。舞台席面临了灯光、布景、化妆、服装、音响等舞台效果体现的基本要求，其布景和空间具有假定性的特征，其服装、化妆需要符合灯光的渲染效果。这些特点和要求要纳入茶席设计的创作构思之中，来呈现出具有舞台魅力的茶席。

三是舞台的情感要求。茶席作为茶艺表演的形式载体，在日常生活中其表现形式是舒缓的、亲切的、内敛的，但在舞台的场合上，它的对象不是一个人或若干人，而是一个剧场或一个广场的人群，它的亲切能波及整个剧场或广场的每一位观众，因此舞台席的情感表达更为奔放、夸张、细腻。

舞台席的设计一般用繁复、典雅、壮丽的风格来体现，也常用多席的、空间连接格局的大型茶席来掌控舞台。舞台用以表演茶艺，所以主体的设计部分会做较多的考虑，如果主体设计得比较郑重，茶席的实物部分应铺展得清雅一些。

最后，以蔡荣章先生的一段话作为这一节的结束语："总的来说，茶席就是茶道（或茶艺）表现的场所，它具有一定程度的严肃性，必须要有所规划，而不是任意一个泡茶的场所都可称作'茶席'。泡茶也罢、茶艺也罢、茶道也罢，任何地方都是可实施的，但如果只是单纯地冲泡一壶茶或是来喝一杯茶，这样的场所我们不称为'茶席'，茶席是为表现茶道之美或茶道精神而规划的一个场所。"①

---

① 蔡荣章：《茶席·茶会》，安徽教育出版社 2011 年版，第 5 页。

第九章　茶艺与社会

　　中国茶文化发展至今，从文化行为与文化心态对于社会的影响程度来说，茶艺是最为显著、也最为集中的表现，就这个意义来说，茶艺是茶文化唯一的社会产品。社会文明达到一定程度必然走向精致和优雅，茶在其中扮演着重要角色。当茶艺成为产品呈现在社会上时，它正在逐渐完成一种新型的生产方式，通过对人们生活方式的渗透，倡导历久弥新的社会风尚。茶艺是以其生产方式决定了生活方式，还是生活方式成为其生产方式产生的前提条件，的确与现代化的蒸汽机、计算机发明对人类生活方式的影响很不相同，但这个问题的提出与回答，起码承认了茶艺与现代社会的确有一种新型关系：日常生活的价值。这个价值，一方面呈现出与社会结构和文化的同步性，以及相互建构的意义，在茶艺文化的影响下，形成一种新型的、互为认同的社会组织方式。另一方面，茶艺文化的历史积淀及现代发展，以内在的价值观念形式，影响人们生活中的行为、规范，以及作为完整的人为之奋斗的方向选择。

第一节　茶艺的茶会形式

　　以茶聚会起码在魏晋时期就有了频繁的活动，并成为历代茶人标榜自身品位、培育同志意识、取得社会认可的重要手段。在以茶待客的习俗中，茶成为社交场上的润滑剂，创造出一个和谐的氛围，协调甚至增进了社会关系。

　　以茶聚会的社会交往，大致分为两类，一类是将饮茶作为人们交流信息、平息情绪的媒介，比如以前的茶铺、茶馆、吃讲茶，现代的茶话会等，发挥饮茶解渴、提神醒脑、镇静的作用，体现了人们对茶作为饮品的基本诉求。第二类是注重聚会的文化因素，通过以茶聚会的形式来确立社会关系及团体意识，表达出参与者清高脱俗、风流儒雅、特立独行的优越感等方面的精神需求，是大众对雅俗共赏的茶艺文化的向往，因此，此类聚会称为雅集茶会，也是本节讨论的对象和范围。

一、雅集茶会的历代风度

雅集茶会是茶艺文化在社会生活及人际交往中的体现，"琴棋书画诗酒"和"柴米油盐酱醋茶"的兼容性，使雅集茶会具有雅俗共赏的特点，但从内涵到形式，与饮茶解渴的目的是完全不同的。大致上，雅集茶会都有明确的文化指向，有规定的仪式，有特定的人群组织，有一些茶会还更富有美感的意蕴。从历代文献中可知，历史上有过这样几个类型的雅集茶会。

（一）茶宴

据记载，魏晋时期即已出现品茗宴、茶果宴、分茶宴的区别，以区分不同品味取向的茶人开展的不同聚会形式。在茶宴的过程中，注重器具、茶品、流程、环境等，并赋予一定的社会组织方式。茶宴为以后的茶会类型奠定了基本框架，即使在今天许多以茶聚会的形式中，仍可以比照出类似茶宴的内容。

（二）茶汤会

唐代以文人阶层为主流，进一步扩大品茗宴的文化内涵，注重审美移情作用的发挥，寄情于山水。唐代还有许多出家人，以茶代酒，以茶悟道，以茶禅定。最著名的是百丈禅师，他把茶融入礼法，制定了茶汤会，在《百丈清规》中，谈到了如何行茶礼，如何作茶汤会。茶汤会的名目，即有民俗茶会，指清明、端午、中秋、春节等四序茶会；列职茶会，指新旧僧人职务交接的茶会形式；大众茶会，是与施主交际的茶会。茶汤会规则明细、思想深沉、礼法周到、文质合宜，符合茶艺文化之经典意味。

（三）斗茶会

主要流行在宋代，并产生了许多与斗茶相关的如茗战、茶百戏、水丹青、咬盏、绣茶等名词。当时的宋人从官人雅士到普通百姓，对斗茶会的活动高度热衷，最大程度地赋予茶以生命力，追求泡茶的技艺，提高茶汤的观赏价值，丰富社会娱乐活动，满足精神上的享受。

（三）茶寮

在家庭居住的建筑结构上，明代开始有了专用的茶室，称为茶寮，茶人们在家中可以品茗聚会，来欣赏彼此的风雅，这是饮茶活动正式介入日

常生活的表征。台湾吴智和教授研究认为①，明清时期还有其他三种借
"茶"聚会方式，即园庭茶会、社集茶会、山水茶会，这三种形式从本质
上讲仍是历史的继承，但社会组织方式更为稳定，形成了具有时代格调的
茶人集团。

（五）茶艺馆

清代最著名的雅集茶会，一是宫廷茶宴。据史料记载，乾隆时期，仅
重华宫所办的"三清茶宴"就有43次，茶宴的主要内容是饮茶作诗，茶
象征的是荣誉，为了突出宫廷礼仪而显得繁文缛节。二是茶馆，"康乾盛
世"时期，清代茶馆呈现出集前代之大成的景观，不仅数量多，种类、
功能与前朝相比也出现了多样性。特别是以卖茶为主的清茶馆，环境优
美，布置雅致，茶、水优良，兼有字画、盆景点缀其间。文人雅士儒商多
来此静心品茗，倾心谈天。此类茶馆常设于景色宜人之处，颇有现代茶艺
馆的迹象。

童启庆教授曾总结了现代茶艺馆的五大功能②：茶艺馆是倡导茶为国
饮的宣传窗口；茶艺馆是普及茶学知识的文化教室；茶艺馆是演示练习茶
艺的实践场所；茶艺馆是弘扬中华茶德的极好场所；茶艺馆是国际茶文化
交流的常设会场。茶艺本身是一门综合艺术，茶艺馆通过形象生动的技艺
演示和优雅清静的环境，成为人们会友休闲的场所，茶艺馆对现代社会的
发展具有良好影响。

雅集茶会在历代各领风骚、薪火相传：亦雅亦俗的茶宴一直贯穿于历
代以茶聚会形式之始终；茶汤会赋予茶会更多的思想和形式规则；斗茶会
注意到了茶汤本身富有无尽想象力的美感；茶寮以家庭建筑的分隔，标志
饮茶格调正式进入日常生活；茶艺馆提供了日常以茶艺聚会的社会场所。
雅集茶会的形成，从社会组织产生的因素分析，基本上具备了有稳定的规
则规范、给予茶人归属和成就的地位、志趣相投及互相依存的角色、共同
认同的权威等四个维度，为茶人的社会交往提供了组织形式和活动类型。

茶艺在现代社会的兴起及推陈出新，使现代雅集茶会呈现出一派流光
溢彩的风貌，主要体现在现代审美意识在茶艺集会中的表现，日常生活审

---

① 吴智和：《明代茶人集团的社会组织：以茶会类型为例》，《明史研究》第3辑，2012
年，第110—122页。
② 童启庆：《茶艺馆的兴起及其对社会发展的影响》，《茶叶》1997年第2期，第53—
57页。

美的普及，使以茶聚会除了继续沿袭传统外，茶会规则及茶席品质的雅集，也成为现代雅集茶会类型区分的重点。下面择要讲述四类雅集茶会的形式和风貌。

二、无我茶会

无我茶会由台湾的蔡荣章先生于 1989 年创办，几十年来一直被茶人们视为最有影响力和号召力的茶会形式。无我茶会的特点是参加者都自带茶叶、茶具，人人泡茶、人人敬茶、人人品茶。茶席要求简洁、便于携带，风格可以多样，茶会对饮杯有规定，倘若规定了四个，即要求将泡好的其中三杯茶奉给左边的三位茶侣。泡茶席基本上席地安置，且要求首尾相连。茶会进行前出一个简明扼要的公告，公布时间、地点、主题、杯数、泡茶几道、参与人数及其他大会说明，参与者依照公告安排自己的活动，做到有条不紊。茶会若要与市民分享，公告中会规定第几道茶是奉给观众的，并提供另外的饮杯，茶艺师离席敬奉。茶会的规则设计显示，创办人力图从中体现七大精神：抽签决定座位——无尊卑之分；依同一方向奉茶——无报偿之心；接纳、欣赏各种茶——无好恶之心；努力把茶泡好——求精进之心；无须指挥与司仪——遵守公共约定；席间不语——培养默契，体现群体律动之美；泡茶方式不拘——无流派与地域之分。

无我茶会目前已是一个十分成熟的茶会，对其进行分析，会有以下几点启发：

1. 从雅集茶会的历代类型沿承看，无我茶会大致可归类于品茗宴。历代茶人一直以山水松竹旷野之处品茗聚会为趋尚，以静心沏茶、品味、寄情，来澄怀味象、广结同道，无我茶会也有与此相似的追求。无我茶会以参与者围成圆圈为形式，在一定程度上与世俗大众保持了距离。

2. 从审美意蕴看，无我茶会体现了三种美。第一，茶席的简约之美。作为雅集，茶席需要有自己的个性，但茶会要求器具简单便携，于是在茶会中能欣赏到许多有简约之美的茶席，引领了此类风格的呈现。第二，无我茶会体现参与者的律动之美。由于茶会在静默的气氛中开展，大家牢记规则条目依次开展，在茶会进行过程中体现出一种不均齐的节奏感，呈现了恰好的律动美感。第三，无我茶会有仪式化的礼节之美。茶会的规则体现出显著的仪式感，参与者相互之间十分尊重、礼节细腻，充分表达了以茶聚会的人情之美，是茶会最有感染力的一个方面。

3. 从社会组织看，无我茶会注重文化的约定性，对参与者是否具有茶艺水平并不苛求，形式上也尽量简化，容易接纳各类志同道合的人参与，体现出文化普及的优势，组织形式开放。因此无我茶会具有规模大、频度高、可复制的活动特征，创办后的几年内不仅在中国广为人知，还迅速扩大到其他国家，成为国际性的茶会形式。

以无我茶会为基本模型，此种茶会形式还可进行拓延，比如小规模、结构松散、人人沏茶相互品鉴、礼仪郑重、不拘席地或桌椅等与无我茶会有文化相似性的雅集茶会活动。

三、品格席茶会

此类茶会以席入会，一席一桌；由一位茶艺师招待安排入桌的饮者，茶艺师不离席奉茶；使用方桌比较多，方桌比较方便布置茶席、奉茶和安排宾客，宾客就位后基本不走动。这样，茶会场面便形成了错落有致的格块状，茶人们在不同的方格里品茶，故以品格席命名之。

品格席茶会是一个主题茶会，一般都设舞台，主题内容就放在舞台上进行，所以茶艺师都背对舞台，宾客坐在茶艺师的对面或侧面。主题茶会若要有一段时间的演绎，品格席就会准备2—3种不同种类的茶来招待客人，并配以不同的茶点，要保证每人都能完美地品尝到每一道茶。舞台上除了主人说明主题外，大都安排一些与茶艺文化气氛相近的艺术形式和艺术内容，比如古典器乐、经典戏曲、吟诗泼墨、主题茶艺等表演。

品格席的茶席按"宾至席"的风格设计，精致、实用的茶席体现了茶艺师的审美趣味以及与宾客间亲近的关系，茶点碟、杯托的造型经常成为茶席的美妙点缀，因为一桌人有比较长时间的相对，有趣味的物件、工艺品进入茶席的设计，也会成为大家交流的话题。

品格席雅集茶会的茶艺师一般不说太多的话语，主要以赞赏、含笑、默许、观察、亲切等表情和肢体语言与宾客交流，其理由：一是沏茶的时候需要静心；二是讲话多了可能会有唾沫等溅入。如有必要讲话，也要等完成一个环节、观察无虞的时候再交流。茶艺师要仔细地服务好宾客，让其有宾至如归的感觉。

品格席茶会与其他茶会比较，具有几个特点：第一，品格席茶会能更加烘托主题。它是对茶话会的改造，茶话会虽然也是主题茶会，但由于形式过于松散，茶汤提供仅作为解渴和润喉，沏茶者的服务简单粗放，并不能满足现代以茶聚会的要求。品格席茶会针对这些缺点，以茶艺的文化元素提升茶会品质，使主题茶会的主题更加突出，形式更加艺术化、人情化，并能给人留下深刻印象。第二，品格席茶会加大了与市民的融合度。它相比于无我茶会趋于内敛封闭的特点，在茶会形式上更外向一些，以一位茶艺师可以招待六位宾客的比例，加大了与市民的融合，使两种雅集茶会在各自的领域发挥不同的优势。品格席雅集茶会不仅能宣扬主题，还以艺术化的饮茶来一丝不苟地接待来宾，使宾客受到尊重，因而近年来也常常被用在文化、商业、聚会等各种领域。

四、流水席茶会

茶席是固定的，奉茶时茶艺师不离席，茶艺师本身就是茶席之美的构成；宾客是走动的，他在任何一个茶席前都可以品尝到茶艺师即时奉上的茶。这样宾客犹如一道流水绕行在各个茶席之间，故称为流水席茶会。

流水席茶会的举办有室外和室内两种类型，以室外的更为经典。室外的流水席茶会，一般选择在风景宜人的公园、广场、庭院等离居民稍近一些的公共场所。地点的选择要符合两个因素，一是尽可能满足茶席设计对环境的要求，竹、树荫、远山、桥、廊等都是茶艺师偏爱的饮茶环境元素；二是实现茶会能被大众关注和分享的目的，在交通较便利、人流较聚集的地方办茶会，保证参与的人数。

流水席茶会是大型茶会中茶席设计最风雅大气的，是雅集席的代表。由于场地比较开阔，茶艺师可以尽情发挥自己对茶席设计的审美情感，或造景、或借景，启发欣赏者无限的想象力，投入到品茶的过程当中，饮者席设计在茶席上也常常有十分出彩的表现。不同设计风格的茶席在一个场所中聚集，一步一景、美轮美奂，使观众进入每一个茶席都有一声内心的惊叹，美的震荡在宾客心中如波涛般起伏。原本是人在席外如流水，终究是席在心内自汹涌。流水席茶会以茶席之美取胜，展示出各具风采的茶艺，成为它最大的亮点。

从茶会组织来看，举办一场室外的大规模流水席茶会，要充分考虑到它的难度。它对茶席设计的要求较高，艺术层面的集合考验着茶艺师的设计水平；呈现出独特个性的茶具、茶席等，以及茶席较大体量的移动，也都需要有一定的经济条件作保证。另外，它是一种雅集，是茶艺交流、展示、分享的文化集会，没有突出的主题指向，组织无功利性的大规模茶会活动，也是举办者面临的选择。

室内也可以举办流水席茶会，比起室外的活动，有其优势和局限。第一，它的规模会小很多，受到室内场地的限制，茶席与自然界呼应的情感因素也会降低一些。第二，它具有规定性的主题，比如在某个院落举办，那么这个院落的主人便是以茶聚会主题的发布者。还有一种室内的流水席，是借助它的形式用于其他主题活动的辅助，比如在通向会场的门廊之间布置流水席，让宾客经过时能欣赏到茶、茶席和茶艺，分享饮茶之美的文化。做此用途的流水席，要充分考虑到高密度、多频次的奉茶因素，茶席设计也更趋于实用。

五、奉茶会

奉茶会最典型的特征是茶艺师离席奉茶，是面向观众的茶会。分两种类型，一种是表演型茶会，另一种即日常奉茶会。

表演型茶会也是主题茶会，观众为了某个与茶相关的主题聚集到一起，利用舞台或专门的场地供茶艺做演出，因此，为了弥补与观众的距离，茶艺师都会走下舞台或离开茶席，将呈现艺术化的茶汤奉给观众。在表演型茶会中，舞台茶艺是大家聚焦的中心，因此，茶艺表情艺术的水平会被观众关注，茶席设计一般走舞台席风格，但也要兼顾到不同场合的效果，能让观众更好地感受到茶艺带来的魅力。部分观众可以品尝到茶汤，也表达了茶艺之于表演型茶会尽心尽量的生活情感。

日常奉茶会是最朴实的茶艺情感，茶艺师们在广场上设立若干茶席，并主动走向市民奉上认真沏泡的茶汤，带给日常的社会生活如茶汤般的温馨与友好。日常奉茶会一般在人流密集的广场、校园等进行，也就意味着观众能从任何一个角度来观察茶席，因此，对茶席、茶艺也就有了特定的要求。首先茶席要有美感，能让人关注到奉茶会之美而进入茶会的氛围；其次茶艺技法要娴熟，让观众能欣然而踊跃地接受一杯完美的茶汤；最后奉茶要恭敬，茶艺终究还是一场礼法的教育，礼节在任何场合都是茶艺师极力去实践，同时也带给人感动的重要因素。

四种现代雅集茶会各具十分明显的特点，茶艺师若要进行茶会策划，必须充分考虑到不同雅集茶会适宜举办的条件和文化个性。下面把这四种茶会用表格的形式列在一起，以便大家能更加清晰地认识茶会的性质，设计举办的可行性方案。

现代雅集茶会的基本特征

	无我茶会	品格席茶会	流水席茶会	奉茶会
茶艺师离席奉茶	是（内）	否	否	是
市民融合度	低	较低	较高	高
茶汤供应	高	高	高	低
可普及度	高	较高	较低	高

茶会本来是无所谓定义的，它融入我们的日常生活之中，大家聚在一起，握一杯茶，礼节和谈资都已具备。但是，本节试图在另外一个境地中来审视我们的茶会，审视内心向往的人与人之间的交往方式，审视能超越生活束缚的更多一些心灵的慰藉，这种慰藉通过认同感来加深我们对于生活的热爱，并以为这才是雅集茶会聚集的真正动力。

第二节　茶艺的生产方式

茶艺在人们的日常生活和社会生活中找到了基于审美的平衡，这种平衡在当代以世俗化生活为主导的社会环境中得到了飞跃，日常生活审美化、创意经济蓬勃发展，茶艺成为一种兼具精神生产和物质生产特性的文化产品，这种文化产品的生产方式伴随着制度变革而发展，在文化创意产业的浪潮中独树一帜地存在。

茶艺以沏茶的行为方式存在，它为了沏好这一杯茶，严格地要求茶叶、茶具及其他物质生产，都要有一定的品质和有利于健康的关联发展；它为了沏好这一杯茶，谨慎地遵守人与物的规则、人与人的规则、人与天地的规则，须臾不离；它为了沏好这一杯茶，汪洋恣肆地呈现出"味无味之味"的境象之美，洋溢出一派精神的自由。而所有这些，都在茶艺为沏好一杯茶的过程中予以实现，它们之间循环往复，互为促进：茶艺的规则追求一定会对生产领域提出要求，茶艺之美是对人们挣脱规则后的自由体会，这种自由体会又会在主观上自觉地开展生产文化的建设。

一、茶艺的生产力

生产力包括劳动者、劳动资料和劳动对象三个要素。茶艺是由茶艺师，利用茶、水、器、火、境五个基本的物质元素，依据饮茶思想、饮茶技术、饮茶行为、饮茶审美等规律和方式生产出的社会产品。这种产品兼具了饮茶活动的物质价值和饮茶生活艺术化的精神满足，因此，茶艺同时体现了物质生产力和审美生产力。

茶艺的物质生产力表现在：因为茶艺般的饮茶活动，对茶叶的色、香、味、形特征更加关注且广泛传播。中国作为茶叶第一生产国，伴随着茶艺的普及，自觉地发动了名优茶的大规模生产，大幅度提升了茶叶的品质，以消费物态文化的形成完成了对第一产业的转型升级，在当代中国，20%的名优茶产量贡献了80%的茶叶总产值。茶艺规范和延伸了饮茶活动的过程，对涉及的每一个环节、器物都作了要求与分工，并逐一呈现，以茶、水、器、火、境的组合、茶席产品、饮茶活动方式、茶艺馆等业态、社会组织、文化地位、日常生活化等生产链的形式，实现了茶艺自身的物质生产力。茶艺师在饮茶活动中，依据物质性能进行改造，完成中间产品和终端产品的物质生产。茶艺的物质生产力不同于茶叶生产，它的劳动者是茶艺师及其他文化学者，区别于农艺师及其他科技工作者；劳动对象是饮茶活动，或者是哲学化的茶汤，区别于茶叶；劳动资料是茶艺器具及其他社会条件，区别于茶叶种植加工的生产工具等。

茶艺的审美生产力表现在：茶艺师在饮茶活动中，按照美的规律进行创造性的艺术生产，为人们提供精神产品。比如，"四谛三观"的饮茶方式，从唐、宋、元、明、清沿袭而来的茶人气质，"味无味之味"的境象之美等。同样作为艺术家，在茶人们来看，只有生活于艺术之中的人才能理解艺术所含有的真正价值，所以，茶人们在日常生活中也努力保持茶艺般的风雅态度，"茶气以行"，茶人们自己本身就力图成为一种日常生活艺术，这是与一般艺术家所不同的。因此，茶艺的审美生产力还颇具特色地表现在劳动者自身的审美化。

茶艺作为文化产品，其生产力也即文化力。茶艺生产是以生产审美价值为基本目的的，它的劳动产品由实用艺术、造型艺术、表情艺术综合构成，表现形式较为特殊：茶艺不仅综合了绘画、制陶、书法、戏曲等艺术元素，还将日常生活中的喝茶、待客、服饰、园艺等提炼为艺术，由茶艺师与欣赏者共同组成审美主体，在逐一创作饮茶形式作品的同时，也在逐一地消解这些形式，留下的是激荡和自由的审美情感，影响到人们的日常生活，引导精致和优雅的社会文明产生。茶艺产品要求以茶艺师的个性创造为主要生产力，茶艺师是茶艺生产力中最活跃、最能动的因素，茶艺产品是茶艺师创造性劳动的产物。茶艺产品以不同的茶类、不同的器具、不同的技法、不同的环境等物质形态的形式来到消费者的面前，最终呈现出艺术化的饮茶活动，实现消费者文化满足和享受的精神价值，从而构成这一产品的主要价值。

茶艺器具是茶艺的主要生产工具，茶艺器具的发展水平决定了茶艺生产力的水平，也是茶艺不同发展阶段的重要标志。唐代之所以成为茶文化的起源，其中一条重要依据是出现了专用的茶具，而且陆羽《茶经》分上中下三卷十节，中卷专述"四之器"。茶艺器具不仅满足饮茶的功能要求，更体现了茶艺规定的文化艺术性。因此，对一个地区（国家）茶艺的生产力评价，其核心指标是以体现文化艺术和功能利用水平的茶艺器具的创造性、丰富性为依据的，而不是茶叶生产消费。简单地讲，考察某地区的茶艺生产力水平，可直接从茶艺器具的发展水平来评估。

在市场经济条件下，茶艺产品是以物质性和审美性的双重特征来作为商品进行流通和交换的，因此，商品规律和艺术规律的相互渗透是茶艺生产、交换、分配、消费活动的一个重要特点。

二、茶艺的生产关系

劳动产品是生产力决定生产关系的中介，市场的竞争归根到底是劳动产品的竞争，必须使生产出来的劳动产品快速地通过交换、分配转化为消费，市场经济规律下，消费决定生产。茶艺产品在中国具有广泛的消费市场，它具有独立的价值体系，包括了比如审美意味的茶艺馆，人文魅力的茶会，精彩的茶艺演出，茶席设计与饮茶环境创意，以及茶艺创作作品通过不同载体（影视、书籍、盒带、网络等）的传播与大众分享等，获得商品价值和艺术价值。茶艺产品还表现为兼有价值，它带动了茶叶生产和茶产业品牌化的发展，并通过茶艺文化在消费者生活中的根植，有助于社会组织、社会文化与社会文明的建设。

茶艺产业出现的社会背景是，现代国民教育的普及以及社会经济发展程度的提高，文化的特权化意识被打破，大众文化逐渐形成规模，广泛的文化分享的需求产生，这种需求决定了对文化产品的消费选择和文化体验的互动，促使茶艺的社会生产规模化。在文化创意经济的背景下，茶艺的消费特征表现在，它打破了传统的"市场需要什么，我就生产开发什么"，而是"我具有什么，我就创造一个什么样的市场"。它利用茶文化的大众分享与体验，不断创造新消费点，引导消费，以此来开拓茶艺的各类新消费市场。

生产力决定生产关系，从本质上说就是生产力决定人们的经济利益关系，并最终表现在劳动产品的分配上。在现代企业的资产中，知识产权所占有比重的大小成为衡量企业竞争力的重要标准，文化产业的真正核心在于知识财产的确立与流通，"各文化产业不可锐减的核心是财力与知识产权的交换"①。知识产权是茶艺劳动产品的主要资本形式，茶艺产品往往表现出文化的占有，茶艺通过简约的、技术的、共通性的艺术观照，来叙说古老而深邃的东方文化，形成产品特定的价值。知识产权在流通过程中具有多种表现方式，茶艺产品除了一般商品消费交换形式外，还出现了一种基于知识互补性的文化产品交换与分配模式，即把具有相关性知识的产品进行"搭售"或"捆绑"。比如在杭州较为普遍的茶艺馆营销"自助"模式，它严格规定了表明茶艺馆文化地位的茶位费，给消费者的印象是茶馆的茶叶、食物等均为"免费"；近几年兴起的品格席茶会，以较高价格的茶席费来维护茶会的茶艺审美风度，而茶会中的其他文艺表演和文化活动成为"搭售"；茶叶品牌中越来越凸显饮茶文化艺术的塑造与专属保护，成为茶叶商品使用价值的主要组成。这些现象表明，一方面茶艺的文化产品具有知识创造力和知识垄断的知识产权，使茶艺产品在参与社会分配与交换环节时具有优势；另一方面，知识分享的广泛性和交流互补的通适性，组成知识产品获得市场竞争力的规模基础。

生产的社会性依据社会分工各部门配置社会总劳动的自然规律，在普遍化的市场经济中，交换是这一自然规律的历史实现形式。因此，茶艺的生产起码在唐以来的不同历史阶段都有存在，但只有在现代社会才使茶艺的劳动产品实现了广泛交换，并纳入了社会分配体系，产生这种分配体系的社会环境是一个蓬勃的经济形态：创意经济与文化产业。

三、文化产品的制度建设

生产方式是生产力与生产关系的统一。生产方式是人们用以生产自己

---

① ［英］斯科特·拉什、约翰·厄里：《符号经济与空间经济》，王之光、商正译，商务印书馆 2006 年版，第 159 页。

的生活资料的方式，因此，生产方式是人们获得一定生活方式的物质和社会的依赖，依赖程度越高，生产方式的社会存在就越显著，表现为关联的经济、文化、政治等活动的频繁性。茶艺在唐以前的启蒙阶段基本是自给自足的生活方式；自唐始逐渐有了专用的饮茶器具，规定了礼仪制度，塑造了饮茶的人文气象，确立了一定的生活方式，与社会的依赖程度增强。自 20 世纪八九十年代以来，茶文化在中国的复兴取得了巨大的成果，茶文化不仅成为东方文化圈的重要节点，也在世界文化格局中占据了重要地位，茶文化代表了东方哲学、东方审美、东方礼制文化，也凝结了现代科技的成果；茶艺作为茶文化的产品，不仅充当文化创造和文化传播工具，还以文化艺术为核心价值形成了社会生产方式。

茶艺出现了独立的文化经济现象，是社会发展的一个典型性活动。在创意经济时代，茶艺基于大众的广泛分享实现了产业的规模化，促进了产业在生产、消费、流通、分配等环节上的快速转换，实现了产业目标和大众文化权利，同时建构了茶艺的社会组织和产业结构，出现了不同于传统文化产业的一个新文化产品形态。这就意味着茶艺的生产方式逐渐成熟，成为经济科学新的研究对象，同时也带来了经济制度变革的要求。

在当代中国，以经济为中心的制度建设直接决定着经济绩效，制度建设支配了经济单位之间可能合作与竞争的方式，制度是通过组织形式来实现的。随着中国文化产业的发展，制度层面十分积极，政策支持的力度持续增强，社会资源在文化产业领域大量集中；市民社会也十分热情，他们拥趸新文化产品的生产方式，积极创造引领消费，产业模式纷呈。但这两个层面并不对应，茶艺产品拥有了后一层面的市民热情，但从目前看，并未有制度层面的更好推进。那么，茶艺产品的组织形式究竟有怎样的归属和建设呢？目前，中国茶文化团体的主管单位是农业部，它表征机构组织注重文化的概念与农业的实体相结合，茶文化更多是作为茶产业的依附性知识组成。20 多年来茶文化促进茶产业蓬勃发展的实践证明，这一组织模式在推进农业方面的发展是卓有成效的，但从茶艺产品的价值体系看，这仅是实现了部分兼有的价值，茶艺产品自身的价值能力并未获得充分的施展。当前中国文化产业是以"文化"作为"文化产业"的体制支撑点；而不是把"产业"作为"文化产业"的体制支撑点，以文化事业体制来定位文化领域，这意味着许多新文化产业将被排除在文化产业制度之外。茶文化原本不在文化产业体系的序列之中，茶文化组织与文化主管机构也非直属，因而出现制度支撑的功能遗漏似乎是情理之中的。

　　制度支撑对产业发展具有直接影响力。在全球兴起的文化创意产业的浪潮中，茶文化产业的发展并没有呈现更有效的推进，最突出的表现是茶文化在国际上的影响力。茶艺产品依旧集中在历史文化的悠久及茶类的丰富性，当代新的文化产品在国际上并不是有足够的竞争力，比如茶艺器具的生产水平、艺术创新与产业化，以美学、哲学、行为学等理论研究为基础的茶艺规范、规则、秩序的新学说、新约定的推陈出新，这些产品匮乏，直接导致已经有新局面的、以茶艺为载体传播东方文化理想的文化活动后继乏力。中国文化产业的制度建设存在的问题，比如文化产业如何区分、界定、归属等概念的不清晰，导致制度配置、转型的理论准备不足，制约着新文化产业的发展。

　　由下而上地推进制度建设，越来越成为中国特色发展的路径之一。伴随新文化产业生产方式的出现，文化产业序列（产业层级关系）的探索和基于产业序列的制度支持提上议事日程。文化产业序列编制可以发挥这几个方面的作用：一是促使理顺文化事业与文化产业的关系，不管以意识形态核心还是以产业绩效核心来确立序列的主线，都会给出"文化"和"产业"在文化产业发展中技术性的地位确定；二是发挥不同组织资源在文化产业的功能集聚，文化创意究竟能波及哪些领域是不可预计的，知识经济时代使创意无所不在，文化产业序列的编制，使不同的社会组织均能受到制度的覆盖而发挥最大效用；三是保护和激励新文化产品产业的成长，文化产业序列提供了基础的平台，使新文化产业不仅能找到位置比较自身成长的轨迹，也可加入到与其他文化产业的绩效竞争。由此看来，文化产业序列的编制意识和行动准备，比序列本身更有重要意义。

　　同样作为饮品，咖啡与茶叶究竟具有怎样的竞争？咖啡种植地主要分布在拉丁美洲、非洲和亚洲热带地区的国家，世界咖啡消费量的 71% 在发达国家；茶叶种植地分布于亚、非、美、欧、大洋洲的国家，目前，世界茶消费总量的 70% 左右在发展中国家。咖啡是世界第一饮品①。咖啡与茶叶不是产地的竞争，也不是商品的竞争，而是生活方式的竞争：发展中国家即使是非咖啡产区，青睐咖啡文化更是崇尚发达国家传递出的生活方

---

　　① 朱永兴、姜爱芹：《咖啡、可可和茶的全球发展比较研究》，《茶叶科学》2010 年第 6 期。

式；正如唐宋时期，周边国度为了模仿代表精英文化的中国生活方式，而大力推广饮茶一样。茶叶与咖啡的竞争是东方文化与西方文化的竞争，是茶叶能否依托茶艺文化产业的推进来引导更多国家消费的竞争，是茶艺作为文化产业的生产方式进一步获得地位与空间的竞争。

文化产业所占国民经济比重的不断增加，在一些国家甚至已成为支柱产业。茶艺生产方式的提出，其更重要的意义是给制度建设以应用领域，通过制度建设来实现文化产业的绩效，这样才能带来中国文化产业的真正蓬勃发展，也促进更多的新文化产品在这个无限可能的生活社会中涌现。

四、茶艺文化产业

文化与经济、与产业的关系被有关各界热烈地讨论，这是创意产业这一创新理念形成的重要条件。许多学者认为：在 21 世纪，创意将会成为社会和经济变革的驱动器。由于历史原因以及不同国家的社会背景，对创意产业的解释有所不同，尽管如此，它也已经成为先进经济体非常重要的组成部分。关于文化创意产业的基本界定，学者们逐渐统一到了三个基点：一是它与文化符号相关，二是企业新创的运作方式与消费者获得更好的愿望相关，三是拥有从事创意工作的群体，这是关键因素。① 茶艺文化兼备文化属性和产业属性，我们将茶艺文化的社会经济贡献纳入文化创意产业进行叙述。

（一）茶艺文化产业发展的条件

在文化分享、需求与现代服务业发展的社会背景下，茶艺文化满足了成为创意产业的三个基本要求，具体表现为：

第一，茶艺文化的大众分享和消费需求的普及，或者说对茶艺文化产品的热衷需求，其领域可以涵盖农业、加工包装业、第三产业以及人们的日常生活。茶艺文化的象征意义与东方哲学密切关联，它存在于大众生活的文化隐喻之中。茶艺文化的发生呈现出越来越独立的产业形态：茶艺文化自身会开展积极的经济活动；茶艺文化会促进互补性商品和服务型产业的发展；茶艺文化在一个既定社区增强了对有益品的供给，由此激励个人或商品活动重新选址，扩大经营范围，打造品质城市。

---

① 金元浦：《当代世界创意产业的概念及其特征》，《电影艺术》2006 年第 3 期，第 5—10 页。

第二，引领消费产业运作模式的创新是茶艺文化产业的主要特征。创意的不可复制、不可预知、高整合性和高收益性使茶艺文化不仅创新了自身产业的运作模式，而且由于产业化的茶艺文化产品输出，极大地影响了相邻相关产业的结构体系和营利模式，茶艺文化在满足人们的文化愿望的同时还产生了溢出效应。茶艺文化创意以知识资本或文化资本为主要构成，文化创意产业的真正核心在于知识财产的确立与流通。知识产权和专利是保障因素，应努力获取，或者以其他形式来体现对文化资本数量和质量的占有。这种文化能力对于符号文化的创作者而言，是有效工作的前提，也是文化创意产业的立身之本，它具有高收益的核心价值。

第三，以文化符号创作为核心的文化产业要求文化的生产者必须具有相应的文化能力，以体现占有文化资本的数量和质量，它表现为具有合法文化资本储备的知识。茶艺文化创意机构应有深厚的茶艺文化知识储备和研究创新能力，掌握与文化资本消费和使用相关的知识技能和社会工作技能。茶艺文化创意最终走向市场必须通过交换，因而必须了解消费者和使用者的需求。文化创意产业肩负的另一个重要使命是，必须致力于培养消费这些象征符号的文化产品消费者，茶艺文化需要大力宣传、教育，扩大消费市场。

笔者将茶艺文化作为知识资本，以文化象征符号为工作对象，曾完成若干个塑造和建设茶叶品牌的委托课题，大致获得了以下几个方面的收获：

1. 茶艺文化直接融入实物资源。为创建某一茶叶品牌，在课题研究过程中打造"美而健康"的茶艺文化概念，努力使茶叶基地的生态环境、茶叶外形加工以及茶叶其他各项指标都能满足这一要求，使品牌茶叶本身具有一定标准的文化内涵。

2. 以茶艺文化组织实物资源。即把文化本身作为信息，嵌入到生产经营过程的设计和操作的文本之中。将确立的品牌文化理念实施在生产和管理过程之后，注重借助文化符号的塑造来构建茶叶品牌。比如用茶艺来包装茶的形象，在茶艺创作中不断加强品牌的文化信息，以一杯完善的茶汤来诠释文化的归属与情感，将茶从日常生活提升到美好自由的心灵慰藉，以此为目标，将品牌的实物资源连接在文化意蕴的主线上。

3. 以茶艺传播增强行为主体的理解力。通过茶艺文化的融入、组织及宣传等过程，使文化符号深入人心，在培养生产者的同时培养消费者，培育有共同文化理解的市场，使双方对产品更具有信心，愿望得到满足，产品得以激励，文化概念也获得进一步诠释和普及。课题的研究成果使某品牌茶叶以"三年两番"的经济效益获得了粗具规模的建设，这再一次证明，文化作为知识资产，其成分越多，生产要素的节约就越显著。

4. 茶艺文化的扩散效应。宣扬"美而健康"的文化含义对大众而言是普遍适应的，课题成果得以延伸扩展，以茶艺文化创意为起点，与该县域的其他文化对接，如汤显祖文化、旅游文化、民俗文化、昆曲文化等，兴起了文化创意层层叠叠的浪潮，提升了县城的知名度和美誉度，带来多样的综合效应。涉茶企业组织形态也出现了新的特点。由于文化创意产业带有文化产品的正外部性特征，以及注重产业链的互补，因而茶艺文化的产业贡献不限于某个狭义的实体企业，产业间的共赢成为主旋律，随着品牌建设的开展，地理证明商标、集体商标、茶叶经济合作社、品牌建设中心等组织形式发生，促进了涉茶企业组织形式的改变，企业竞争也转向合作式竞争。

（二）茶艺文化产业的文化符号

文化产业强调以文化符号创作为工作核心，在其影响下，使以知识财产为内容的文化资本转化为某种被抽离内容的象征符号的形式得以存在和流通。

1. 消费社会与文化符号。文化以符号性、精神性的价值进行创造和传播，但不是所有的文化都能应用于创意产业。在很长的一段时间内，文化理论被分隔成两个不同取向的半球：一是体现精英精神的主文化取向理论，它认为，文化是由所有人或多数人共享的态度、价值观和信仰所构成的。它强调文化的一致性、连贯性和可预测性，强调绝对文化支配。二是体现平民精神的亚文化取向理论，这类取向的研究欣赏文化模式、生活方式及行为方式意义上的文化概念。大众生产和消费时代的实践，使精英文化和大众文化之间取得了某种共识，文化的多样性变得出人意料地一致了。

越来越多的研究认为大众文化决定消费社会："消费领域——我们购买什么和决定购买什么——正日益受到大众文化的影响，受到媒介的影响，各种大众文化符号和媒介形象日益支配着我们对现实的感受，支配着我们确定自身和周围世界的方式。"① 大众并不是被动地屈从于主流文化产品的解读，而是能够根据自身的需要，在意义和快感的生产中创造出一种"大众文化资本"。

2. 文化符号进入消费社会的因素。决定文化进入生产与消费领域的因素有四个方面，第一，主流文化认可。从文化一致性、政治权力乃至市场的角度来看，主流意识形态的欣赏、默许、一定范围内的宽容或者静观其变的态度表达，才是实现大众文化浩浩荡荡进入大众生产和消费的关键。第二，社会文化基础是必要因素，即大众对该文化符号是否有分享的愿望以及分享人群的数量。第三，文化创意所指向的产业基础，即实体产业分工程度。有的产业基础是实物，比如中国是茶叶大国，茶叶种植面积和产量均列世界第一，发展茶艺文化可以进一步创造茶产业的经济效益。产业基础加重了文化创意产业实现的砝码，降低了创意不可预知的产业风险，这是重要的风险因素。第四，文化生命力的核心因素，创意产业工作对象的文化符号，是否具有厚实的历史积淀，能否在现实社会依旧焕发朝气，以及文化象征能否持续创新等。

3. 茶艺文化以生活方式为符号载体。文化符号需要选择商品载体来获得市场流通和认可。生活方式是一个很好的平台，它既是文化研究和关注的对象，也是文化创新最活跃的部分。从经济学角度看，资源的稀缺性也越来越多地表现在生活方式的多样需求与供给不足之间的矛盾上。

健康、和谐、美好是普遍认同的文化情感，它可以形成具有该精神价值的生活方式，茶艺文化即是选择了以饮茶为载体和内容来体现这种文化情感的生活方式。茶艺文化将优秀的传统文化通过日常饮茶生活方式来传递，诠释着属于所有人的幸福生活的意义。茶艺文化创意的生命力在于：它是大众和精英阶层能共同分享的文化载体；它是可以在日常生活中体会到的物质享受和精神享受；它是在不完全的现世享受一点美与和谐，在刹那间体会永久；它接近于禅的哲学提供人们基于现实生活的信仰。文化基于生活的日新月异，茶艺文化以其平常心而日日新的创意模式，向人们提供满足精神需求为主的服务。

----

① 周怡：《解读社会——文化与结构的路径》，社会科学文献出版社 2004 年版，第 75 页。

　　茶艺文化从历史走来，由整个社会的日常生活拥有，介入到由经济化而造就财富，它是知识经济发展的必然产物。与其他文化创意产业一样，在满足消费需求和创造消费市场的同时，茶艺文化还会继续保留其文化的独立性和自有性，延续文化赋予的特性，这种特性使创意无限。文化具有自己的相对独立性，同时与经济、政治相互作用，文化的权力意识和独立性，在获得经济的这一通行证后呈现出更为强大和刚性的面貌。全球正形成一股创意经济的巨大浪潮，茶艺与澎湃而来的文化创意产业不约而同地走到了一起。研究人们的需要以及发生在其周围的生产力、生产方式等，这些外在的条件产生，其内核揭示了人与人之间的关系，也就是人们实际的生活方式，这就是茶艺作为文化产业的最大魅力。

第三节　茶艺的生活方式

　　文化与生活方式是一致的，文化作为生活方式也是日常的，因此茶艺文化在日常生活中的存在，就是社会生活中文化价值观念的具体表现。对生活方式的理解，就是研究这种生活实现的领域。在茶艺的生活中，文化、文化价值对于日常生活的影响，是通过茶艺具体化的生活形式来表达的。无论何种生活，都是我们作为至高无上的人的尊严的体现。

一、审美态度：自由与规则

　　茶艺是饮茶的活动，人们为了追求身心的健康嵌入日常生活之中。西晋杜育在《荈赋》中歌颂了品茶高雅美妙的意境，陆羽《茶经》不再把茶仅作为饮的功能实现，而是借助饮茶艺术化的法则，深沉地寄托了茶人的理想和情趣。茶艺到了宋代，更是以举国上下的游戏与狂欢行为，来表达日常生活中对美的追求和热爱，即便到明清以后，茶艺仍以淡泊、玄远之美隐喻在日常生活之中。"只要有一壶茶，中国人到哪里都是快乐的"，不仅指茶作为嗜好品的特性依赖，而且是中国人借此表达自己在生活中，仍拥有独立精神和审美旨趣的追求。

　　审美态度是中国式日常生活最深沉的追求，它代表了快乐、代表了慰藉、代表了自由的精神。茶艺是快乐的，它有品尝到颇有滋味的茶汤这种实实在在的快乐，有着丰富的推动力参与游戏的明朗而自由的快乐，能在日常生活中围筑起抚慰、温暖心灵的家乡世界而快乐。生命的本质是趋乐避苦的，弗洛伊德的"快乐原则"说，人的整个精神机关的基本促进动力，来自没有得到满足的愿望或者没有得到平息的激动———一个释放由此而产生的未满足感的愿望，从而消解紧张，得到快乐。中国人在日常生活中以游戏般的活动来平衡这样的快乐，茶艺的生活方式通过无所不在的审美态度获得了这样的快乐与自由。

茶艺生活需要无所不在的审美态度。当我们能使琐碎、模糊、世俗的饮茶方式呈现出艺术化的愉悦，我们便应该有这样的审美态度来欣赏发生在我们周围的一切：热爱大自然，因为它是美的，它与茶叶同样有着不同寻常的美，能与人类共舞而获得快乐。热爱苦难，因为它是美的，犹如品茶，由它的苦涩才能感受到啜苦咽甘的美味，由它的苦涩才有百折不挠的探索达成今天洋洋大观的茶艺文化。热爱与我们不相同的人生，因为它是美的，当我们欣赏着踏过的每一步路，我们才知道日常生活的价值更为重要，在那里，每一个人都有美的自由和快乐。我们以审美态度来欣赏这一切，我们便拥有了充实的心灵，充实感能让我们的内心变得更加强大而宽容。

审美的充实感也是规则的体现。古人说"充实之谓美"（《孟子·尽心下》），席勒也指出："人要追求独立自主的外观，比起他不得不把自己限制在实在之内，要求有更大的抽象力，更多的心灵自由，更强的意志力；而且要想达到独立自主的外观，人就必须先经过实在。"① 充实感不仅是扩大心灵的感受表现于外在形式，更重要的是，充实感还受到具体可见的规则的约定和考验。美不在生存而在工作中产生，其过程犹如参加游戏的盛会，为实现自由，美约定了规则。我们之所以能欣赏到茶艺的美，是因为茶艺按美的规则来实践，执行茶、水、器、火、境之美的法则、形式表现之美的法则、行为修养之美的"四谛三观"法则等。一个漂亮的人物可能具有依据人体法则审美的意义，但一定不是茶艺审美的内容；只有当漂亮的人物在茶艺的法则中与各元素融为一体，带给人充实感和自由，才是茶艺的审美。犹如爱情，它是世界上最美的情感，无论我们用怎样的词语描绘它都不能达到它的美好，但爱情也一样有着法则，比如责任、信任等，抛开法则的爱情只能沦陷为欲望。车尔尼雪夫斯基说过："生命是美丽的，对人来说，美丽不可能与人体正常发育和人体的健康分

---

① ［德］席勒：《审美教育书简》，张玉能译，译林出版社 2009 年版，第 90 页。

开。"审美的对象必须接受之所以成为审美对象的规则对它的检验。

审美态度是超越规则之后的自由。通过美，我们才能达到自由。美是人类追求自由的唯一路径，这种自由的实现必须历经苛刻又不尽完美的规则的检验。宋代《上堂法语》中记载了禅师悟道的体会："老僧30年前参禅时，见山是山，见水是水。到后来，见山不是山，见水不是水。而今依前，见山还是山，见水还是水。"这里所述的"三见"，一见是表象，二见是再现，三见是无形。当我们开始接触茶艺时，觉得很简单，因为自己每天就过着这样的生活；当我们要表现和再现茶艺之美时，却觉得那些可能是我们的生活，也可能不是我们的生活，大部分的时候更觉得它是建立在我们日常生活之外的、并抱有怀疑的世界；当茶艺真正地融入对我们的情感、进入我们的内心、融化到我们的日常生活之中，规则不再阻挠我们进入茶艺世界，因为规则就在日常生活之中了，大美不言、大象无形。即便无形，我们依旧能自由地享受着如同"沏一杯茶而已"般的美好，沏着这一杯杯茶，犹如一场快乐的游戏，我们从必然王国进入了自由王国。

茶艺的生活方式追求这样的审美态度：它是一种丰富的情感，追求生命的自由与快乐，美是通向自由的桥梁，于是它热爱美，热爱生活中一切美的痕迹；实现美的境象，却必须从最不自由的规则遵守开始，于是为之历练，为之百折不挠地奋斗，在此过程中是快乐的，因为它并非为了生存；逐渐地，规则与我们内心向往的理想连接在一起，与游戏的法则一样，它总是屈服于人类的坚持，我们便超越了它。超越了规则，我们还拥有了改变规则的可能，不要抱怨，抱怨是对规则的屈服；不要懈怠，懈怠是对规则的逃避，这样就失去了参与游戏盛会的快乐。当我们超越了规则，才发觉美似乎一直依附在我们的日常生活之中，到处都洋溢着快乐和自由；当自由充溢着我们的精神和生命，便是获得了日常生活给予的最高馈赠。

美，庄严而强大，这里有活跃的人生。用审美态度来看待我们的生活、我们的人生，我们便拥有了自我完善的能力。

二、天地境界：日常之生活

人文的价值，它的任务不是增加关于实际的积极的知识，而是提高人的精神境界。茶艺文化最根本的任务，并非关注是否能分辨茶叶的种类，或者会冲泡几道茶，而是通过这个仪式的日常化，能给予人们关于心灵、精神、意义、情趣等内容的启发。

人的各种行动带来了人生的各种意义，这些意义的总体构成了人生境界。不同的人们可能做同样的事情，但是他们对这些事情的认识和自我意识不同，因此这些事情对他们来说，意义也不同。冯友兰先生把各种生命活动范围归结为四等，由低到高分别为：一本天然的"自然境界"，讲求实际利害的"功利境界"，"正其义，不谋其利"的"道德境界"，和超越世俗、自同于大全的"天地境界"。"天地境界"的人，知道在社会整体之上，还有一个大全的整体，他认识到自己是宇宙的一份子，肩负着"天民"的责任，他能自觉地行为有意义的事，这种理解和自觉使他的精神超越了道德的价值，追求"成圣"。圣人并不需要为当圣人而做什么特别的事情。圣人所做的事无非就是寻常人所做的事；但他对所做的事有高度的理解，这些事对他有一种不同的意义。圣人在完全自觉的状态中做事，他们既在世界里生活，又不属于我们认识的世界，他们超越了人世间道德的价值。

茶艺是一种生活方式，每天沏一杯茶，是它最凡常的也是最显著的表现。沏一杯茶的过程，是有形的，原本它只为解渴，逐渐地我们延伸了它的过程，使它成为一种仪式，一种为了让我们全神贯注投入的仪式。全神贯注，就渐渐地与日常琐事拉开了距离，我们可以有距离去观察审视，也以审美态度意趣盎然地品尝它，饮茶的生活方式从有形走向无形。以"味无味之味"方式，即使在沏一杯有形的茶，也可以遁化在无形的精神领域之中。

与其他艺术家一样，茶艺也是个体化的劳动，茶艺师独自做沏茶这件事，茶艺师在沏茶中日复一日地培养了独自的能力。"自然物向能够静观自己的人呈现出一副亲切的面容，从这个面容中人可以认出自己，而自己并不形成这个面容的存在。"① 自然物的茶汤提供了人们心灵观照的途径。在独自的过程中，练习慎独而内观，在独处无人注意时，也要谨慎不苟地做好每一个细节，抵御浮夸和聒噪，透过对自身的洞察来获得真实的自我，获得宁静的智慧。茶艺是热爱日常生活的一种仪式，它的独自性是为

---

　　① ［法］杜夫海纳：《审美经验现象学》，韩树站译，文化艺术出版社 1992 年版，第588 页。

了有默契的能力来成为生活的有为者，茶艺师、茶伴、茶人、饮者、观众，以一种不被察觉的相互约定和心灵相通，在茶艺的生活中获得愉快，在日常生活中偷得一杯茶之闲而享受。这种默契是愉快的，它是幽默的替代，如果将茶艺看做游戏，这就是一场既有趣又意味深长的游戏，茶艺师以独自的默契能力获得智慧，不仅自己参与游戏，还与大众默契配合共同迎接这场游戏的盛典。

茶艺追求"日日是好日"的生活观。老子说："常无欲以观其妙。常有欲以观其徼。"常从"无"中去观察领悟"道"的奥妙；常从"有"中去观察体会"道"的端倪。无与有这两者，来源相同而名称相异，都可以称为玄妙、深远。日常生活之中最难平息的就是有和无了，茶艺"味无味之味"，反复咀嚼有味与无味之间，最后得出了："原来是同出一味！"都是茶的味道。有味、无味的评价是人的意志，茶艺的人生不系于人而系于物，它更关心的是如何获得味的行为过程。放下有味、无味，便是"做"这件事情了，茶艺必须有日行一茶的行为，若无茶、水、器、火、境的实践形式，就是妄谈茶艺。有了全神贯注投入沏茶的过程，在过程中执守慎独与内观，才有可能去体会"味无味之味"的情怀。每日能沏一杯茶，正如我们日复一日过着的生活，以审美的态度、独自的默契去迎接它，如同迎接每一日的盛典，终究，茶是有味的，日日是好日。

天地境界不独在圣人之间，实际上它就在每一个平凡人的内心之中，在一个真实而平凡的生活之中。"为了成为一个真正的人，有时你不得不成为一个英雄。在许多情境中，成为英雄并不意味着成为'超人'，而仅仅只是守住一条人之为人的伦理底线而已。"① 再伟大的情怀，从茶艺的生活看来，都在沏一杯茶之中了。茶艺有"天人合一、正德厚生、孔颜之乐"的理想，这些理想的实现，并不需要有单独的、可能存在的人生期盼，它就在一杯茶汤之中，在日常生活中实践"天民"的行为。茶艺需要清洁整齐，犹如生活的洁净与秩序；茶艺的礼节规范，犹如生活的敬老爱幼；茶艺的简素嬉乐，犹如生活的豁达态度。过一种简单的生活，在简单中才可以审视自己真实的需求，不会因为空想而制造躁乱的现实，不会因为缺陷而不懂得想象的乐趣。简单有助于慎独而内观的修为，有助于

① 徐岱：《超越平庸：论美学的人文诉求》，《杭州师范大学学报》（社会科学版）2012年第4期。

培养与天地同乐的情怀。"知其不可而为之"，这一句悲壮的口号，在茶艺看来，它如同抱着孩童的性情，以不为生存的、丰富的力量去实践它、享受它，因为这是"天民"的责任。天地境界是一种真实的生活，是一种有为而又有趣的生存方式，"不离日用常行内，直到天地未画前"，这便是茶艺生活的追求。

生命是有限的、自由是无限的，以有限的生命追求无限的自由，在我们沏的一杯杯茶之中愉快地实践着，一代代地接替，传递了更多的自由。人，诗意地栖居在日常生活的审美仪式之中。

参 考 文 献

一、著作

1. ［德］胡塞尔：《欧洲科学的危机和超越论的现象学》，王炳文译，商务印书馆 2001 年版。

2. ［德］席勒：《审美教育书简》，张玉能译，译林出版社 2009 年版。

3. ［匈］阿格妮丝·赫勒：《日常生活》，衣俊卿译，重庆出版社 2010 年版。

4. ［美］门罗·C. 比厄斯利：《西方美学简史》，高建平译，北京大学出版社 2006 年版。

5. ［英］马林诺夫斯基：《文化论》，费孝通译，华夏出版社 2001 年版。

6. ［英］安·格雷：《文化研究：民族志方法与生活文化》，许梦云译，重庆大学出版社 2009 年版。

7. ［美］塞缪尔·亨廷顿：《文明的冲突与世界秩序的重建》，周琪等译，新华出版社 2009 年版。

8. ［美］托比·米勒：《文化研究指南》，王晓路等译，南京大学出版社 2009 年版。

9. ［美］理查德·舒斯特曼：《生活即审美：审美经验和生活艺术》，彭锋等译，北京大学出版社 2007 年版。

10. ［英］斯科特·拉什、约翰·厄里：《符号经济与空间经济》，王之光等译，商务印书馆 2006 年版。

11. ［匈］卢卡契：《审美特性》，徐恒醇译，中国社会科学出版社 1991 年版。

12. 冯友兰：《中国哲学简史》，新世界出版社 2004 年版。

13. 朱光潜：《无言之美》，北京大学出版社 2005 年版。

14. 朱光潜：《西方美学史》（上、下卷），中国长安出版社 2007 年版。

15. 梁漱溟：《梁漱溟先生论儒佛道》，广西师范大学出版社 2004 年版。

16. 施惟达：《中古风度》，中国社会科学出版社 2002 年版。

17. 庞朴：《浅说一分为三》，新华出版社 2004 年版。

18. 叶朗：《美学原理》，北京大学出版社 2009 年版。

19. 朱志荣：《中国美学简史》，北京大学出版社 2007 年版。

20. 易中天：《破门而入——美学的问题与历史》，复旦大学出版社 2006 年版。

21. 陈树林：《文化哲学的当代视野》，人民出版社 2010 年版。

22. 叶世祥：《20 世纪中国审美主义思想研究》，商务印书馆 2010 年版。

23. 李亦园：《文化与修养》，广西师范大学出版社 2004 年版。

24. 左惠：《文化产品供给论：文化产业发展的经济学分析》，经济科学出版社 2009 年版。

25. 胡继华：《中国文化精神的审美维度：宗白华美学思想简论》，北京大学出版社 2009 年版。

26. 金元浦：《中国文化概论》，首都师范大学出版社 1999 年版。

27. 黄海澄：《艺术美学》，中国轻工业出版社 2006 年版。

28. 刘正成：《书法艺术概论》，北京大学出版社 2008 年版。

29. 吴觉农：《茶经评述》，中国农业出版社 1987 年版。

30. 庄晚芳：《中国茶史散论》，科学出版社 1988 年版。

31. 王玲：《中国茶文化》，中华书局 1992 年版。

32. 陈宗懋：《中国茶经》，上海文化出版社 1992 年版。

33. 陈宗懋：《中国茶叶大辞典》，中国轻工业出版社 2001 年版。

34. 陈椽：《茶业通史》（第 2 版），中国农业出版社 2008 年版。

35. 蔡荣章：《茶席·茶会》，安徽教育出版社 2011 年版。

36. 关剑平：《茶与中国文化》，人民出版社 2001 年版。

37. 余悦：《中国茶韵》，中央民族大学出版社 2002 年版。

38. 梁子：《中国唐宋茶道》，陕西人民出版社 1994 年版。

39. 阮浩耕、沈冬梅、余良子：《中国古代茶叶全书》，浙江摄影出版社 1999 年版。

40. 陈香白：《中国茶文化》，山西人民出版社 1998 年版。

41. 姚国坤：《茶文化概论》，浙江摄影出版社 2004 年版。

42. 刘昭瑞：《中国古代饮茶艺术》，陕西人民出版社 2002 年版。

43. 童启庆：《影像中国茶道》，浙江摄影出版社 2002 年版。

44. 丁以寿：《中国茶道》，安徽教育出版社 2007 年版。

45. 乔木森：《茶席设计》，上海文化出版社 2005 年版。

46. 赖功欧：《茶理玄思》，光明日报出版社 2002 年版。

47. 林治：《中国茶艺》，中华工商联合出版社 2000 年版。

48. 姚国坤、朱红缨、姚作为：《饮茶习俗》，中国农业出版社 2003 年版。

49. 裘纪平：《茶经图说》，浙江摄影出版社 2003 年版。

50. 徐秀棠：《中国紫砂》，上海古籍出版社 2000 年版。

51. 屠幼英：《茶与健康》，世界图书出版公司 2011 年版。

52. 阮浩耕：《品茶录：中华茶文化》，杭州出版社 2005 年版。

53. 周红杰：《云南普洱茶》，云南科技出版社 2004 年版。

54. 滕军：《日本茶道文化概论》，东方出版社 1992 年版。

55. 冈仓天心：《说茶》，张唤民译，百花文艺出版社 2003 年版。

56. 张宏庸：《茶艺》，台湾幼狮文化事业出版社 1987 年版。

57. 《中国茶文化大观》编辑委员会编：《茶文化论》，文化艺术出版社 1991 年版。

58. 香港茶艺中心雅博茶坊：《茶艺特辑》（一），1992 年 3 月。

二、论文

1. 周宪：《日常生活批判的两种路径》，《社会科学战线》2005 年第 1 期。

2. 林少雄：《中国饮食文化与美学》，《文艺研究》1996 年第 1 期。

3. 徐岱：《超越平庸：论美学的人文诉求》，《杭州师范大学学报》（社会科学版）2012 年第 4 期。

4. 关键、[美] 戴维·诺特纳若斯：《美国华裔的边缘化及涵化进程中的结构仪式分析》，单纯译，《世界民族》2002 年第 1 期。

5. 王德胜、李雷：《"日常生活审美化"在中国》，《文艺理论研究》2012 年第 1 期。

6. 金元浦：《当代世界创意产业的概念及其特征》，《电影艺术》2006 年第 3 期。

7. 李天道：《"典雅"说的文化构成及其美学意义》，《西南民族大学学报》（人文社会科学版）2007 年第 10 期。

8. 彭锋：《全球化视野中的美的本质》，《天津社会科学》2011 年第 3 期。

9. 杨光斌：《制度范式：一种研究中国政治变迁的途径》，《中国人民大学学报》2003 年第 3 期。

10. 庄任：《乌龙茶的发展历史与品饮艺术》，《农业考古》1992 年第 4 期。

11. 朱永兴、姜爱芹：《咖啡、可可和茶的全球发展比较研究》，《茶叶科学》2010 年第 6 期。

12. 张建立：《日本茶道浅析》，《日本学刊》2004 年第 5 期。

13. 吴智和：《明代茶人集团的社会组织：以茶会类型为例》，《明史研究》第 3 辑，2012 年。

14. 童启庆：《茶艺馆的兴起及其对社会发展的影响》，《茶叶》1997 年第 2 期。

15. 陶德臣：《试论明清茶文化的由盛转衰》，《农业考古》2009 年第 5 期。

16. 朱红缨：《以茶文化促进茶产业品牌经济发展》，《浙江树人大学学报》2003

年第 4 期。

　　17. 朱红缨：《关于茶艺审美特征的思考》，《茶叶》2008 年第 4 期。

　　18. 朱红缨：《茶文化创意产业的发展条件与路径探讨》，《浙江树人大学学报》2010 年第 3 期。

　　19. 朱红缨：《基于专业教育的茶文化体现研究》，《茶叶科学》2006 年第 1 期。

　　20. 朱红缨：《论茶艺的生产方式》，《茶叶科学》2012 年第 3 期。

　　21. 翁颖萍：《"茶乐"浅析》，《茶叶》2006 年第 4 期。

　　22. 荆琳：《文化资本与当代文化产业》，载胡慧林、陈昕《中国文化产业评论》，上海人民出版社 2009 年版。

　　23. 陈文玲：《论文化产业的特殊性及市场定位》，载江蓝生、谢绳武《2001—2002 中国文化产业发展报告》，社会科学文献出版社 2002 年版。

　　24. ［美］约翰·费斯克：《大众文化经济》，载罗钢、刘象愚《文化研究读本》，中国社会科学出版社 2000 年版。